\친절한/

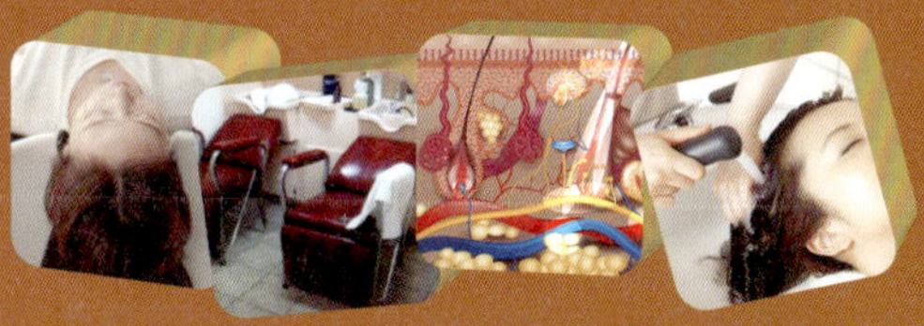

샴푸 & 헤드스파 테크닉

메디시언

머리말

인간의 아름다움에 대한 의식과 욕구는 단지 겉으로 드러난 아름다움뿐만 아니라 심리적 · 신체적인 아름다움, 즉, 마음의 안정과 건강까지도 요구하게 되었습니다. 이러한 관점에서 샴푸는 매우 중요한 위치를 차지하고 있으며, 미용 산업 현장에서도 가장 기본이 되는 업무 영역으로서 철저한 교육과 숙련을 필요로 합니다. 또한 헤드스파 영역은 현대인들의 스트레스를 해소하고 마음까지 위로하는 고급 전문 테크닉입니다. 이러한 시대적 트렌드를 반영하여 "친절한 샴푸 및 헤드스파 테크닉"을 준비하게 되었습니다.

이 책은 NCS를 기반으로 하여 산업현장에서의 적응력을 높이기 위하여 현장에서의 실무 노하우와 대학에서의 체계적인 교육 프로그램을 접목하여 구성하였습니다.

샴푸편에서는 학생들이 알아야 할 기본적인 이론과 함께 기본 재료들이 소개되며, 샴푸의 준비단계, 실전단계, 마무리단계로 구분하여 구성하였습니다. 또한 각 단계마다 요점정리, 학습평가문제, 마무리 학습 체크, 평가항목의 성취지표 수준과 평가항목의 성취수준 피드백이 제시되어 한 학기 수업 후 현장에서의 직무능력 수행에 부족함이 없도록, 산업체의 다양한 샴푸 기법에 더하여 응용이 가능한 테크닉을 프로그램화하여 기술하였습니다. 테크닉의 과정 과정마다 친절한 설명과 도해도를 삽입하여 초보자도 쉽게 입문할 수 있도록 충분히 고려하여 편집하였습니다.

현대인들에게 스트레스는 인간이 아름다움을 유지하고자 하는 데 가장 큰 방해요소입니다. 헤드스파는 혈액순환 촉진과 림프순환을 도와줄 뿐만 아니라 부교감신경을 자극하여 릴랙제이션으로 이끌어 주는 프로그램입니다. 과도한 스트레스와 불규칙한 생활 속에서 쌓였던 두피의 피로를 개선하여, 두피와 모발 더 나아가 몸과 마음을 건강하게 만들어 줍니다. 복잡해진 현대사회와 급속도로 노령화 시대로 접어드는 지금, 헤어살롱에 새로운 매출을 창출할 수 있는 프로그램이기도 합니다.

국내외 다양하고 폭넓은 헤드스파 테크닉의 경험과 연구를 통하여 출간하게 되는 "친절한 샴푸 및 헤드스파 테크닉"을 통하여 헤드스파에 입문하고자 하는 분들에게 많은 도움과 충분한 마중물이 되기를 희망합니다. 앞으로도 여러 미용기술이나 서비스의 한 분야로서, 헤드스파 기술을 갖춘 헤어살롱은 더더욱 늘어날 것이라고 전망됩니다.

이에 미용기술의 가장 기본이 되는 샴푸 및 선분석 헤드스파 테크닉이란 양날개는 인간의 모발뿐만 아니라 심신까지도 건강하게 하여 우리의 삶에 빛나는 아름다움과 건강이 유지될 수 있도록 친절한 도움을 주는 길라잡이가 될 것입니다.

무술년 새 봄에
저자 일동

차례

Contents

Chapter 3 스페셜케어 헤드스파

Chapter 1 모발의 생리 및 두피 타입

1. 모발의 생리
2. 두피 타입
3. 모발의 손상

hampoo
lead Spa
echnique
&

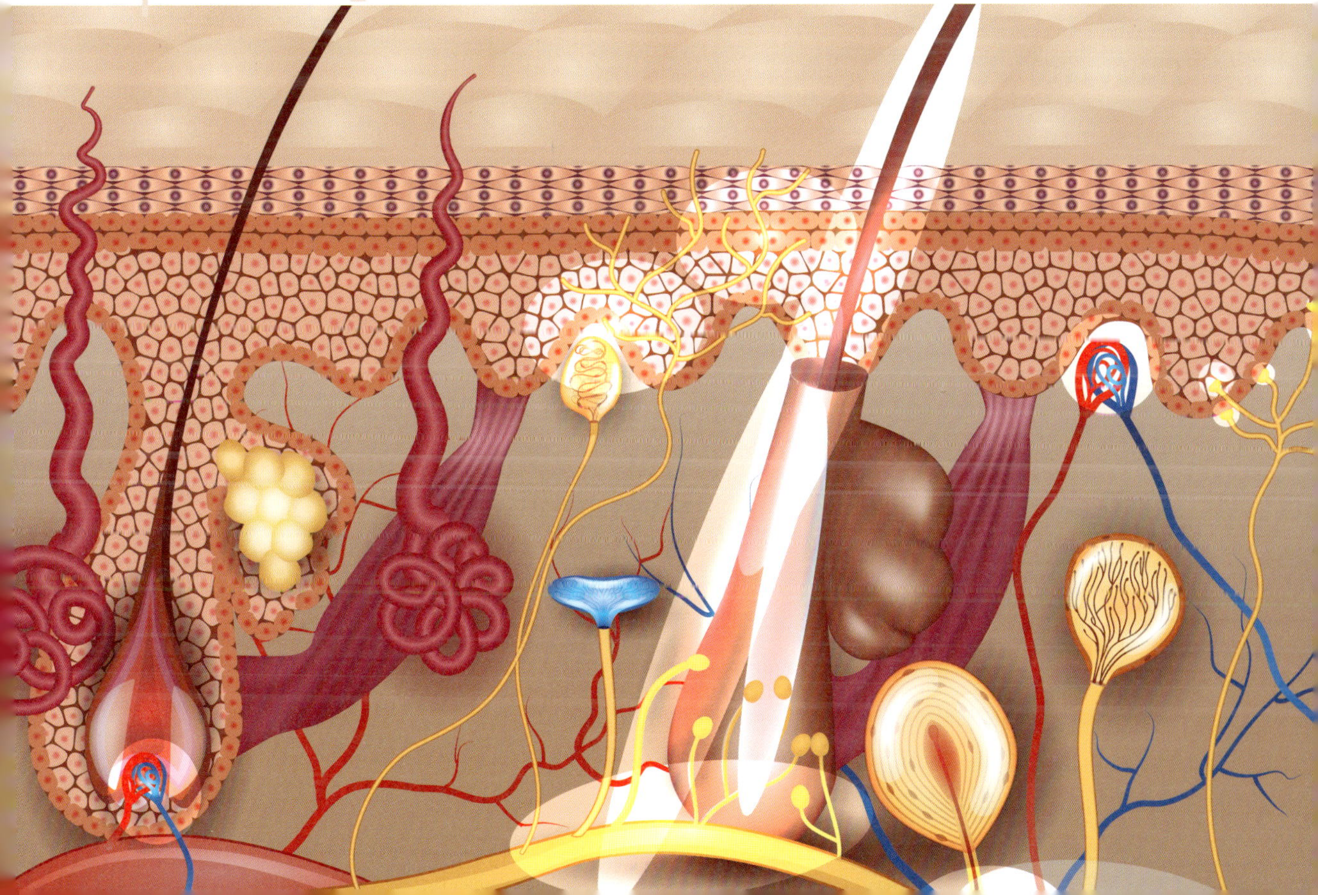

Chapter 1.

모발의 생리 및 두피 타입

학습목표

1. 모발의 정의를 설명할 수 있다.
2. 모발의 발생 및 구성을 이해할 수 있다.
3. 모발의 구조 및 기능을 이해하고 설명할 수 있다.
4. 모발의 성장을 설명할 수 있다.
5. 모발의 영양을 이해할 수 있다.
6. 모발의 물리적 특성을 설명할 수 있다.
7. 두피 타입을 이해할 수 있다.
8. 두피 타입의 특징을 이해할 수 있다.
9. 모발의 손상을 이해할 수 있다.

[Keyword] 모발, 모주기, 모발의 영양, 모발의 특성

1. 모발의 생리

1. 모발의 일반적인 정의

모발이란 머리카락과 그 신체에 나 있는 모든 털을 포함한 사람의 털을 총칭하며, 포유동물만이 가지고 있는 단단하게 밀착되고 각화된 상피세포로부터 발생한다. 모발은 손바닥, 발바닥, 손가락 및 발가락의 말단부, 점막의 경계부, 입의 점막, 배꼽, 유두, 귀두부를 제외한 몸 전체에 분포하며, 다시 말해서 두발, 수염, 눈썹, 속눈썹, 코털, 귀털, 겨드랑이, 음모 등의 모든 털을 가리킨다.

2. 모발의 발생

모발은 손톱, 발톱과 같은 피부의 부속물로서 세포의 분화 과정을 통해 특별한 구조와 기능을 갖게 된다. 또한, 모발은 태생기의 함몰로 모낭이 형성되면서 생기며, 모낭 기둥 후면에 독립된 2개의 세포로 위쪽으로 피지선, 아래쪽으로 입모근이 형성되어 완성모낭을 이룬다.

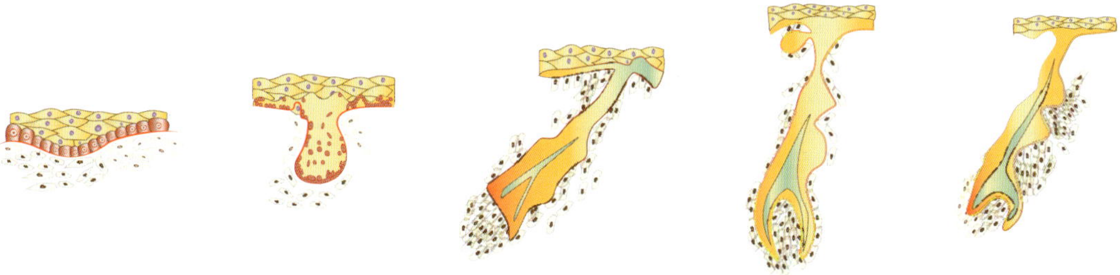

전모아기 모아기 모항기 모구성 모항기 완성모낭

3. 모발의 구성

모발은 80~90%의 단단한 비듬 형태의 각질인 케라틴 단백질로 구성되어 있으며, 18가지 아미노산으로, 탄소(C), 수소(H), 산소(O), 질소(N), 황(S)의 5가지 원소로 이루어져 있다(CHONS). 또한 산성아미노산, 중성아미노산, 염기성 아미노산으로 구성된다.

케라틴 단백질 80~90%

18가지 아미노산

C–H–O–N–S

4. 모발의 구조

모발은 표피를 기준으로 하여 외부로 나와 있는 부분을 모간부(hair shaft)라고 하며 표피 내부에 있는 부분을 모근부(hair root)라고 한다.

(1) 모간부

표피 밖으로 나와 있는 부분을 모간부라고 하며, 모간부는 모표피, 모피질, 모수질로 이루어진다.

모표피(큐티클)는 5~15겹으로 겹친 투명한 비늘 모양을 하고 있다. 모표피 안쪽에는 모피질(콜텍스)이 위치하며, 모피질 내에는 세포 사이사이에 수분과 탄력을 부여하는 간충물질이 있어 시멘트 역할을 한다. 또한 헤어 컬러나 퍼머넌트 웨이브제 등 약제의 통로가 되는 세포막복합체 (CMC, Cell Membrane Complex)와 모발의 색을 결정하는 색소세포도 존재한다. 맨 안쪽의 중앙에는 공포(空胞)로 이루어져 완충효과를 주는 모수질(메듈라)이 있다.

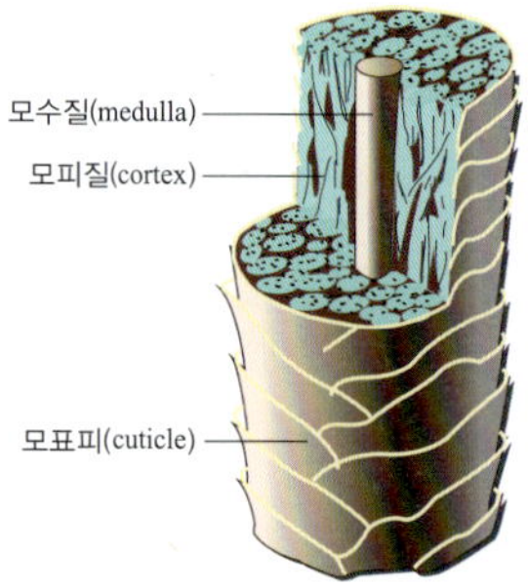

모간부 모표피(큐티클)

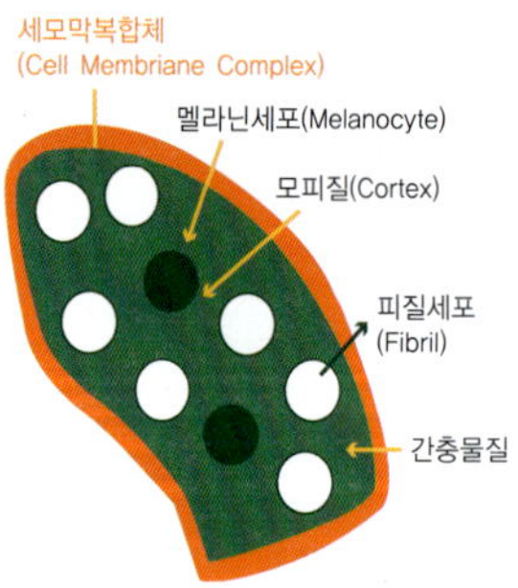

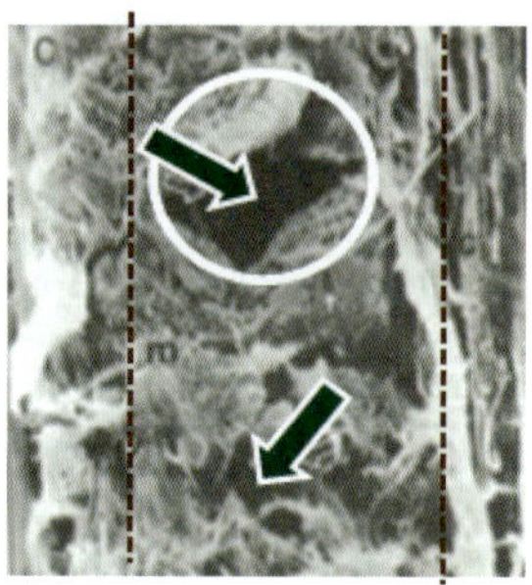

모피질(콜텍스), 모수질(메듈라)

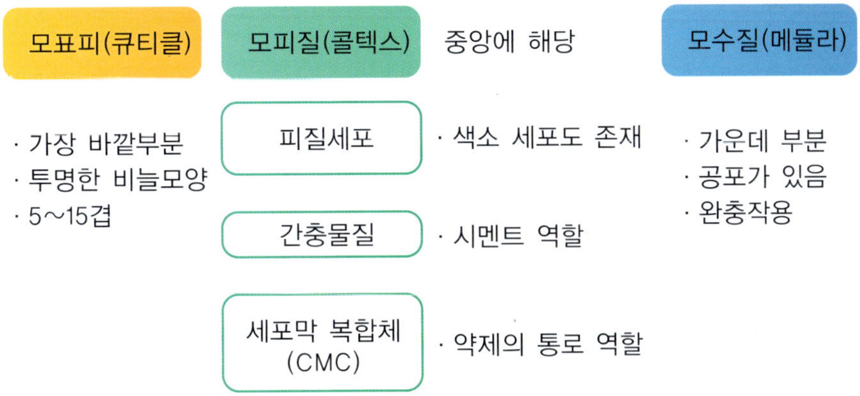

모간부 구성

(2) 모근부

모낭은 모발이 표피 밖으로 나갈 때까지 주머니처럼 모발을 감싸며 보호하는 역할을 한다. 모구는 모근 밑의 둥근 부분으로 모유두와 연결되며 전구모양으로 존재한다. 모구의 아랫부분에는 모유두가 오목하고 둥근 유두모양으로 이루어져 세포분열이 시작된다. 밑부분에는 모세혈관이 존재하며 이곳을 통해 산소와 영양분을 전달한다. 또한 자율신경이 존재하여 모근이 자극을 받으면 아픔을 느끼게 한다.

모근부 구성

모낭	모발이 표피 밖으로 나갈 때까지 안전하게 보호하는 주머니 역할
모구	둥근 모양으로 모낭의 맨 밑부분에 존재하며 모유두와 연결
모유두	모낭 바닥에 유두 모양으로 존재하며 세포분열이 시작되는 곳
모세혈관	혈관을 통하여 영양분과 산소를 공급
자율신경	모세혈관과 함께 모낭의 밑부분에 있으며 아픔을 느끼게 함
멜라닌 세포	모발의 색을 결정하는 중요한 역할
모모세포	모발의 구성 요소로 세포가 분열되어 위로 밀려 모발로 성장
피지선	모낭과 연결되며 피지를 분비하여 모발에 윤기를 부여
입모근	모낭과 연결되어 털을 직립시키는 작용

5. 모발의 성장

(1) 모발의 성장주기(Hair Cycle)

모발이 성장과 멈춤, 탈락의 과정을 반복하는 것을 모주기라고 한다. 모주기는 모낭의 맨 아랫부분에 존재하는 모유두의 활동이 왕성하게 성장하는 성장기(Anagen Stage)와 모유두의 활동이 서서히 멈춤으로 머물러 있는 상태의 퇴화기(Catagen Stage), 더 이상 활동이 정지된 상태인 휴지기(Telogen Stage)로 이루어지며, 다시 활동을 개시하는 발생기(Return to Anagen)를 반복하며 모발의 성장이 반복 된다.

모주기

성장기(Anagen Stage)	약 80~90%	모유두의 활동이 왕성하게 성장	3~4년
퇴화기(Catagen Stage)	약 1%	모유두의 활동이 서서히 멈춤	2~3주
휴지기(Telogen Stage)	약 14%	모유두의 활동이 정지된 상태	3~4개월

(2) 모발의 성장속도

모발의 성장속도는 부위에 따라 다르며, 성장 속도의 요인에 따라 다르다. 신체부위와 건강상태, 호르몬, 계절 및 성별에 따라서도 다르다.

하루 평균 모발 성장 속도	1달 평균 속도
약 0.4mm	약 0.8~1.2cm

6. 모발의 영양

영양소에는 에너지원으로 사용하는 주영양소로서 탄수화물, 단백질, 지방 등 3대 영양소가 있으며, 또 에너지원으로는 사용되지 않지만 몸을 구성한다거나 생리기능 조절을 하는 보조 영양소로 무기질, 비타민, 물이 있다. 영양소는 몸의 건강뿐 아니라 몸의 성장과 신진대사를 촉진시키는 중요한 구성요소이며, 생명유지에 있어서도 매우 중요하다. 또한 영양의 불균형으로 인한 결과는 모발의 성장과도 밀접한 관계가 있기 때문에 이로 인해 탈모에 이르기도 한다.

(1) 주영양소-탄수화물, 단백질, 지방의 기능

탄수화물	단백질	지방
• 1g당 4Kcal의 열량 • 주에너지원 • 감미료 작용 • 단백질 절약 작용 • 섬유소 공급 • 배설 촉진 작용	• 1g당 4Kcal의 열량 • 주에너지원 • 모발의 성장에 도움 • 골격근, 세포의 기본구조 • 모발, 손톱, 발톱 등 구성 성분 • 세포 간 정보 전달	• 1g당 9Kcal의 열량 • 주에너지원 • 농축된 열량원 • 외부의 충격 완화 역할 • 두피 및 모발에 피지 공급 • 체온유지 기능

(2) 보조영양소-무기질, 비타민, 물의 기능

무기질	비타민	물
• pH 평형 유지 • 골격계의 주요 성분 • 체액의 삼투압 작용 • 혈액응고 작용	• 세포분열 및 성장촉진 • 생리대사 보조 역할 • 모발의 성장에 도움 • 주영양소 대사 보조효소	• 체온 조절 • 체내의 노폐물 운반 • 관절 윤활 기능 • 외부의 충격 완화 역할

7. 모발의 물리적 특성

모발의 탄성	모발의 1가닥에 힘을 주어 일정한 힘을 가했을 때 늘어났다가 다시 제자리로 돌아가려는 성질
모발의 강도	모발 1가닥에 힘을 주어 당겨서 모발이 끊어질 때의 힘
모발의 흡습성	모발이 습한 공기 중에서 수분을 흡수하고 건조한 공기 중에서 수분을 발산하는 성질
모발의 고착력	모발 1가닥을 뽑아내는 데 필요한 힘
모발의 질감	모발 표면에 느껴지는 감촉 및 손상 정도
모발의 팽윤	수분으로 인하여 모발이 직경 방향으로 늘어나는 성질
모발의 pH	가장 안정된 상태일 때의 모발의 등전점(pH 4.5~5.5)
모발의 광변성	자외선에 의한 모발 손상 및 멜라닌 색소 파괴와 탈색 현상
모발과 열	열에 의한 모발의 단백질 변성 및 건조와 손상

2. 두피 타입

[Keyword] 두피 타입, 정상 두피, 건성 두피, 지성 두피, 예민성 두피, 비듬성 두피

1. 이론 지식

(1) 정상 두피

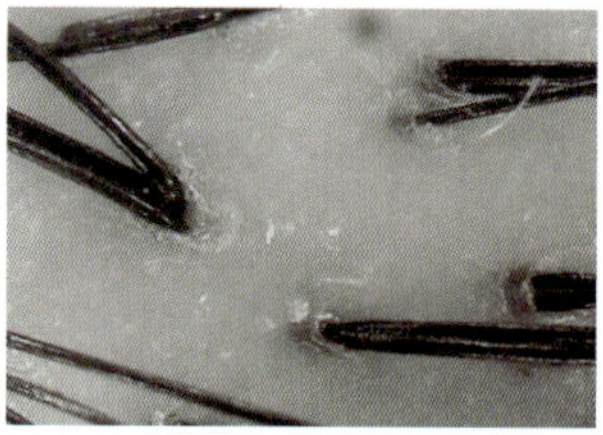

특징
① 두피 관리의 기준이 되는 유형 ② 맑은 살구색으로 혈색이 좋음 ③ 모공이 열려 있고 깨끗하며, 한 모공에 모발이 2~3가닥 존재 ④ 피지 분비가 원활하며, 적당한 수분 유지

(2) 건성 두피

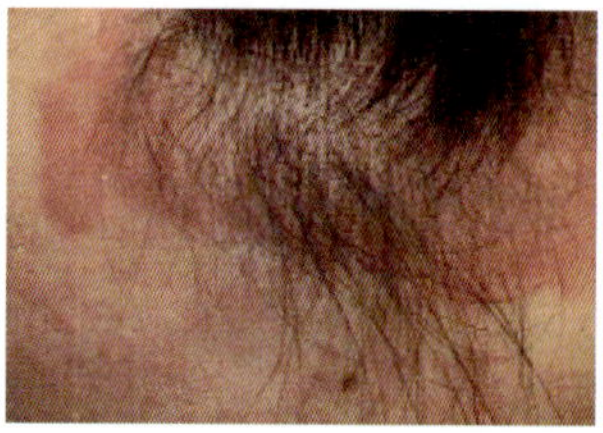

특징
① 만성 피부질환 ② 피부질환의 일종 ③ 계절적으로 겨울에 쉽게 발생
원인
피부 생리 불균형, 두피 건조

• 건성 두피-건선

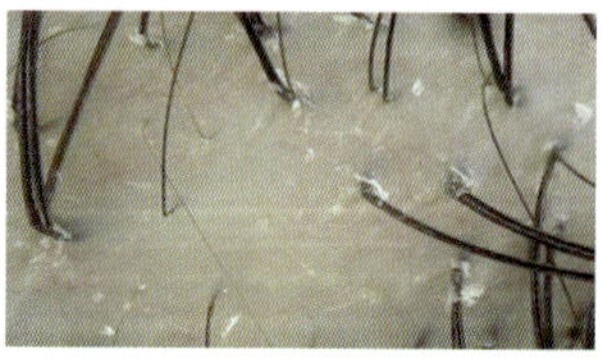

특징
① 두피의 유분 및 수분 부족으로 건조한 상태 ② 각질이 쌓여 색상이 탁함 ③ 각질화 현상으로 모공이 막힘 ④ 두피 가려움, 두피 표면 건조, 가려움증 유발
원인
스트레스, 영양결핍, 난방, 드라이 건조, 피지 부족

(3) 지성 두피

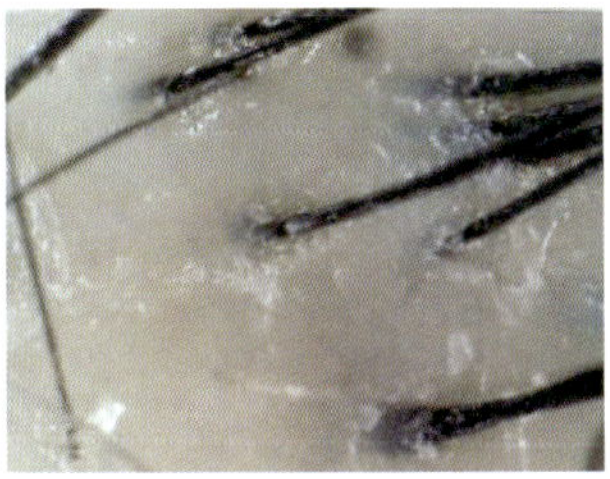

특징
① 두피의 과다한 피지 분비로 인한 과산화지질 생성
② 두피 표면의 지질로 인하여 색상이 둔탁함
③ 모공 주위에 응고물이 막혀 염증 유발 우려, 탈모 유발
④ 두피에 세균이 쉽게 번식
원인
당분, 자극적인 음식 섭취, 신진대사 이상, 유전, 호르몬 불균형

• 지성 두피-지루성

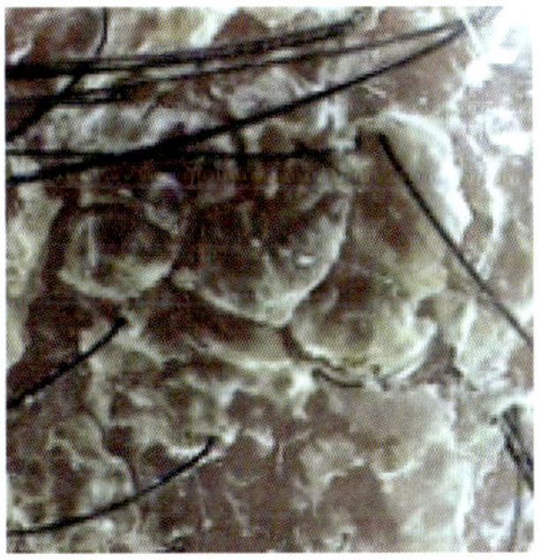

특징
① 두피의 과다한 피지 분비로 인한 각질 생성
② 비듬균 과다 증식 및 염증 현상
③ 두피에 노랗게 곪는 염증 현상
④ 두피가 붉고 번들거림
원인
왕성한 피지량, 과도한 스트레스, 인스턴트 식품, 호르몬 불균형

(4) 예민성 두피

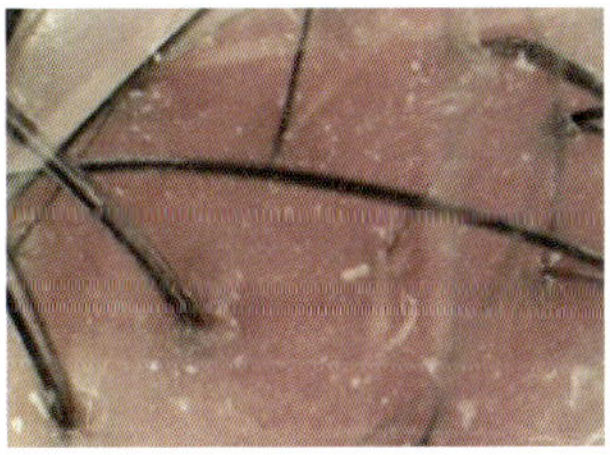

특징
① 모세혈관이 드러나 보이는 상태로 얇고, 붉은 색을 나타냄
② 가렵거나 따가운 증상으로 민감한 반응 발생
③ 세균감염으로 인한 두피 염증 유발
④ 혈액순환 저하로 인한 민감성 두피 현상
원인
스트레스, 피루, 강한 화학적 시술, 혈액순환 불균형

(5) 비듬성 두피

건성 비듬, 지성 비듬, 문제성 두피 등으로 구분되며 각질 세포의 이상 증식으로 인한 건성 비듬과 신진대사의 불균형으로 인한 지성 비듬이 있다.

1) 건성 비듬

특징
① 각질 세포의 이상 증식 및 건조 ② 하얗게 가루 형태의 비듬 형성 ③ 가려움증 유발 ④ 모발의 푸석거림
원인
과도한 화학적인 시술로 인한 건조, 스트레스, 수면부족

2) 지성 비듬

특징
① 각질이 엉겨 붙어 끈적임 ② 과도한 스트레스로 인한 신진대사 불균형 발생 ③ 비듬균의 이상 증식과 두피 각질화 주기 이상 현상 ④ 피지의 산화로 가려움증 및 염증으로 인한 탈모 현상
원인
신진대사 불균형, 남성호르몬의 불균형, 비듬균의 이상 증식

3) 문제성 두피

특징
① 모발의 숱이 작음 ② 모발의 굵기가 얇고 힘이 없는 상태의 연모 현상 ③ 정수리로부터 진행
원인
질병, 유전, 피부질환, 스트레스, 피부손상, 화학적 시술

3. 모발의 손상

[Keyword] 모발의 물리적 손상, 모발의 화학적 손상, 모발의 생리적 손상, 모발의 환경적 손상

1. 물리적 손상

모표피의 박리, 탈락, 변형으로 부드러움과 광택을 잃어버리는 손상 현상

빗질	모표피 방향에 역행하는 빗질로 인한 모표피 손상 및 강한 빗질로 인한 엉킴과 모발 단모 현상
샴푸	샴푸 시 모표피 간 심한 마찰로 인한 모표피 탈락 현상
잘못된 커트	마모된 가위 및 미용도구로 인한 모발 찢김 및 갈라짐
마찰	모표피 간 강한 타월 드라이 및 비벼대는 마찰 시술로 인한 모표피 박리 및 탈락 현상
드라이	열에 의한 모발 단백질 변성 및 형태 변형
아이론 및 전기세팅	열에 의한 열변성과 모발의 경화 현상 및 모발의 단백질 분해

2. 화학적 손상

모피질의 단백질 및 간충물질 유실, 모발건조, 모발의 팽화 및 분해 현상

퍼머넌트 웨이브 (알칼리제, 환원제)	강한 알칼리제에 의한 모표피 손상 및 용해 환원제에 의한 시스틴 결합 절단으로 인한 탄력성 저하 강한 밴딩에 의한 모표피 벗겨짐

염색제(알칼리제, 산화제)	강한 알칼리제에 의한 모표피 손상 및 모피질 단백질 유실
탈색제(알칼리제, 산화제)	산화제(과산화수소)에 의한 멜라닌 색소 파괴
헤어스타일링제	과도한 스타일링 제품에 의한 모발의 푸석거림 및 건조

3. 생리적 손상

모발의 성장 기능 저하 및 성장 억제로 인한 탈모 유발 현상

호르몬 이상	호르몬 이상 변화로 인한 모발 성장 억제 작용
스트레스	정신적 스트레스로 인한 탈모 증가
다이어트로 인한 영양결핍	다이어트나 심한 편식으로 인한 영양소의 불균형을 초래, 모발의 성장 기능 약화 및 탈모 발생

4. 환경적 손상

모발의 단백질 변성 및 케라틴 단백질 파괴, 강도 저하 현상

자외선(일광)	모발의 이황화 결합 파괴, 모발의 탈색(적색화), 건조
해수	모발 단백질 응고
각종 공해물질	공기 오염 , 오존, 질소산화물 등

[학습 요점정리]

1. 모발의 생리

① 모발이란 사람의 털을 총칭하며, 머리카락과 신체에 나 있는 모든 털을 포함하는 의미이다. 모발은 손바닥, 발바닥, 손가락 및 발가락의 말단부, 점막의 경계부, 입의 점막, 배꼽, 유두, 귀두부를 제외한 몸 전체에 존재한다.

② 모발은 케라틴 단백질(80~90%), 지질, 수분 외에 미량원소들로 구성되어 있으며, 모발의 5대 구성 원소 기호로는 탄소(C), 수소(H), 산소(O), 질소(N), 황(S)을 들 수 있다.

③ 모발의 색깔은 포함되어 있는 미량원소에 따라 나타나는데, 백발에는 니켈, 황색에는 티탄산염(titan), 적색에는 철(fe) 또는 몰리브덴(molybdan), 흑발에는 동, 철, 코발트 등이 함유되어 있다고 한다.

④ 모발은 표피에서 외부로 나와 있는, 눈에 보이는 부분인 모간 부분(hair shaft)과 표피 내부에 있는 부분인 모근 부분(hair root)으로 나뉜다.

⑤ 모간부의 모표피는 투명한 비늘 모양의 단단한 케라틴으로 5~15겹으로 겹쳐진 문리(비늘) 모양으로 모발을 보호해 주고 광택을 내며, 모발 손상의 척도가 된다. 모피질은 중앙에 해당하고, 색소세포와 간충물질, 세포막복합체로 구성된다. 모수질은 가운데 부분에 해당한다.

⑥ 모근부의 구성은 모발을 보호하는 모낭, 모유두와 연결된 모구, 세포분열이 시작되는 모유두, 색을 결정하는 멜라닌 세포, 모발의 구성세포인 모모세포와 자율신경, 모세혈관, 피지선, 입모근으로 이루어진다.

⑦ 1일 성장 속도 0.3~0.4mm 정도이며 한 달이면 1.2cm 정도 자라게 된다.

⑧ 모발의 영양소로는 주영양소인 탄수화물, 단백질, 지방과 보조영양소로 무기질, 비타민, 물이 이에 해당하며, 특히 단백질은 모발, 손톱, 발톱 등의 구성 성분이 된다.

⑨ 모발의 물리적 특성은 탄성, 강도, 흡습성, 고착력, 질감, 팽윤, pH, 광변성, 열 등이다.

[학습 요점정리]

2. 두피 타입

① **정상 두피** : 두피 관리의 기준이 되는 유형이며, 혈색이 좋고, 모공이 열려 깨끗하다.

② **건성 두피** : 두피의 유 · 수분이 부족하여 건조하며 모공의 각질화 현상이 일어난다. 원인은 난방, 스트레스, 드라이 건조 등이다.

③ **건선** : 만성피부질환이며, 원인으로는 두피 건조, 피부 생리 불균형 때문이다.

④ **지성** : 과다한 피지 분비로 인한 과산화지질 생성으로 세균 번식이 쉽게 발생하며, 원인으로는 신진대사 이상과 당분, 호르몬 불균형 등이다.

⑤ **지루성 두피** : 과다한 피지 분비로 인해 비듬균 과다 증식 및 염증 현상이 나타나며, 원인은 왕성한 피지량 및 인스턴트 식품, 과도한 스트레스 등이다.

⑥ **예민성 두피** : 혈액순환 저하로 인한 민감성 두피 현상으로 원인은 혈액순환 불균형과 강한 화학적 시술 등이 원인이 된다.

⑦ **비듬성 두피** : 각질 세포의 이상 증식으로 인한 건성 비듬과 신진대사의 불균형으로 인한 지성 비듬이 있다.

3. 모발의 손상

물리적 손상	화학적 손상	생리적 손상	환경적 손상
• 샴푸 • 잘못된 커트 • 마찰 • 드라이 및 아이론	• 퍼머넌트 웨이브 (알칼리제, 환원제) • 염색제 및 탈색제 (알칼리제, 산화제) • 헤어스타일링제	• 호르몬 이상 • 스트레스 • 다이어트로 인한 영양결핍	• 자외선(일광) • 해수 • 각종 공해 물질

학습평가 문제

01 모발의 일반적인 정의는?

02 모간부의 구성 중 약제의 통로 역할을 하는 곳은?

① 피질 세포 ② 간충물질 ③ 세포막 복합체

03 모발이 표피 밖으로 나갈 때까지 안전하게 보호하는 주머니 역할을 하는 곳은?

① 모구 ② 모유두 ③ 모낭

04 모낭과 연결되어 있는 두 기관은 무엇인지 서술하시오.

05 모발의 성장 중 모유두의 활동이 서서히 멈춤으로 머물러 있는 상태는?

① 성장기 ② 퇴화기 ③ 휴지기

06 모발의 1달 성장 속도는?

07 모발, 손톱, 발톱 등 구성 성분에 해당 되는 영양소는?

① 탄수화물 ② 단백질 ③ 지방

08 모발의 탄성이란 무엇인지 서술하시오.

09 모발의 팽윤이란 무엇인지 서술하시오.

10 건성 비듬의 특징이 **아닌** 것은?

① 각질 세포의 이상 증식 및 건조 ② 하얗게 가루 형태의 비듬 형성
③ 가려움증 유발 ④ 비듬균의 이상 증식

11 모발의 화학적 손상에 해당하지 **않는** 것은?

① 아이론 ② 염색제 ③ 산화제 ④ 펌제

마무리 학습 체크

모발의 구조

물리적 특성

두피 타입별 특징

평가항목의 성취지표 수준

학습내용	평가항목	성취지표				
		1	2	3	4	5
모발의 생리	모발의 일반적인 정의를 설명할 수 있는 지식					
	모발의 발생을 설명할 수 있는 지식					
	모발의 구성을 설명할 수 있는 지식					
모발의 구조 및 기능	모근부 구조 및 기능의 지식					
	모간부 구조 및 기능의 지식					
모발의 성장	성장기를 설명할 수 있는 지식					
	퇴화기를 설명할 수 있는 지식					
	휴지기를 설명할 수 있는 지식					
모발의 영양	주영양소를 설명할 수 있는 지식					
	보조영양소를 설명할 수 있는 지식					
모발의 물리적 특성	물리적 특성을 이해할 수 있는 지식					
두피 타입 및 특징	두피 타입과 모발 상태의 원인에 따른 지식 이해					
모발의 손상	물리적 손상에 대한 지식 이해					
	화학적 손상에 대한 지식 이해					
	생리적 손상에 대한 지식 이해					
	환경적 손상에 대한 지식 이해					

평가항목의 성취수준 피드백

<table>
<tr><th colspan="2" rowspan="3">학습내용</th><th rowspan="3">평가항목</th><th colspan="5">성취수준</th></tr>
<tr><th>매우 미흡</th><th>미흡</th><th>보통</th><th>우수</th><th>매우 우수</th></tr>
<tr><th>①</th><th>②</th><th>③</th><th>④</th><th>⑤</th></tr>
<tr><td rowspan="16">이해 정도</td><td rowspan="3">모발의 생리</td><td>모발의 일반적인 정의를 설명할 수 있는 능력</td><td></td><td></td><td></td><td></td><td></td></tr>
<tr><td>모발의 발생을 설명할 수 있는 능력</td><td></td><td></td><td></td><td></td><td></td></tr>
<tr><td>모발의 구성을 설명할 수 있는 능력</td><td></td><td></td><td></td><td></td><td></td></tr>
<tr><td rowspan="2">모발의 구조 및 기능</td><td>모근부 구조 및 기능의 지식 능력</td><td></td><td></td><td></td><td></td><td></td></tr>
<tr><td>모간부 구조 및 기능의 지식 능력</td><td></td><td></td><td></td><td></td><td></td></tr>
<tr><td rowspan="3">모발의 성장</td><td>성장기를 설명할 수 있는 지식 능력</td><td></td><td></td><td></td><td></td><td></td></tr>
<tr><td>퇴화기를 설명할 수 있는 지식 능력</td><td></td><td></td><td></td><td></td><td></td></tr>
<tr><td>휴지기를 설명할 수 있는 지식 능력</td><td></td><td></td><td></td><td></td><td></td></tr>
<tr><td rowspan="2">모발의 영양</td><td>주영양소를 설명할 수 있는 지식 능력</td><td></td><td></td><td></td><td></td><td></td></tr>
<tr><td>보조영양소를 설명할 수 있는 지식 능력</td><td></td><td></td><td></td><td></td><td></td></tr>
<tr><td>모발의 물리적 특성</td><td>물리적 특성을 이해할 수 있는 지식 능력</td><td></td><td></td><td></td><td></td><td></td></tr>
<tr><td>두피 타입 및 특징</td><td>두피 타입과 모발 상태의 원인에 따른 지식 이해 능력</td><td></td><td></td><td></td><td></td><td></td></tr>
<tr><td rowspan="4">모발의 손상</td><td>물리적 손상에 대한 지식 이해 능력</td><td></td><td></td><td></td><td></td><td></td></tr>
<tr><td>화학적 손상에 대한 지식 이해 능력</td><td></td><td></td><td></td><td></td><td></td></tr>
<tr><td>생리적 손상에 대한 지식 이해 능력</td><td></td><td></td><td></td><td></td><td></td></tr>
<tr><td>환경적 손상에 대한 지식 이해 능력</td><td></td><td></td><td></td><td></td><td></td></tr>
</table>

Chapter 2 샴푸와 린스, 트리트먼트

1. 샴푸와 린스
2. 샴푸 전 준비단계
3. 샴푸 · 린스 · 트리트먼트의 실전

hampoo
lead Spa
echnique &

Chapter 2.

샴푸와 린스, 트리트먼트

1. 샴푸와 린스

학습목표

1. 샴푸 시술의 준비물을 준비할 수 있다.
2. 샴푸에 사용되는 도구와 기기의 사용방법을 알고 샴푸에 적용할 수 있다.
3. 샴푸의 정의와 원리를 이해하고 샴푸시술을 할 수 있다.
4. 린스 및 트리트먼트의 정의와 원리를 이해하고 린스와 트리트먼트를 할 수 있다.
5. 샴푸에 사용되는 동작을 바르게 할 수 있다.
6. 고객응대 방법을 알고 안내할 수 있다.

[Keyword] 샴푸대, 샤워헤드, 물의 온도, 수압, 샴푸제

〈샴푸 실기 준비물〉

- 수건 4장 이상
- 대핀(핀셋) 4개 이상
- 쿠션 브러시
- 스케일링제
- 스케일링 볼 1개
- 우드스틱 2개 이상
- 탈지면 2장 이상 (7*10cm)
- 샴푸제, 린스제(트리트먼트제)

1. 기기 및 화장품류

(1) 기기

① 샴푸대

고객이 앉아서 샴푸를 할 수 있는 샴푸도기와 의자를 말하며 사이드 샴푸대, 백샴푸대, 와식 샴푸대가 있다. 좋은 샴푸대는 누워있을 때 고객이 안락함을 느껴야 하며 시술자에게도 무리가 없어야 한다.

② 샴푸대의 종류

백 샴푸대

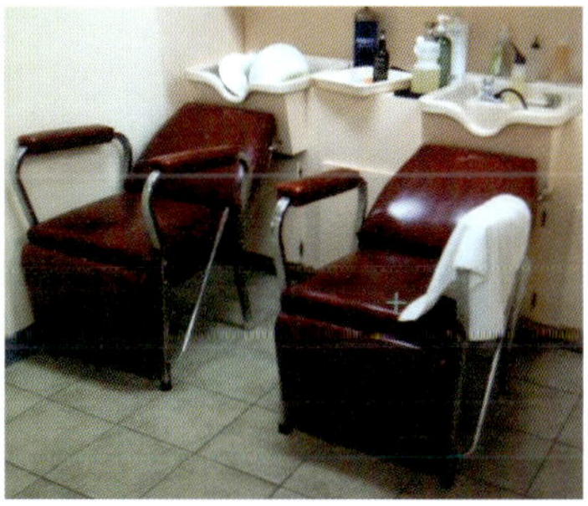

사이드 샴푸대

와식 샴푸대

③ 샴푸대의 부위별 명칭

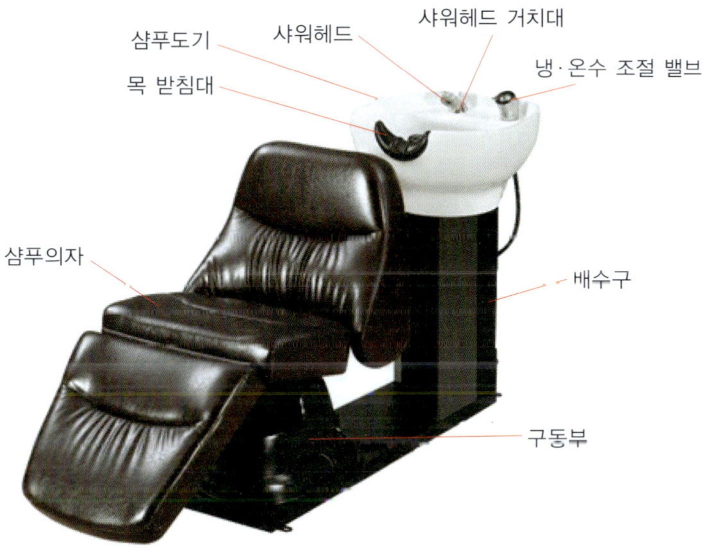

샴푸도기	샴푸를 시술하는 곳으로 도자기로 되어 있다.
샴푸 의자	고객이 앉아 샴푸를 받는 곳이다.
목 받침대	샴푸 시술을 받는 고객의 목과 머리를 받쳐주는 것이며 고객이 편안함을 느낄 수 있어야 한다. 탈부착이 가능하여 청결함을 유지할 수 있어야 한다.
샤워헤드	강하게 분사되는 물줄기와 부드러운 물줄기가 나오는 곳이다.
샤워헤드 거치대	샤워헤드를 꽂아 고정시키는 곳으로 꽂는 방향이 배수구 쪽을 향하여 물줄기가 샴푸도기 쪽으로 향하도록 한다.
냉·온수 조절 밸브	샴푸 시에 적당한 온도와 수압을 조절할 수 있다.
배수구	내부에 거름망이 있어 머리카락 등의 이물질을 걸러주며 물이 빠져나가는 곳이다.
구동부	앉는 의자(방석)와 등받이가 펼쳐지도록 하는 부분이다.

④ 샴푸대 사용 시 주의 사항

- 물의 온도가 너무 뜨겁거나 차가워 고객이 위험하거나 불편하지 않도록 하기 위해서는 샴푸대 사용 방법을 숙지한 후 사용하여야 한다.
- 강한 수압으로 인하여 고객이나 다른 곳으로 물이 튀지 않도록 주의한다.
- 샴푸대 사용 후 다른 사람들을 위하여 주변을 청결하게 정리해야 하며 머리카락 등의 이물질이 걸러지는 거름망의 청결에 유의하도록 한다.
- 샴푸의자나 등받이에 물기가 남아 있지 않도록 한다.
- 전동 샴푸대는 고객이 앉은 후 목을 받쳐주며, 구동 스위치를 밟고 등판이 뒤로 젖혀질 때 고객이 안정감을 느낄 수 있다.

(2) 화장품류

① **샴푸제** : 두피나 모발의 이물질(먼지, 각질, 비듬, 땀, 피지, 화장품 잔여물)을 제거하고 두피 · 모발을 건강하게 유지시켜 주기 위한 제품이다.

② 린스제 : 모발에 부드러움과 광택을 주기 위한 제품이다.

③ 트리트먼트제 : 손상된 모발에 영양을 공급하고 손상을 회복하기 위한 제품이다.

④ 양모제 : 두피에 혈액순환과 보습을 주기 위한 제품이다.

⑤ 스타일링제 : 모발에 광택을 주고 세팅할 수 있는 제품이다.

2. 샴푸의 정의와 목적

샴푸는 '머리를 감다' 또는 '씻어내다' 라는 의미를 가지며 모발과 두피의 때를 제거하여 청결을 유지하며 동시에 두피에 적당한 자극을 주어 건강하고 탄력 있는 모발 성장에 도움을 준다. 모발과 두피에는 땀 · 피지의 노폐물과 모발 스타일링제, 화장품류, 세제 찌꺼기, 환경 오염물질 등으로 인하여 불순물이 쌓이게 되며 이러한 불순물은 비듬과 가려움증을 유발하고 탈모 등의 각종 질병을 유발할 수 있다.

샴푸는 물, 음이온 계면활성제 외에 방부제, 향료, 정전기 방지제, 거품제 등의 첨가제로 이루어져 있으며, 계면활성제의 유화, 습윤과 침투, 분산, 기포형성, 가용화에 의하여 모발과 두피의 때를 제거한다.

3. 샴푸의 종류

① 건성모발용 샴푸 – 건조하고 푸석거리는 모발에 보습 효과를 볼 수 있는 컨디셔너 성분을 첨가한다.

② 지성모발용 샴푸 – 세정력이 강하여 피지 제거에 용이하며 과도한 피지 분비를 조절한다.

③ 약용 샴푸 – 항진균 효과로 비듬 형성을 억제하며 노화된 각질과 비듬을 제거한다.

④ 탈모 샴푸 – 피지의 분비조절, 두피의 영양 부족을 해결하여 모발의 성장을 촉진한다.

⑤ 염색 샴푸 – 염색모발의 색상을 유지시켜 주며 모발을 보호한다.

⑥ **단백질 샴푸** – 영양성분의 첨가로 모발에 탄력을 주고 손상된 부분을 세라마이드, 펩타이드, 프로틴 등으로 채워주는 샴푸이다.

⑦ **산성 샴푸** – 약산성 샴푸로 펌 또는 염색 후의 모발을 수축시켜 주고 손상을 방지한다.

⑧ **컬러 샴푸** – 샴푸 과정에서 모표피가 팽창되었을 때 일시적으로 색소를 흡착시켜 준다.

⑩ **분말 샴푸** – 특수 샴푸로, 모발을 가볍게 마사지하고 물로 헹궈 낸다.

4. 계면활성제

(1) 계면

상과 상이 접한 면을 계면이라고 하는데, 이 계면에서는 에너지가 일어나게 된다. 이것을 계면장력이라고 한다. 이러한 계면장력을 변동시킬 수 있는 첨가제를 계면활성제라고 한다.

(2) 계면활성제의 구성

한 분자 속에 기름을 좋아하는 친유기성과 물을 좋아하는 친수기성을 함께 지니고 있는 양쪽 친매성 물질이다. 따라서 계면활성제는 계면이 있는 성질을 변화시킬 수 있는 특징을 갖는다.

(3) 계면활성제의 성질

① 계면활성제는 세정력과 밀접한 연관을 갖는다. 이는 기포작용과 세정작용이 강한 활성제 성질을 지니고 있어서 유화제 또는 침투제라고도 한다.

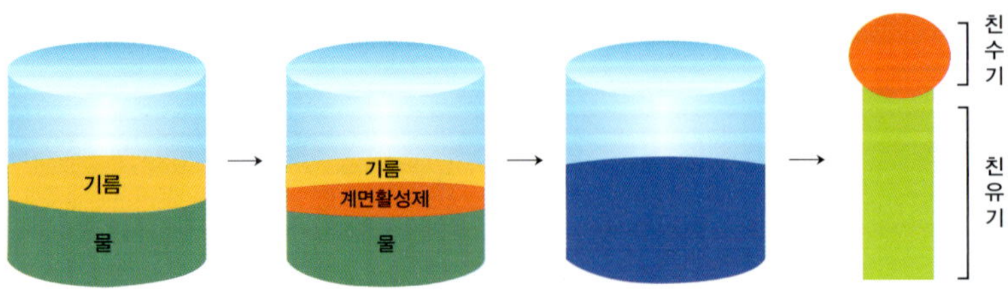

과연 섞일까? 물과 기름이?

(4) 세정 작용의 원리

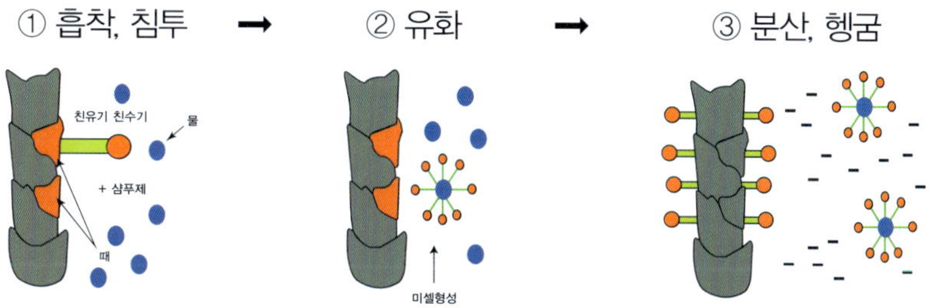

① 흡착, 침투	② 유화	③ 분산, 헹굼
• 모발에 흡착, 샴푸 침투	• 계면활성제 작용 • 때를 떨어뜨리게 함	• 때가 모발에 붙지 않도록 분산 • 헹굼

(5) 계면활성제의 작용

① 유화 : 에멀젼이라고 하며 물속에서 기름 주위에 피막을 형성하여 고체를 둘러싸서 액체에 혼합되도록 한다.

② 습윤과 침투 : 모발의 표면을 적셔 모발에서 때를 분리한다.

③ 분산 : 때 주위에 흡착하여 때를 작게 부수는 작용을 한다.

④ 기포형성 : 모발 사이의 마찰을 완화시켜 주는 작용을 한다.

⑤ 가용화 : 물에 녹기 어려운 때를 계면활성제의 분자가 친수기를 감싸 미셀화시킨다.

(6) 계면활성제의 종류

친수성기 이온성에 따라 음이온성, 양이온성, 비이온성, 양쪽성 계면활성제로 나뉜다.

종류	특징
음이온성 계면활성제	기포작용과 세정작용이 뛰어남 예) 샤푸, 비누, 클렌징 폼 등
양이온성 계면활성제	살균, 소독 작용, 보습, 대전방지 예) 헤어 린스, 트리트먼트 등
양쪽성 계면활성제	세정력, 자극성이 적당 예) 유아용 제품 및 삼푸제 등
비이온성 계면활성제	유화 효과가 강함, 유화제로 사용 예) 헤어크림, 트리트먼트 등

5. 린스의 원리와 종류

(1) 린스의 원리

린스는 '헹구다'라는 뜻이지만 일반적으로 샴푸 후 모발에 남아 있는 잔여물을 제거하고 양이온 계면활성제를 이용하여 정전기를 방지하고 모발에 광택과 유연함을 주는 의미로 사용한다.

린스는 샴푸 후의 뻣뻣한 모발을 유연하게 하고 정돈이 쉽도록 해 줄 수 있어야 하며 수분이나 유분을 제공하여 모발에 광택을 줄 수 있어야 한다. 이외에도 눈이나 두피에 자극이 없어야 한다.

(2) 린스의 종류

손상모용 린스	염색으로 인해 손상된 큐티클을 회복시켜 준다.
크림 린스	일반적인 린스로, 큐티클을 유연하게 하여 모발이 엉키는 것을 방지한다.
산성 린스	펌 시술 후 알칼리 성분들을 중화시키고 염색 후 큐티클을 수축시킨다.

(3) 린스의 성분

컨디셔닝제	유분을 보충하고 정전기를 방지하는 역할을 하며 합성오일, 미네랄 오일, 라놀린 등이 사용된다.
아미노산	모발을 유연하게 만들며 시스틴, 글루타민산, 콩 단백질 등이 사용된다.
보습제	보습제의 역할을 하며 글리세린, 히드록시 에칠셀룰로소스 등으로 모발을 보호한다.
콜라겐	손상된 큐티클을 보완해 주며 수분과 영양 공급으로 모발에 탄력을 준다.
양이온성 계면활성제	모발과 결합하는 성질이 있으며 모발 표면에 부드러운 피막을 형성하여 모발의 정돈을 용이하게 한다.
모이스처라이저	히아루론산, 소르비톨 등으로 모발에 수분을 공급한다.

6. 트리트먼트

트리트먼트는 모발을 보호하며 손상된 모발에 영양을 공급하여 탄력 있고 건강한 모발로 회복을 돕는다. 잦은 화학적 처치와 물리적으로 손상된 큐티클에 영양을 공급하여 모발을 보호하며 모발의 엉킴을 방지할 수 있다.

헤어 트리트먼트는 모발에 잘 도포되어야 하며 적절한 보습력과 우수한 트리트먼트 효과를 주어야 하며 헹굼이 용이하여야 한다.

7. 샴푸의 기본 동작

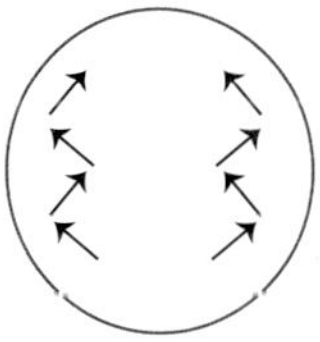

① 지그재그
- 손가락을 이용하여 두피를 지그재그로 긁어주듯 움직이는 동작이다.

② 굴리기
- 손가락을 이용하여 두피를 둥글게 비벼주듯 움직이는 동작이다.

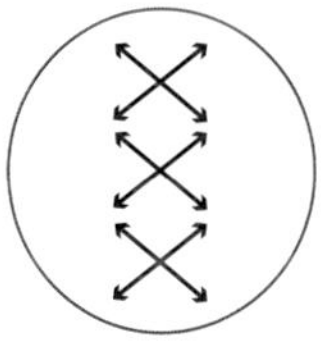

③ 양손교차
- 두 손을 번갈아 교차하면서 손가락을 이용하여 두피를 긁어주듯 움직이는 동작이다.

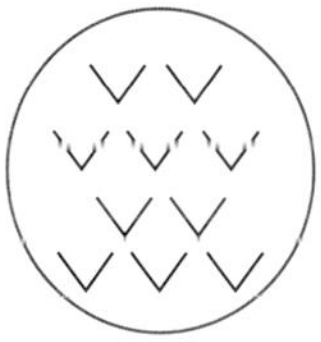

④ 튕기기
- 손가락을 이용하여 두피를 집어주듯 튕기는 동작이다.

[학습 요점정리]

① 샴푸는 모발과 두피의 때를 제거하여 청결을 유지하며 동시에 두피에 적당한 자극을 주어 건강하고 탄력 있는 모발 성장에 도움을 준다.

② 린스는 일반적으로 샴푸 후 모발에 남아 있는 잔여물을 제거하고 양이온 계면활성제를 이용하여 정전기를 방지하고 모발에 광택과 유연함을 주는 의미로 사용한다.

③ 샴푸의 기본동작은 지그재그, 굴리기, 양손교차, 튕기기의 네 동작을 끊어짐 없는 연결 동작으로 진행하여야 한다.

④ 트리트먼트는 모발을 보호하며 손상된 모발에 영양을 공급하여 탄력 있고 건강한 모발로 회복을 돕는다.

⑤ 좋은 샴푸대는 누워있을 때 고객이 안락함을 느껴야 하며 시술자에게도 무리가 없어야 한다.

⑥ 냉 · 온수의 급격한 온도차이로 인하여 고객과 시술자가 위험에 노출되지 않도록 사용 전에 냉 · 온수를 확인하여 일정한 온도의 물이 공급되도록 한다.

⑦ 샴푸 시술 후 반드시 이물질 및 머리카락이 걸러지는 거름망을 세척하고 샴푸대와 샴푸도기는 항상 청결을 유지한다.

학습평가 문제

01 모발 화장품류에 대한 바른 설명은?

① 샴푸제는 두피나 모발의 이물질을 제거하기 위한 제품이다.
② 린스제는 두피의 혈액순환과 보습을 주기 위한 제품이다.
③ 린스제는 모발에 광택과 영양을 주고 세팅을 할 수 있는 제품이다.
④ 트리트먼트제는 두피의 혈액순환과 보습을 주기 위한 제품이다.

02 샴푸의 기본 동작 중 지그재그에 대한 바른 설명은?

① 손가락을 이용하여 두피를 지그재그로 긁어주듯 움직이는 동작이다.
② 손가락을 이용하여 두피를 둥글게 비벼주듯 움직이는 동작이다.
③ 두 손을 번갈아 교차하면서 손가락을 이용하여 두피를 긁어주듯 움직이는 동작이다.
④ 손가락을 이용하여 두피를 집어주듯 튕기는 동작이다.

03 샴푸의 기본 동작 중 굴리기에 대한 바른 설명은?

① 손가락을 이용하여 두피를 지그재그로 긁어주듯 움직이는 동작이다.
② 손가락을 이용하여 두피를 둥글게 비벼주듯 움직이는 동작이다.
③ 두 손을 번갈아 교차하면서 손가락을 이용하여 두피를 긁어주듯 움직이는 동작이다.
④ 손가락을 이용하여 두피를 집어주듯 튕기는 동작이다.

04 샴푸의 기본 동작 중 양손 교차에 대한 바른 설명은?

① 손가락을 이용하여 두피를 지그재그로 긁어주듯 움직이는 동작이다.
② 손가락을 이용하여 두피를 둥글게 비벼주듯 움직이는 동작이다.
③ 두 손을 번갈아 교차하면서 손가락을 이용하여 두피를 긁어주듯 움직이는 동작이다.
④ 손가락을 이용하여 두피를 집어주듯 튕기는 동작이다.

05 샴푸의 기본 동작 중 튕기기에 대한 바른 설명은?

① 손가락을 이용하여 두피를 지그재그로 긁어주듯 움직이는 동작이다.
② 손가락을 이용하여 두피를 둥글게 비벼주듯 움직이는 동작이다.
③ 두 손을 번갈아 교차하면서 손가락을 이용하여 두피를 긁어주듯 움직이는 동작이다.
④ 손가락을 이용하여 두피를 집어주듯 튕기는 동작이다.

06 샴푸에 대한 바르지 **못한** 설명은?

① 모발과 두피의 때를 제거하여 청결을 유지시킨다.
② 두피에 적당한 자극을 주어 건강하고 탄력 있는 모발 성장에 도움을 준다.
③ 계면활성제의 유화, 습윤과 침투, 분산, 기포형성, 가용화에 의하여 모발과 두피의 때를 제거한다.
④ 손상된 두피와 모발을 원래의 상태로 회복시키고 영양을 공급하여 탄력 있고 건강한 모발로 만들어 준다.

마무리 학습 체크

1. 샴푸대 사용 시 주의 사항을 네 가지 이상 서술하시오.

2. 샴푸의 기본 동작을 그림으로 그려 표현하시오.

3. 샴푸와 린스에 필요한 재료들의 사진을 준비대에 정리 후 사진을 찍고 다음의 박스에 첨부하시오.

평가항목의 성취지표 수준

학습내용	평가항목	성취지표				
		1	2	3	4	5
샴푸대 준비	샴푸의 준비물을 알고 대처하는 지식					
	샴푸대 사용 시 주의점을 알고 있는 지식					
	종류별 샴푸대를 구별하는 지식					
제품의 준비	상황별 샴푸제를 준비할 수 있는 지식					
	두피 스케일링 면봉을 만들 수 있는 지식					
샴푸의 이론	샴푸의 정의와 목적을 이해하는 지식					
	린스의 정의와 목적을 이해하는 지식					
	트리트먼트의 정의와 목적을 이해하는 지식					
샴푸의 동작	샴푸의 기본 동작을 이해하는 지식					
	샴푸 동작 시 주의점을 이해하는 지식					

평가항목의 성취수준 피드백

학습내용	평가항목	성취수준				
		매우 미흡	미흡	보통	우수	매우 우수
		①	②	③	④	⑤
샴푸대 준비	샴푸의 준비물을 알고 대처할 수 있는 능력					
	샴푸대 사용 시 주의점을 알고 있는 능력					
	종류별 샴푸대를 구별할 수 있는 능력					
제품의 준비	상황별 샴푸제를 준비할 수 있는 능력					
	두피 스케일링 면봉을 만들 수 있는 능력					
샴푸의 이론	샴푸의 정의와 목적을 이해하는 능력					
	린스의 정의와 목적을 이해하는 능력					
	트리트먼트의 정의와 목적을 이해하는 능력					
샴푸의 동작	샴푸의 기본 동작을 이해하는 능력					
	샴푸 동작 시 주의점을 이해하는 능력					

2. 샴푸 전 준비단계

학습목표

1. 샴푸의 과정을 알고 준비할 수 있다.
2. 고객응대 방법을 알고 안내할 수 있다.
3. 브러싱의 방법을 알고 고객에게 서비스를 제공할 수 있다.
4. 스케일링의 방법을 알고 고객에게 서비스를 제공할 수 있다.

[Keyword] 고객안내, 브러싱, 스케일링

1. 사전준비

(1) 준비기기 및 재료 정리

- 고객을 맞이하기 전 청결하고 쾌적한 환경이 되도록 정리정돈이 되어 있어야 한다.
- 고객 시술 후에는 사용한 기기 및 제품을 정리하고 다음 고객 맞을 준비가 되어 있어야 한다.

제품의 정리는 시술순서에 맞도록 한다.

작업 보조대는 항상 청결하여 고객에게 불편함이 없도록 정리되어야 한다.

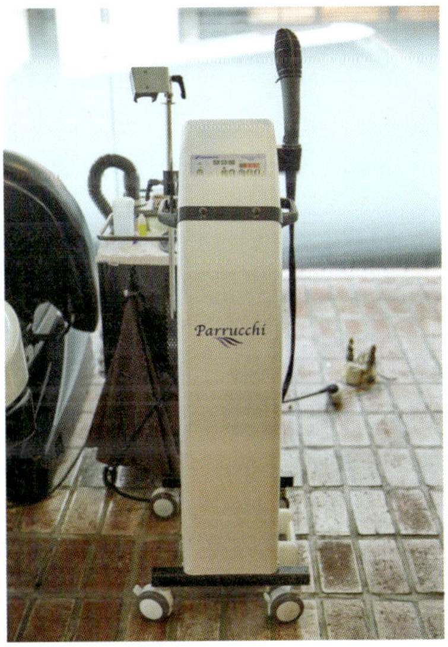

안전에 유의하며 기기를 정리한다.

샤워헤드의 수압과 온도를 체크하고 고장이 없는지를 확인하며 도기와 부딪히지 않도록 주의한다.

도기의 목 받침대에 이물질을 제거하여 불쾌한 냄새가 나지 않도록 하며 거름망을 청결하게 정리한다.

샴푸대 주변은 정리정돈이 잘 되어 있어야 하며 환기가 잘 되어야 한다.

〈샴푸대 주변 정리〉

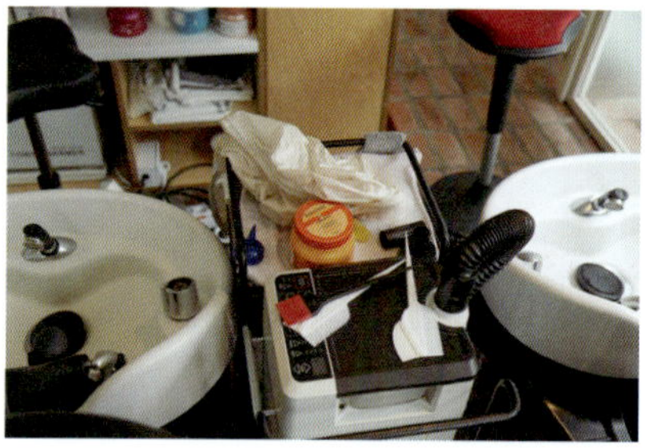

샴푸 시술 중 작업대의 모습

→

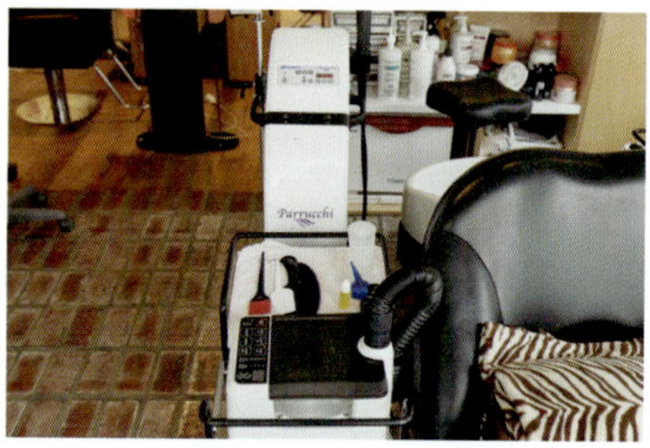

작업대 정리 후 모습

샴푸 시술 중 샴푸의자의 모습

→

샴푸의자 정리 후 모습

(2) 인사하기(고객맞이)

〈고객이 미용실 방문 시 인사하는 방법〉

① 고객이 들어오시면 눈을 마주치고 밝게 웃으며 인사하고 허리를 숙인다.

② 고객을 자리로 안내할 경우 고객 보다 한두 걸음 앞선 상태에서 안내한다.

③ 고객에게 원하는 음료를 여쭤본 후 준비한다.

④ 가운 착용 시 가운을 살짝 기울여 고객이 착용하기 쉽도록 도와준다.

⑤ 가운의 두 팔을 끼운 후 뒤쪽에서 가운 끈을 고객에게 주며 붙잡도록 한다.

⑥ 고객가운이 벌어지지 않도록 여며준 후 끈을 묶어 준다.

⑦ 고객을 작업대로 안내한다.

⑧ 자리 안내 후 불편한 점이 있는지 여쭤 본다.

⑨ 샴푸 시술을 위하여 샴푸대로 안내한다.

〈샴푸 전 사전 준비〉

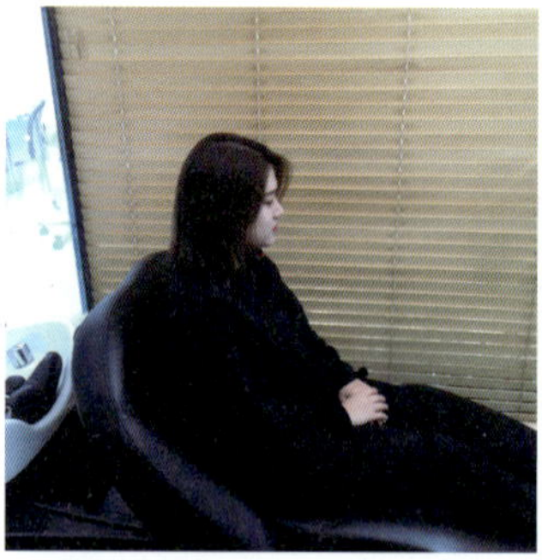

① 고객을 샴푸대로 안내한다.

② 앉아있는 고객의 무릎에 수건을 덮어 준다.

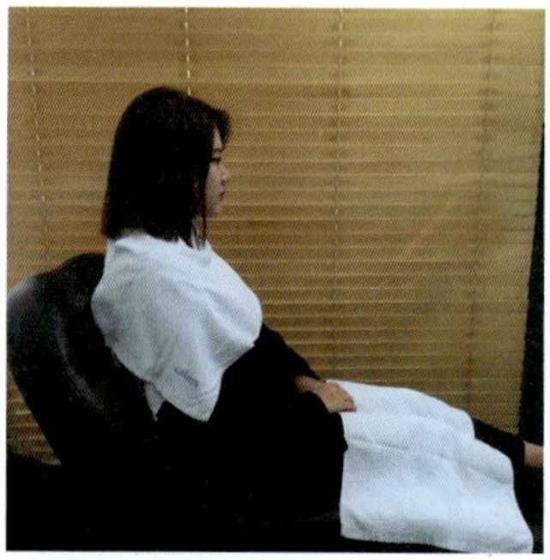

③ 고객 어깨의 앞 · 뒤로 수건을 덮어 준다.
(깃이 있는 상의는 수건을 깃 쪽으로 접어 넣어 고객의 등이 젖는 것을 방지한다)

2. 샴푸의 기본 순서

브러시		샴푸 거품 내기		린스 머니퓰레이션
⇩		⇩		⇩
두피 스케일링	⇨	샴푸 머니퓰레이션	⇨	헹구기
⇩		⇩		⇩
모발 적시기		헹구기		타월 드라이

(1) 브러시 테크닉

〈준비물〉
- 수건
- 쿠션 브러시

① 브러싱의 목적

• 두피와 모발의 때를 제거하고, 피지를 모발에 적절하게 도포할 수 있다.
• 모발을 정돈하여 샴푸 시술에 용이하도록 할 수 있다.
• 두피를 가볍게 자극하여 혈액순환을 도와 두피 기능을 원활하게 한다.

② 브러싱의 순서

〈두상의 포인트〉

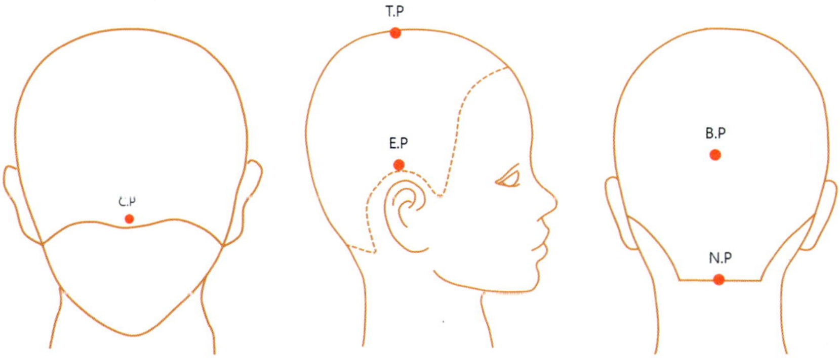

〈브러싱 방향〉

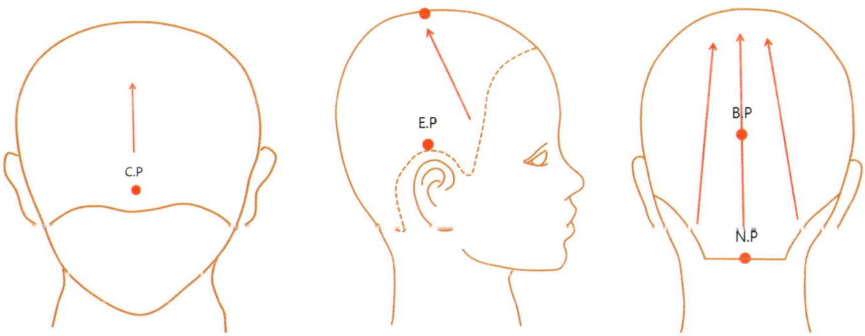

① 브러시의 빗살이 이마나 볼등을 스치지 않도록 주의하며 빗살을 C.P점에 닿도록 한다.

② 쿠션 브러시를 이용하여 두상의 상단부분에서 하단 부분을 향하여 브러싱한다(C.P~T.P~G.P).

③ 양 사이드에서 두상의 상단을 향하여 브러싱한다(E.P~T.P).

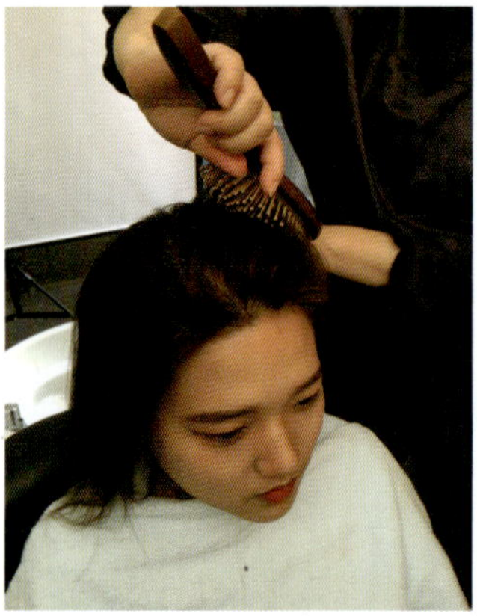

④ 양 백사이드에서 두상의 상단을 향하여 브러싱(E.P~T.P)한 후 네이프에서 두상의 상단을 향하여 브러싱하며 이때 고객에게 고개를 앞으로 살짝 숙이도록 한다(N.P~C.P).

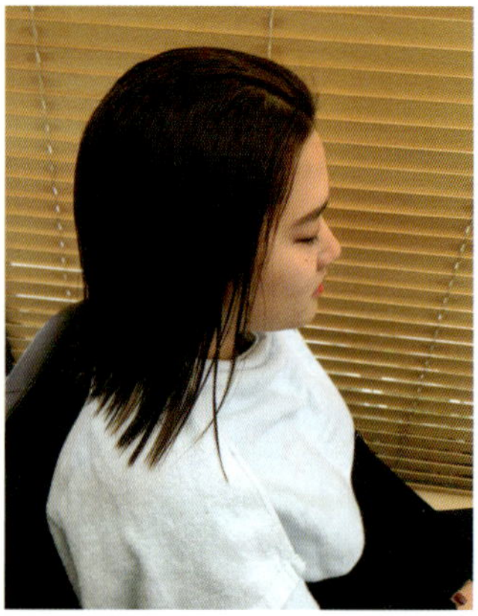

⑤ 고개를 반듯하게 한 후 올백으로 브러싱한다.

(2) 두피 스케일링

〈두피 스케일링 준비물〉

- 수건
- 핀셋
- 스케일링제
- 오렌지 우드스틱
- 탈지면
- 스케일링 공병(볼)

① 두피 스케일링의 목적

- 두피의 피지 산화물과 노화 각질, 모발용 화장품류의 찌꺼기 등을 제거하여 모공을 청결하게 하고, 가벼운 자극으로 두피의 혈액 순환을 좋게 하여 두피 각화 주기를 원활하게 하여 건강한 두피가 되도록 도와준다.

〈두피 스케일링의 사전 준비〉

- 적당한 크기의 솜과 우드스틱을 이용하여 스케일링용 면봉을 만든다.
- 탈지면의 사이즈는 7x10cm 정도로 하며 우드스틱은 너무 두꺼운 것을 고르지 않도록 한다.

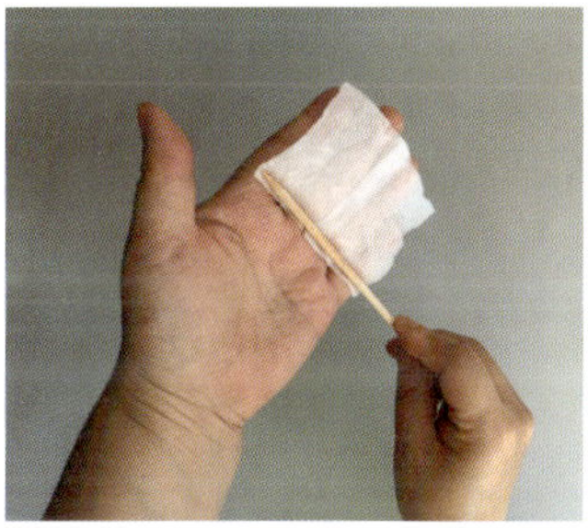

주의점 : 면봉의 한쪽 끝이 탈지면 밖으로 나가지 않도록 한다.

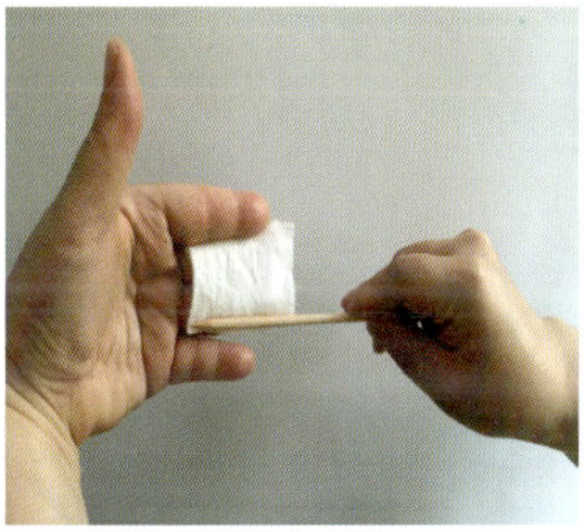

① 탈지면의 아랫부분에 우드스틱을 올려 놓는다.

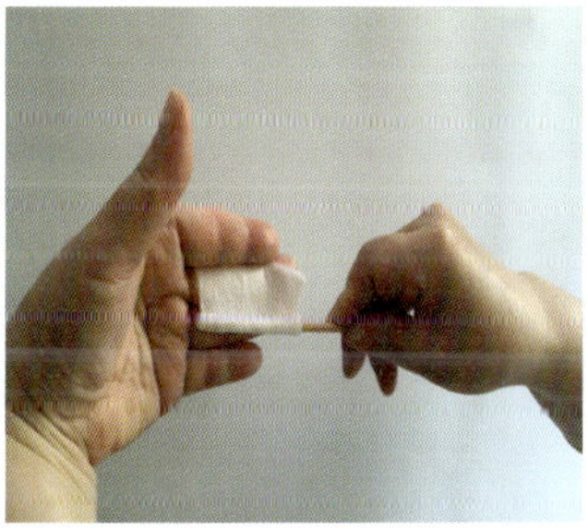

② 우드스틱을 탈지면의 상단 부분을 향해 감아 올린다.

③ 스케일링제를 스케일링 볼에 덜어 낸다.

〈두피 스케일링의 순서〉

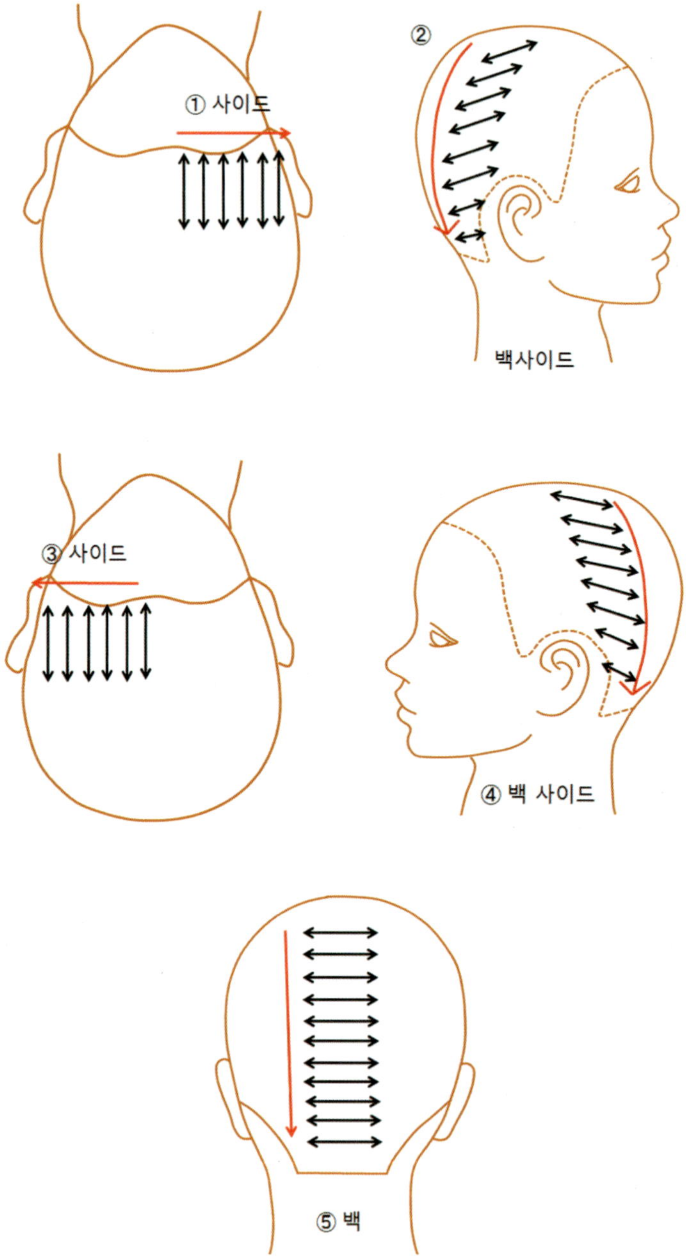

〈두피 스케일링의 순서〉

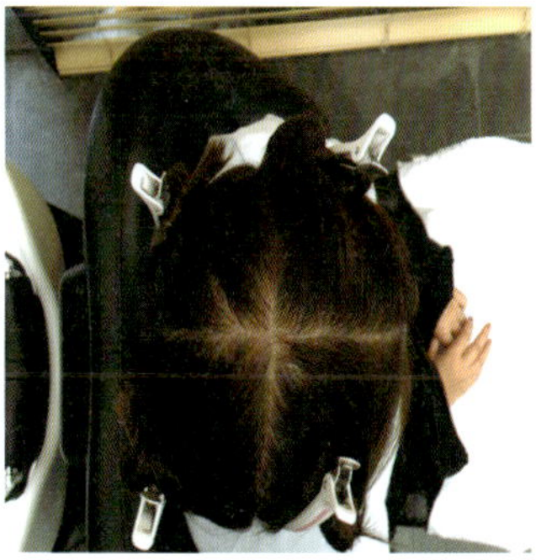

① 핀셋을 이용하여 두상을 4등분으로 블로킹한다.

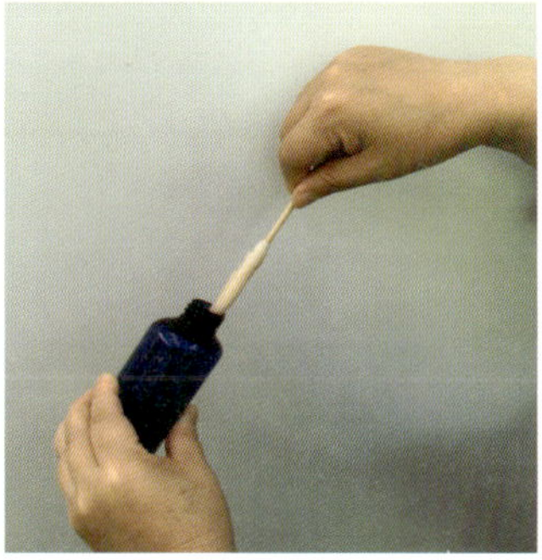

② 스케일링 면봉을 덜어낸 볼에 담근 후 용액이 흐르지 않도록 조절한다.

주의점 : 스케일링제가 얼굴 쪽에 흐르지 않도록 헤어라인에서 1~2 cm 떨어진 부위에서 시작한다.

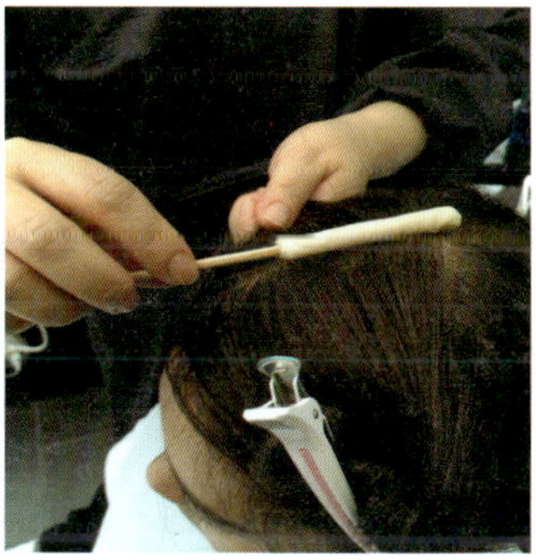

③ 오른쪽 사이드 쪽에서 시작하며 스케일링 면봉을 두피에 가로로 눕혀 C.P~T.P 사이를 문지르듯이 닦아 낸다.

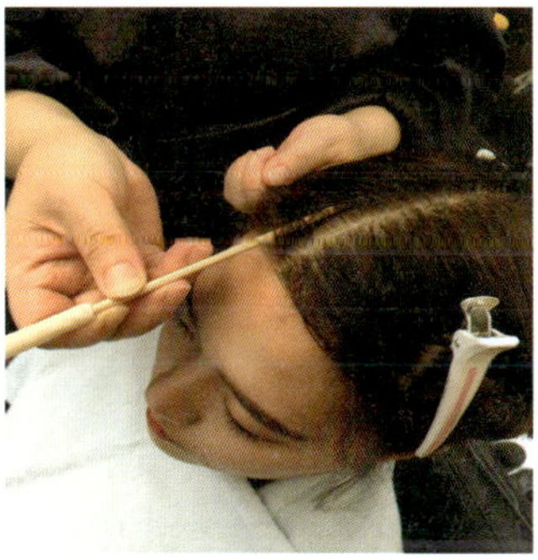

④ 1~1.5cm 간격으로 슬라이스 한다.

⑤ ③번의 방법으로 스케일링하여 오른쪽을 완성한 후 모발은 핀셋으로 묶지 않고 자연스럽게 내려 놓는다.

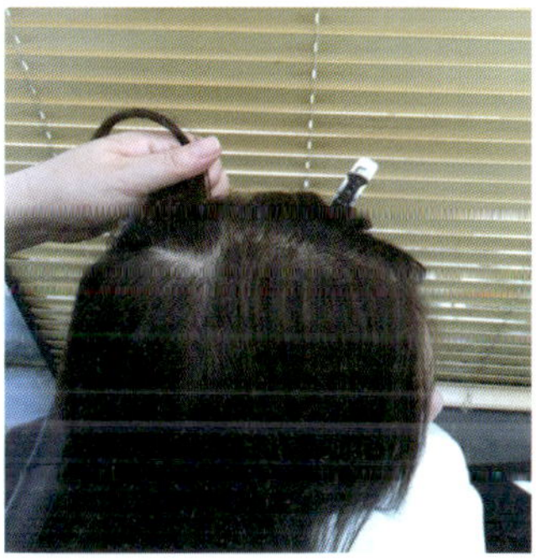

⑥ 오른쪽 백사이드를 얼굴 쪽이 약간 올라가도록 사선으로 슬라이스 한다.

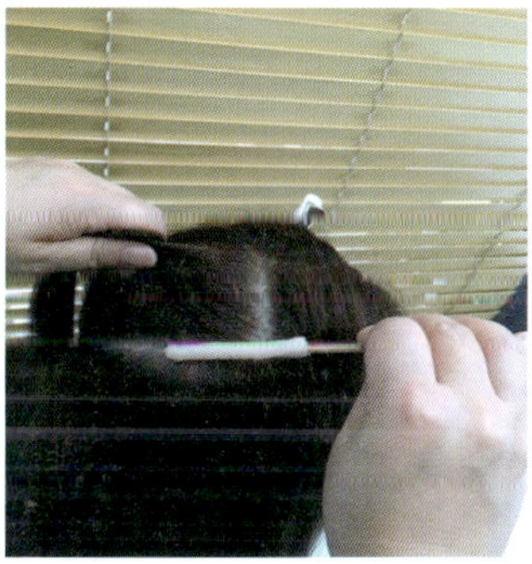

⑦ 오른쪽 백사이드 부분을 사이드와 동일한 방법으로 스케일링한다.

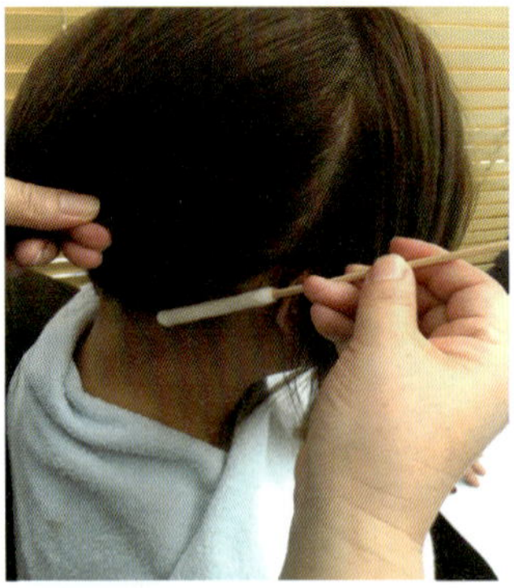

⑧ 네이프의 끝 부분까지 스케일링한다.

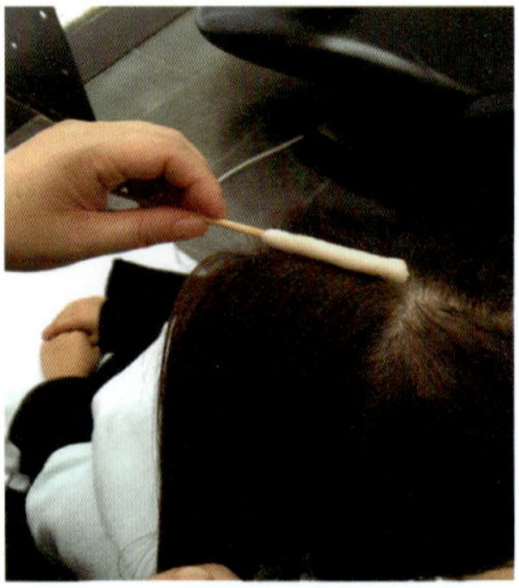

⑨ 왼쪽 사이드의 C.P~T.P 사이를 문지르듯이 닦아 낸다.

⑩ 왼쪽 사이드를 대략 1~ 1.5 cm 간격으로 슬라이싱한 후 닦아 낸다.

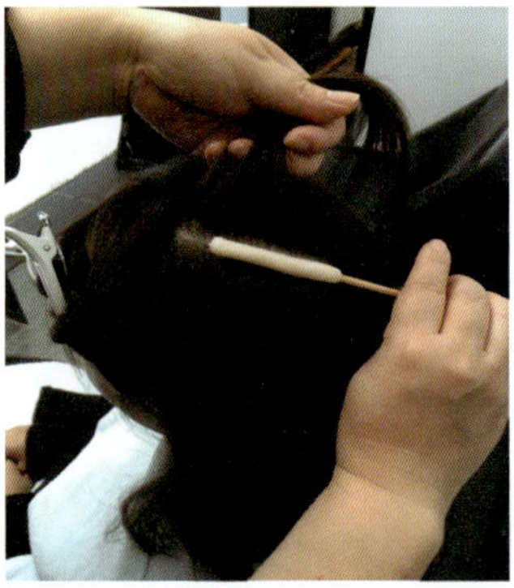

⑪ 왼쪽 백사이드를 얼굴 쪽이 약간 올라가도록 사선으로 슬라이스하여 오른쪽 백사이드와 같은 방법으로 스케일링한다.

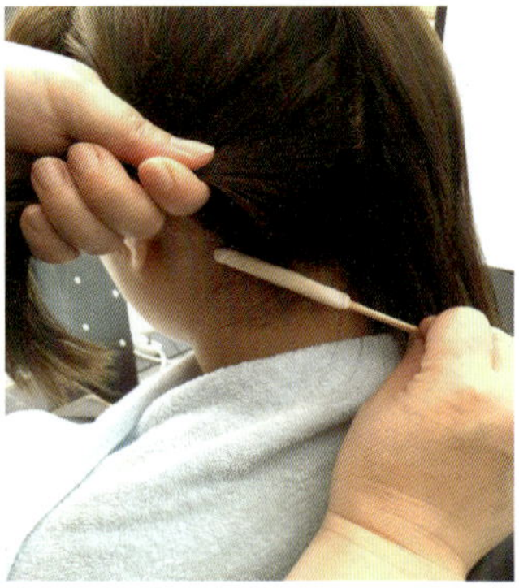

⑫ 네이프의 끝 부분까지 스케일링한다.

Tip

고객 안내 멘트 예시

"네 고객님 제가 안내해드리겠습니다."
샴푸의자로 안내(정중하게 두 손으로 방향을 가리키며 한발자국 앞선다.)
"이쪽으로 부탁드립니다."

[학습 요점정리]

① 고객을 맞이하기 전 청결하고 쾌적한 환경이 되도록 정리정돈이 되어 있어야 한다.

② 고객 시술 후 사용한 기기 및 제품을 정리하고 다음 고객 맞을 준비가 되어 있어야 한다.

③ 고객을 맞이할 때 눈을 마주치고 밝게 웃으며 인사한다.

④ 샴푸를 위하여 샴푸대로 안내할 때에는 고객보다 한두 걸음 앞서 자리로 안내한다.

⑤ 브러싱은 모발의 때를 제거하고 두피의 피지를 모발에 적절하게 도포해 줄 수 있으며 모발을 정돈하여 샴푸에 용이하도록 한다. 또한 두피를 가볍게 자극하면 혈액순환에 도움을 줄 수 있다.

⑥ 브러시의 빗살이 얼굴에 닿지 않도록 한다.

⑦ 두피 스케일링은 두피의 이물질과 때 등을 제거하여 모공을 청결하게 하고 두피의 혈액 순환을 좋게 하여 두피 각화 주기를 원활하게 하여 건강한 두피가 되도록 도와준다.

⑧ 두피 스케일링제가 얼굴로 흐르지 않도록 한다.

⑨ 두피 스케일링에 사용할 면봉을 만들 때에는 스틱의 한 끝이 탈지면의 밖으로 나가지 않도록 한다.

⑩ 스케일링제에 적셔진 스케일링 면봉을 볼에서 꺼낼 때 용액이 흐르지 않도록 조절한다.

⑪ 두피 스케일링 시술 시 두상의 곡면을 따라 면봉이 닿도록 한다.

학습평가 문제

01 고객 맞이 전 주의사항으로 바르지 **못한** 것은?

① 청결하고 쾌적한 환경이 되도록 해야 한다.
② 항상 사용하는 기자재이므로 매일 청결하게 관리할 필요는 없다.
③ 고객 시술 후 제품을 정리하고 다음 고객 맞이를 준비해야 한다.
④ 제품은 청결하게 정리정돈이 되어 있어야 한다.

02 기기 사용 방법에 대한 주의 사항으로 바른 것은?

① 항상 사용하던 기기이므로 안전에 유의할 필요는 없다.
② 작업 보조대는 이용 시 불편하지 않도록 정리되어야 한다.
③ 샤워헤드의 수압과 온도를 체크할 필요는 없다.
④ 샴푸대 사용 후 도기와 의자의 이물질은 며칠에 한 번 정도 관리한다.

03 고객 맞이에 대한 설명으로 바른 것은?

① 바쁠 경우 방문한 고객에게 인사할 필요는 없다.
② 가운 착용 시 가운을 살짝 기울여 고객이 착용하기 용이하도록 도와준다.
③ 고객을 자리로 안내할 경우 손가락으로 자리를 알린 후 고객에게 앉으라고 이야기한다.
④ 자리 안내 후 불편한 점이 있는지 여쭤볼 필요는 없다.

04 브러싱의 목적에 대한 바른 설명은?

① 브러싱만으로도 모든 때를 제거할 수 있으므로 샴푸를 따로 할 필요는 없다.
② 모발 정돈에 도움은 되지 않지만 혈액 순환 때문에 반드시 필요하다.
③ 두피를 강하게 자극하여 혈액순환을 시켜야 한다.
④ 두피의 피지를 모발에 적절하게 도포할 수 있다.

05 브러싱의 방법으로 바르지 **못한** 것은?

① 네이프에서 두상의 상단을 향하여 브러싱할 때 고객에게 고개를 앞으로 살짝 숙이도록 한다.
② 브러시의 빗살이 이마나 볼 등을 스치지 않도록 주의하며 빗살을 C.P 점에 닿도록 한다.
③ 브러시의 빗살이 이마를 마사지하며 빗어 올려야 한다.
④ 쿠션 브러시를 이용하는 것이 좋다.

06 두피 스케일링의 방법으로 바른 설명은?

① 두피 스케일링 시술 시 두상의 곡면을 따라 면봉이 닿도록 한다.
② 스케일링제가 얼굴 쪽에 흐를 정도로 넉넉하게 묻힌 후 사용한다.
③ 스케일링제는 한 용기에 넉넉하게 담아 여러 사람이 같이 사용하도록 한다.
④ 스케일링 면봉을 한 개로 여러 사람이 사용하여도 위생에 지장이 없다.

마무리 학습 체크

1. 고객을 맞이하기 전 작업 사항에 대하여 서술하시오.

2. 두피 스케일링의 주의 사항에 대하여 서술하시오.

3. 브러싱 시술 사진 세 장을 첨부하시오.

4. 두피 스케일링 사진 세 장을 첨부하시오.

평가항목의 성취지표 수준

학습내용	평가항목	성취지표				
		1	2	3	4	5
고객맞이	작업대를 청결하게 준비할 수 있는 지식					
	밝은 얼굴로 고객을 맞이할 수 있는 지식					
	고객을 샴푸대로 안내할 수 있는 지식					
브러싱 방법	고객이 불쾌감이 들지 않도록 브러시의 끝이 얼굴에 닿지 않도록 하는 지식					
	브러싱의 효과를 높이기 위해 브러싱이 두피까지 이루어졌는가에 대한 지식					
	브러싱의 효과를 높이기 위해 브러싱이 정수리를 향하여 이루어지도록 하는 지식					
두피 스케일링 방법	두피 스케일링을 위한 준비 지식					
	두피에 자극이 가지 않도록 적절한 압을 행할 수 있는 지식					
	고객에게 불편함을 주지 않도록 스케일링제가 얼굴로 흐르지 않도록 하는 지식					

평가항목의 성취수준 피드백

학습내용	평가항목	성취수준				
		매우 미흡	미흡	보통	우수	매우 우수
		①	②	③	④	⑤
고객맞이	작업대를 청결하게 준비할 수 있는 능력					
	밝은 얼굴로 고객을 맞이할 수 있는 능력					
	고객을 샴푸대로 안내할 수 있는 능력					
브러싱 방법	브러시의 끝이 얼굴에 닿지 않게 할 수 있는 능력					
	브러싱이 두피까지 이루어지게 할 수 있는 능력					
	브러싱이 정수리를 향하여 이루어지게 할 수 있는 능력					
두피 스케일링 방법	두피 스케일링을 위해 준비할 수 있는 능력					
	두피에 자극이 가지 않도록 적절한 압으로 이루어지게 하는 능력					
	스케일링제가 얼굴로 흐르지 않게 하는 능력					

3. 샴푸·린스·트리트먼트의 실전

학습목표

1. 고객을 안전하게 샴푸대에 눕힐 수 있다.
2. 물의 온도를 적당하게 맞춰 고객의 모발에 도포할 수 있다.
3. 두피와 모발 전체에 거품을 생성할 수 있다.
4. 샴푸의 기본 동작을 이용하여 연결되는 동작으로 샴푸 머니퓰레이션을 할 수 있다.
5. 거품이나 이물질이 남지 않고 고객의 목덜미 옷깃을 적시지 않도록 헹굴 수 있다.
6. 고객의 얼굴로 물이 튀지 않도록 타월 드라이나 블로 드라이할 수 있다.

[Keyword] 거품내기, 샴푸 머니퓰레이션, 린스, 드라이

1. 샴푸의 실제

(1) 샴푸대에 고객 눕히기 및 물 도포

〈 물 도포 & 헹굼 〉

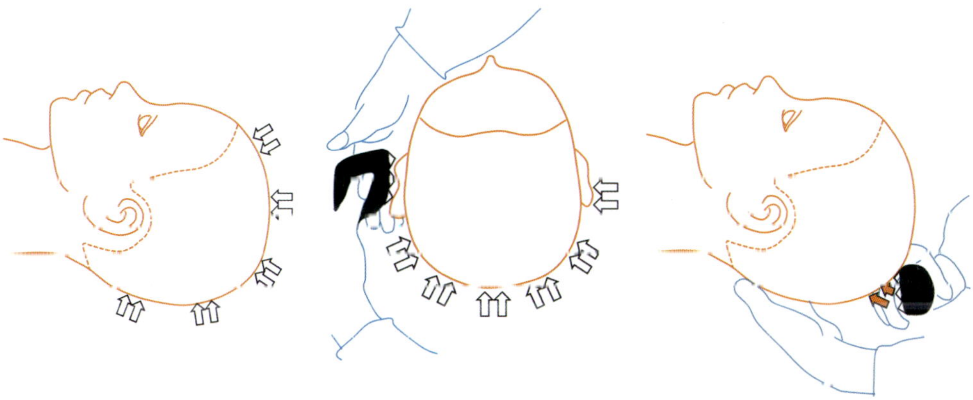

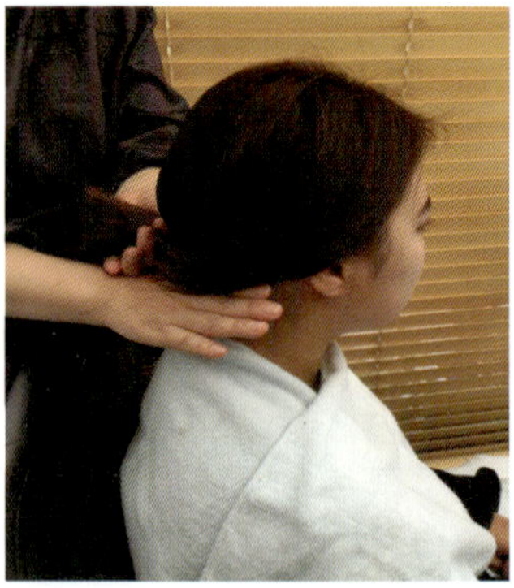

① "고객님 제가 목을 받쳐드리겠습니다. 편안히 누우시면 됩니다"라고 이야기한다.

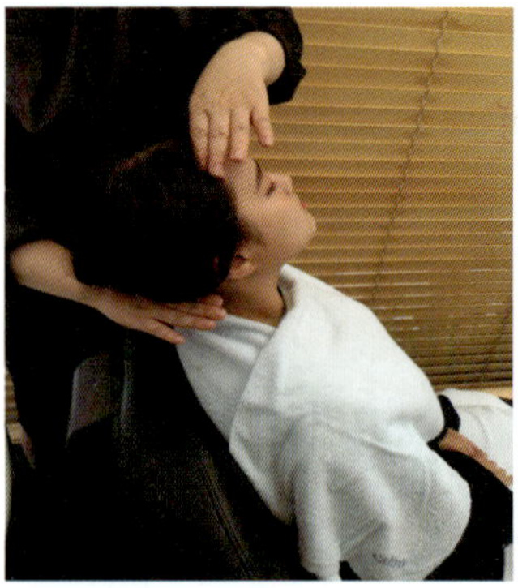

② 고객님의 목덜미를 받치고 헤어라인을 살짝 밀면서 고객을 샴푸대로 눕힌다.

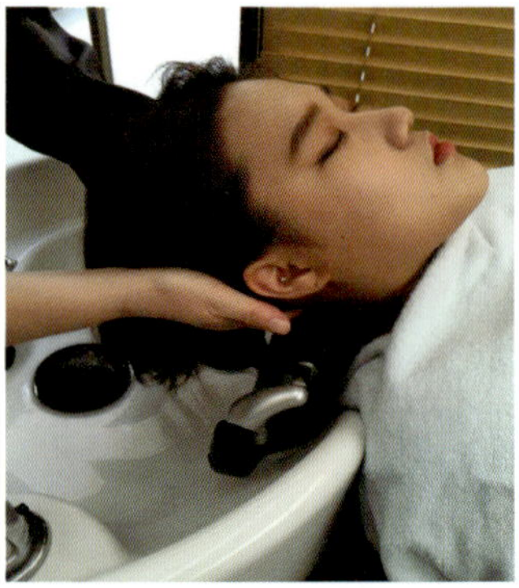

③ 고객이 누우면 자리가 불편하지 않은지 목의 위치가 높거나 낮은지 확인 후 "고객님 조금만 내려가 주시겠습니까?"/ "조금만 올라와 주시겠습니까?"라고 이야기한다.

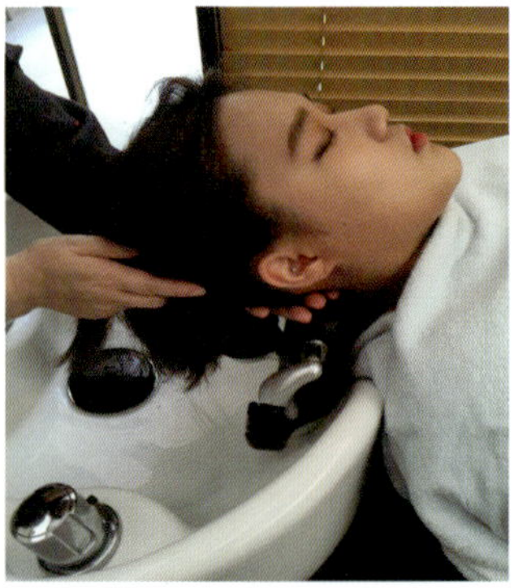

④ 이때 키가 작은 고객의 경우 샴푸대 사용이 불편할 수 있으니 쿠션 등을 방석으로 사용하면 도움이 되고, 허리가 불편한 고객의 경우 쿠션을 등에 받치면 도움이 된다.

⑤ 목덜미에 있는 모발 등을 잘 정리하고 고객이 편안한지를 확인한다.

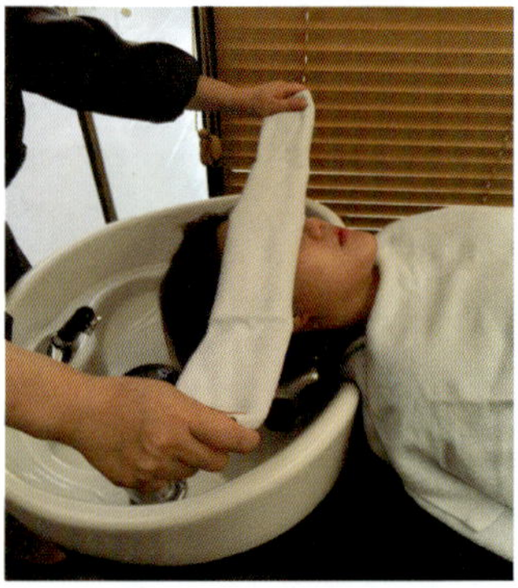

⑥ 고객님께 "눈이 불편하지 않도록 가려드리겠습니다"라고 이야기한 후 수건을 접어 눈과 양볼 부위를 삼각형 모양으로 가려준다.

⑦ 안면 타월은 코를 가리지 않도록 하여 고객이 숨 쉬기에 불편함이 없어야 한다.

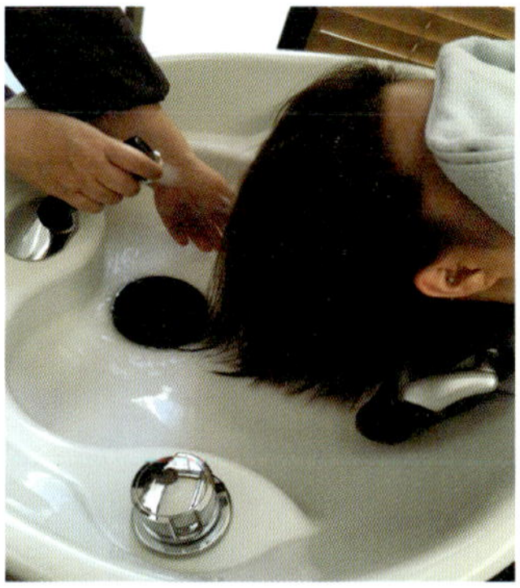

⑧ 고객님께 편안한지 확인한 후 물을 틀고 "샴푸하도록 하겠습니다". "불편하신 부분이 있으시면 말씀해 주세요."라고 이야기한다.

- 물 온도는 손목 안쪽이나 손등으로 맞춰 조절하며 손목에 닿는 온도보다 조금 더 따뜻하게 한다.

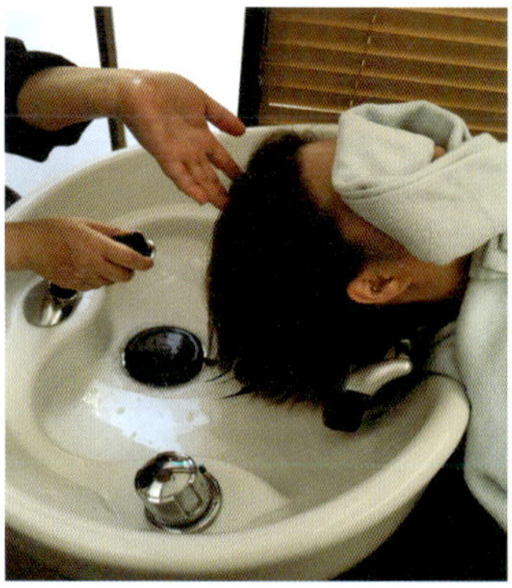

⑨ B.P 부위 모발을 살짝 들어 두피와의 공간을 마련한다.

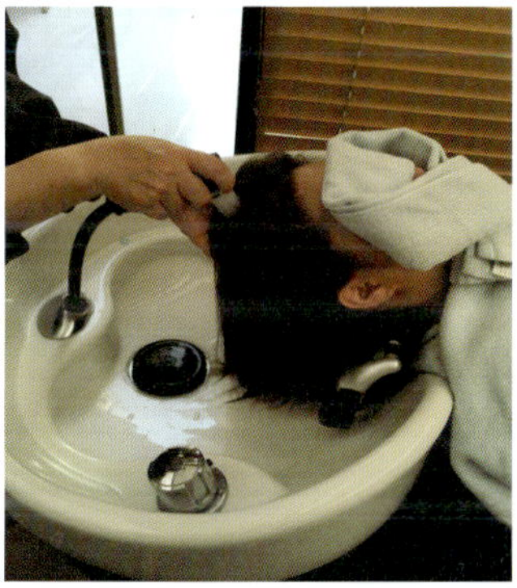

⑩ 두피 쪽에 3초 정도 물을 묻히고 "물 온도는 괜찮으신가요?"라고 물으며 확인한다.

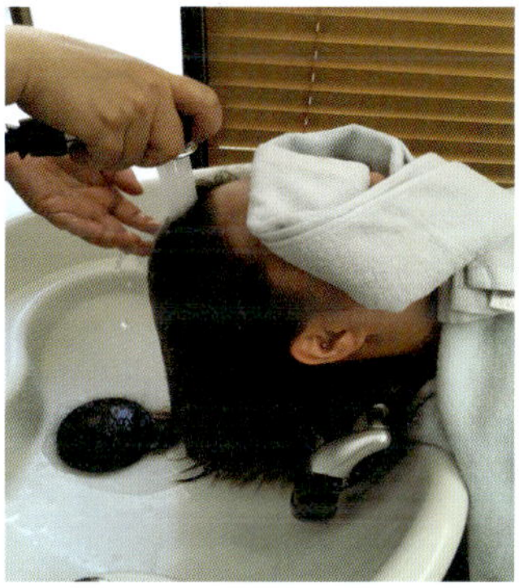

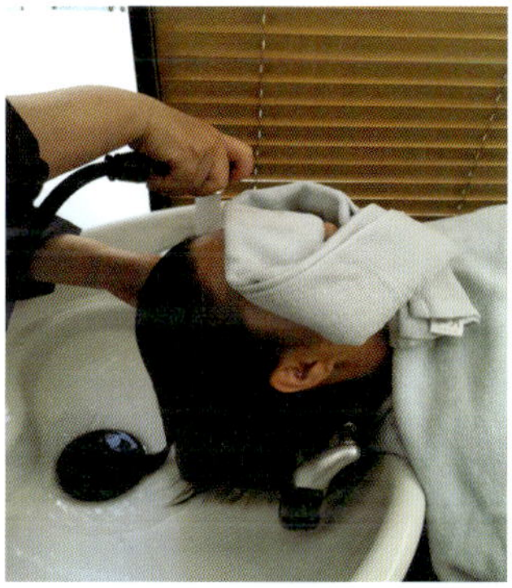

⑪ 물 온도가 적당하면 호스를 두피에 가까이 댄 후 헤어라인의 중앙 부위에 먼저 도포하며, 이때 호스의 방향은 얼굴 쪽이 아니라 두상의 두피를 향하도록 한다.

- 헤어라인의 왼쪽 부분을 같은 방법으로 도포한다.

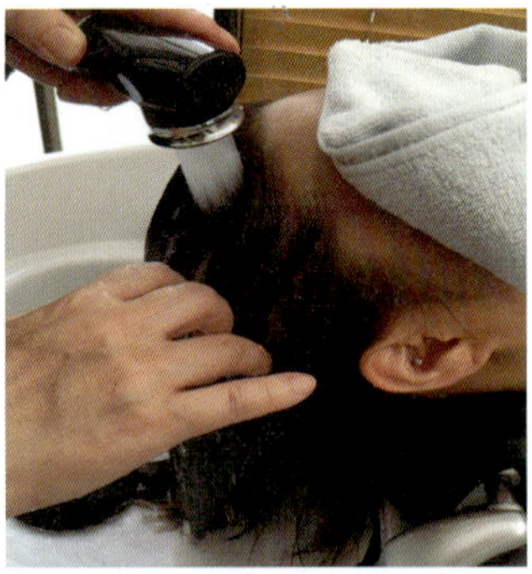

⑫ 모발 사이의 두피 쪽으로 물을 도포하면서 오른쪽 부분을 같은 방법으로 도포한다.

⑬ 손바닥으로 물을 모은 후 네이프 쪽으로 흐르도록 한다.

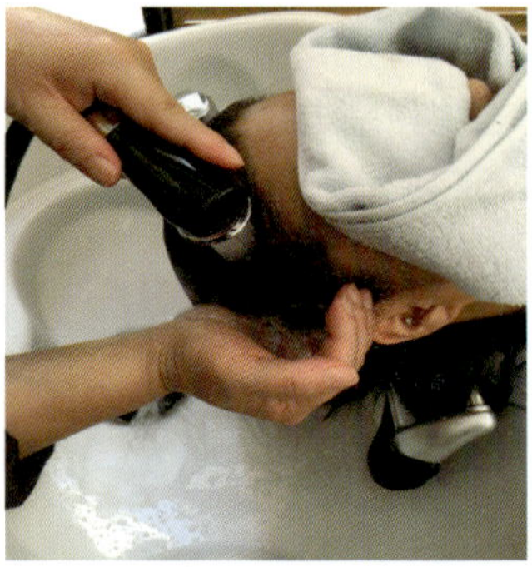

⑭ 양쪽 귀 부분은 귀에 물이 들어가지 않도록 손으로 귀를 가리고 물을 모아 준다.

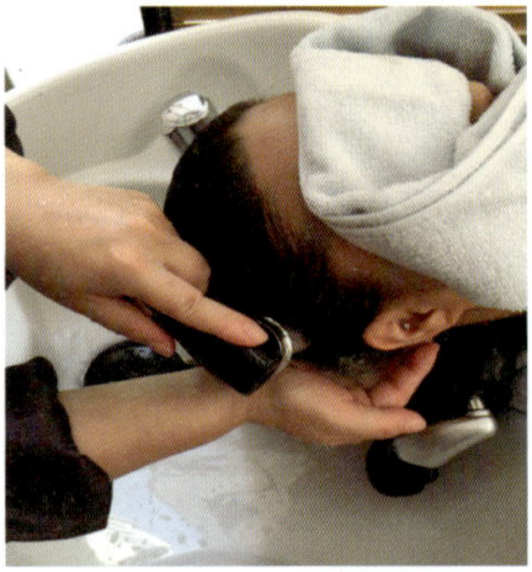

⑮ 두상의 네이프 쪽으로 물을 빼주며 목덜미로 물이 흐르지 않도록 주의한다.

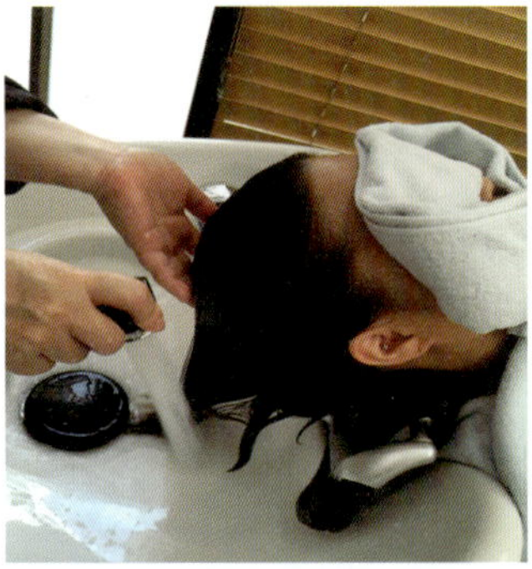

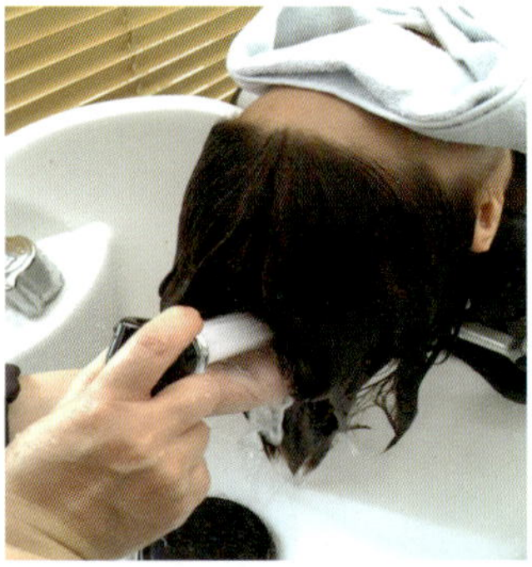

⑯ 샤워헤드를 들지 않은 손으로 두상의 상단 중앙의 모발과 두피에 공간을 만들고 수분을 도포한다.

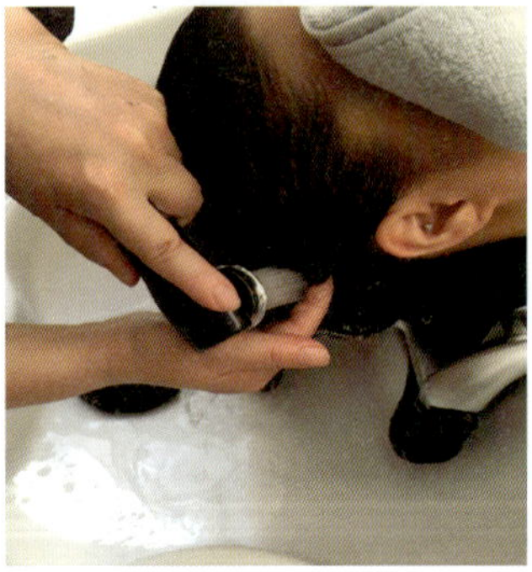

⑰ 상단 좌 · 우 부분을 같은 방법으로 도포하며 귀에 물이 들어가지 않도록 주의한다.

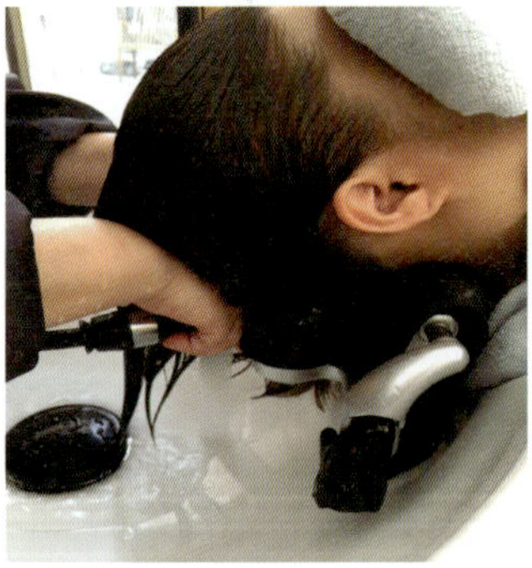

⑱ 네이프 부분을 들어 올릴 때에는 손목과 손등을 이용하여 살짝 들어 올리고 나머지 손의 손바닥으로 목덜미를 받쳐 준다.

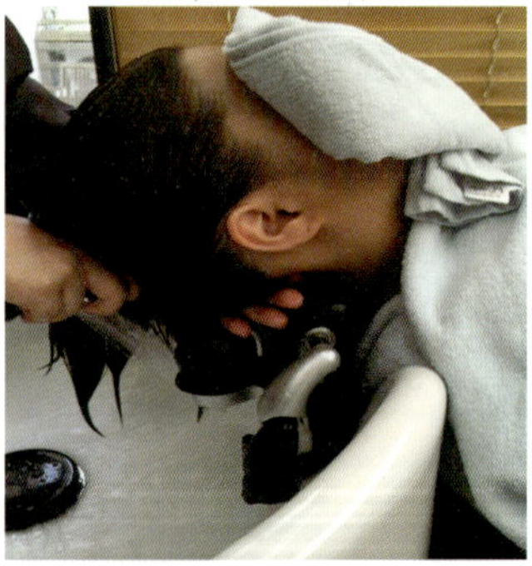

⑲ 네이프 부분은 손바닥으로 고객의 목을 받친 후 샤워헤드를 두피에 가까이 댄 후 두피가 충분히 적셔지도록 하며 목으로 물이 흐르지 않도록 주의한다.

⑳ 네이프의 좌 · 우를 번갈아 가며 도포하며 수분이 충분히 도포되도록 전체적으로 다시 한 번 도포한다.

- 수분 도포 시 모발 부분과 두피까지 충분히 적셔 주어야 한다.

(2) 거품내기

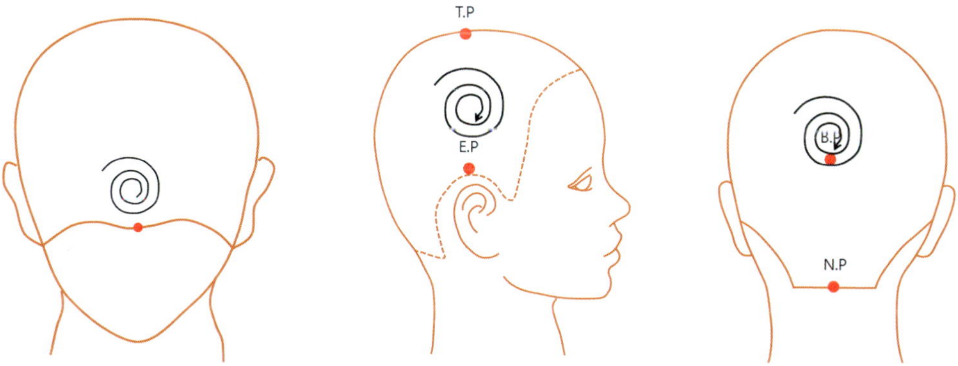

톱 부분 거품내기　　사이드 부분 거품내기　　백 부분 거품내기

① 샴푸를 적당한 양으로 덜어 낸다.

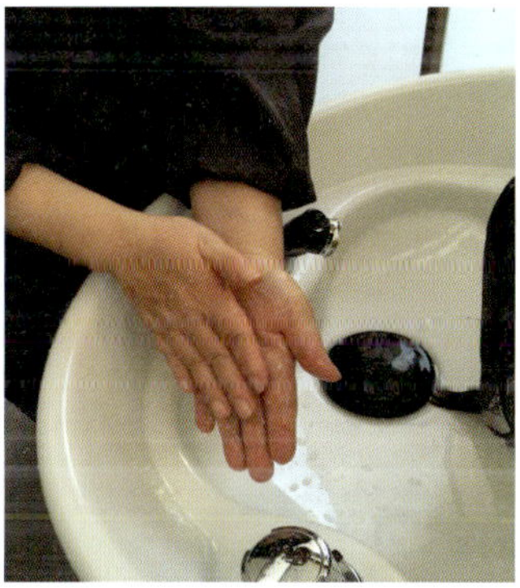

② 손바닥에서 샴푸를 믹싱한다.

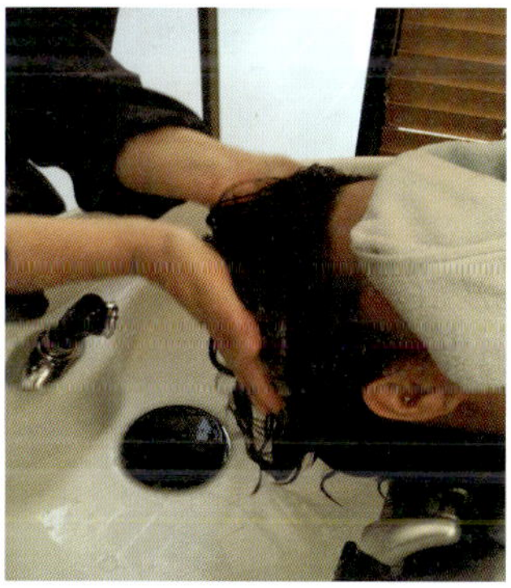

③ 두상의 상단 좌 · 우 부분 두피에서 굴리듯이 거품을 생성한다.

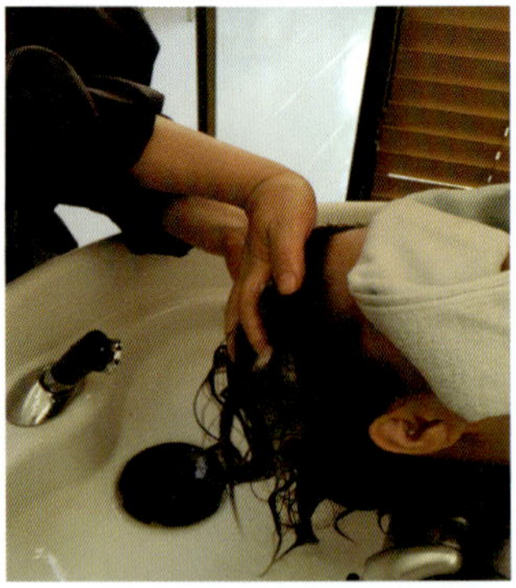

④ 톱 부분의 두피에서 굴리듯이 거품을 생성한다.

⑤ 두상을 살짝 들어 네이프 부분에도 거품을 생성한다.

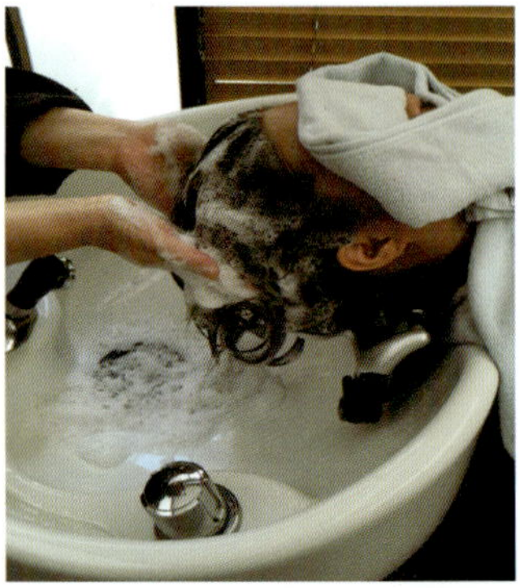

⑥ 가볍게 모발을 들어주며 굴리듯이 두상 전체에 거품을 생성한다.

Tip

거품의 역할은 이물질 제거 이외에 모발과 모발 사이의 마찰 방지, 모발이 뜯기는 느낌이 들지 않도록 하기 위함이다. 따라서 모발과 두피에 전체적으로 거품이 도포되어야 하며, 샴푸의 양을 조절하거나 수분을 추가 도포하면 거품생성에 도움을 줄 수 있다.

(3) 샴푸 머니퓰레이션

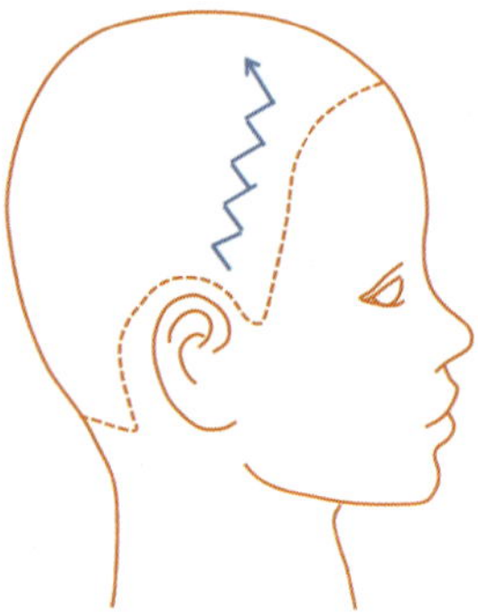

양쪽 사이드 지그재그

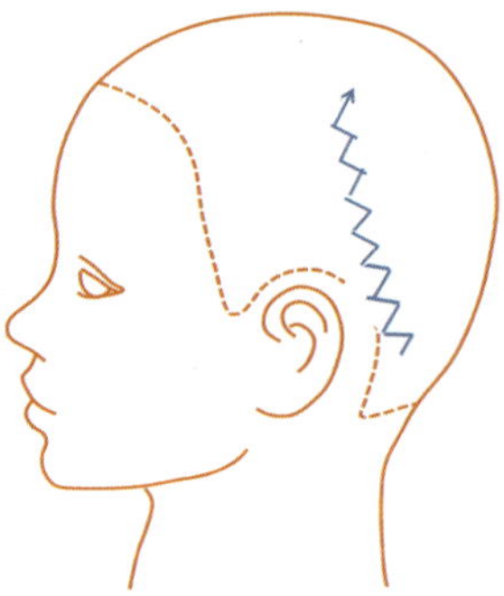

양쪽 백 사이드 지그재그

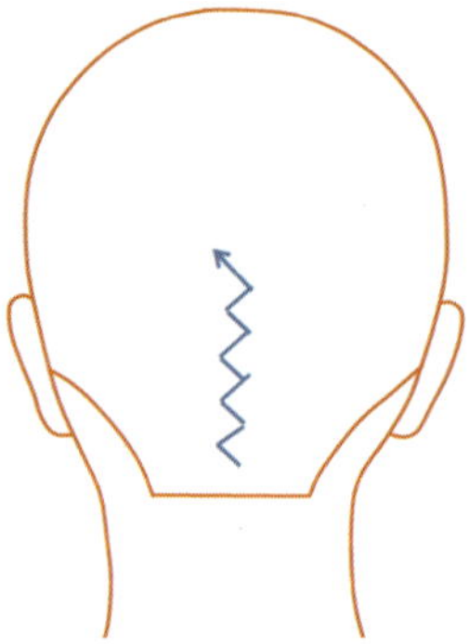

네이프 지그재그

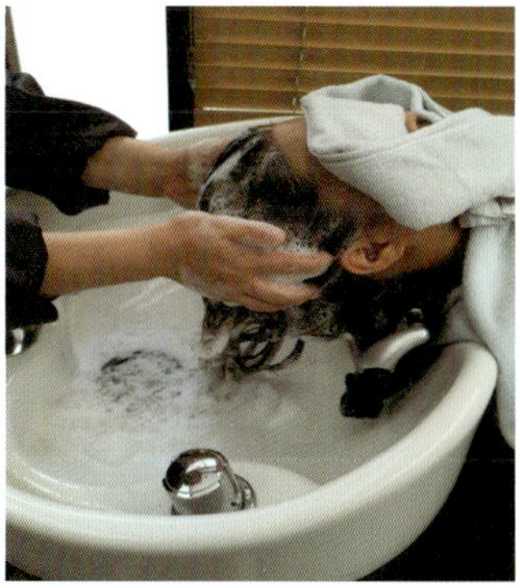

① 양손에 힘을 빼고 손가락의 지문부분을 이용하여 두상의 양쪽 사이드 부분을 아래쪽에서 위쪽으로 지그재그하며 긁어 준다.

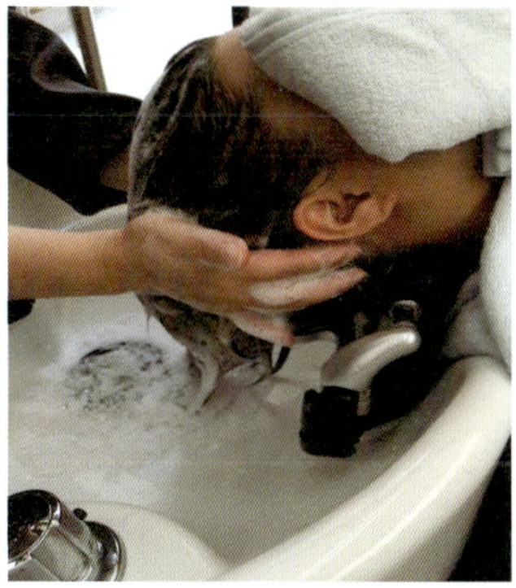

② 손가락의 지문부분을 이용하여 두상의 양쪽 백 사이드 부분을 지그재그로 긁어 준다.

③ 사이드와 동일한 방법으로 아래쪽에서 위쪽으로 진행한다.

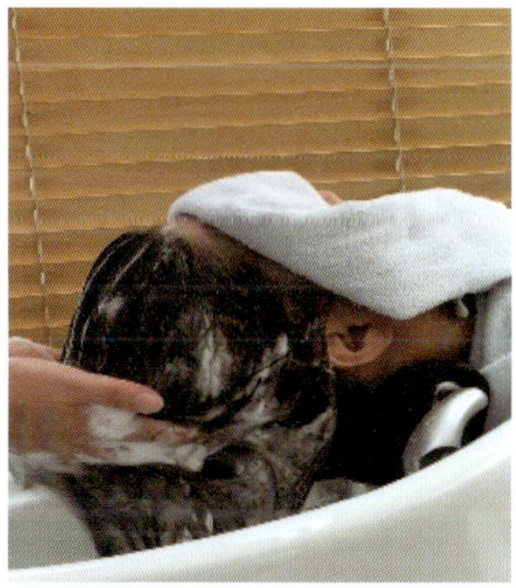

④ 손가락의 지문부분을 이용하여 두상의 네이프 부분을 지그재그로 긁어 준다.

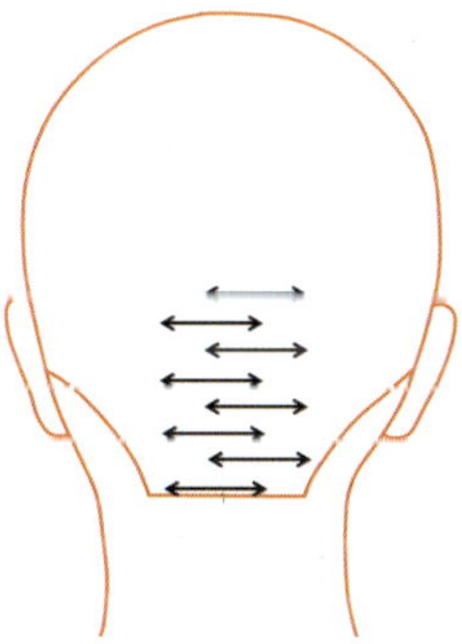

손가락
엇갈리기

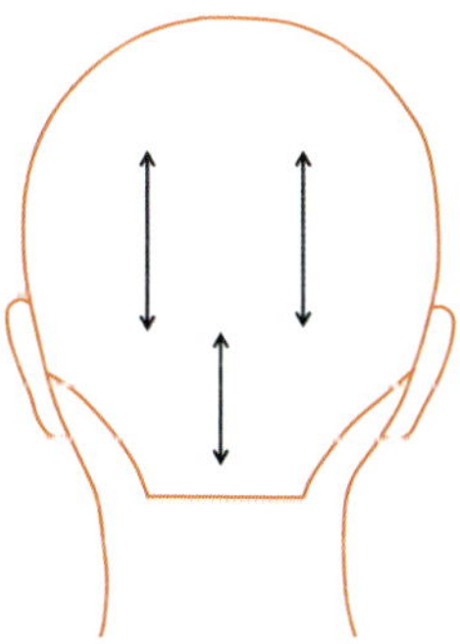

후두부
세로로 긁기

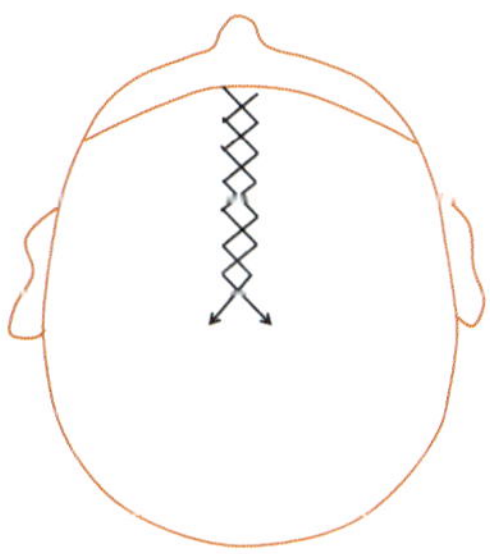

톱 부분
양손 교차

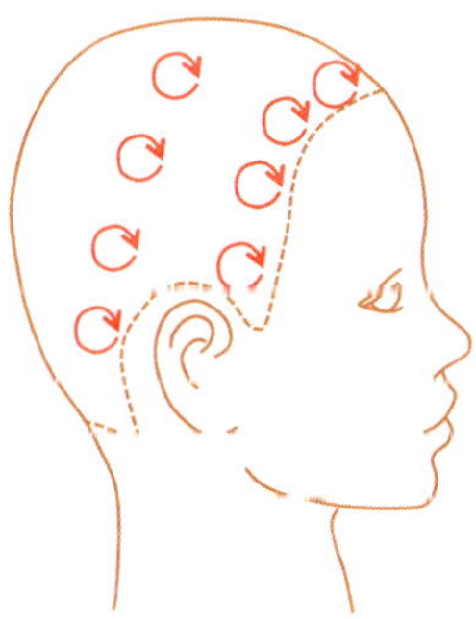

굴리기

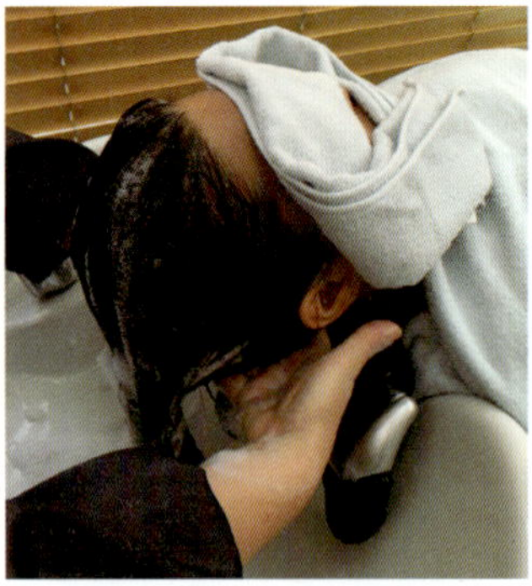

⑤ 양 손가락을 서로 교차시키며 네이프의 중앙 부위를 긁어 준다.

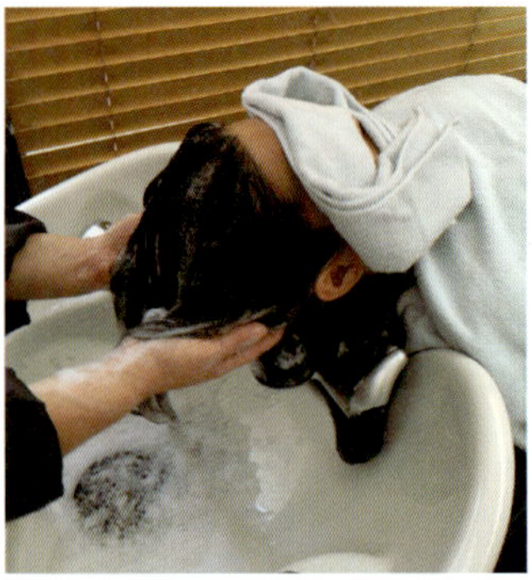

⑥ 네이프를 세로로 긁어 준다.

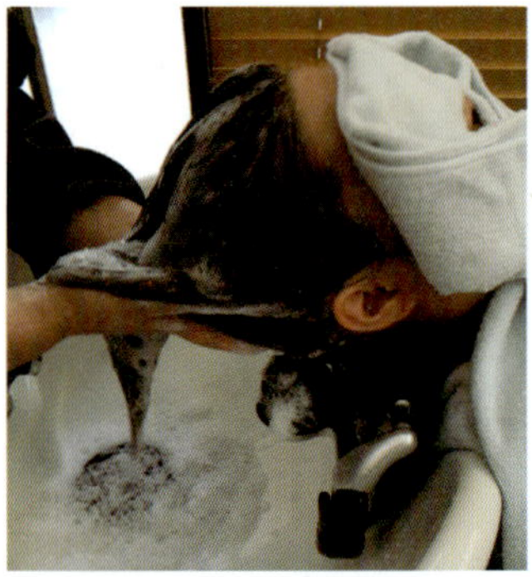

⑦ 목덜미 부분을 살짝 들어올린 후 네이프를 세로로 긁어 준다.

⑧ 손가락의 지문 부분을 이용하여 굴려 준다. 이때 고객이 목에 힘을 주지 않도록 한다. (목에 힘을 주고 있을 경우 "목에 힘을 빼고 편안히 계셔도 됩니다" 라고 이야기한다.)

⑨ 오른쪽 사이드와 왼쪽 사이드를 세로로 긁어 준다. 이때 양쪽을 번갈아 시술하면 두상이 많이 흔들리지 않는다.

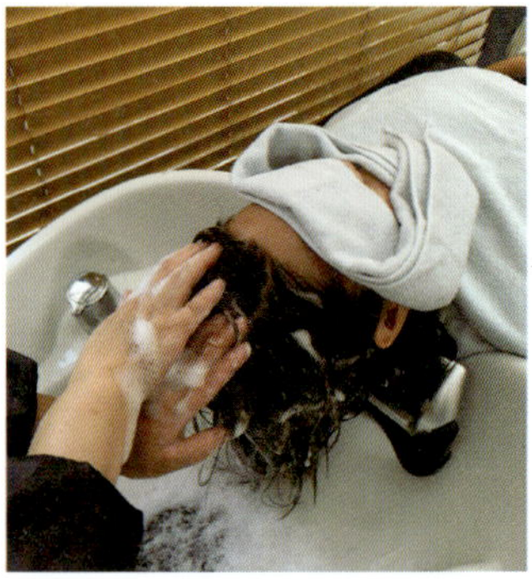

⑩ 양손을(손목) 교차하여 톱 부분부터 크라운 부분으로 지그재그 한다.

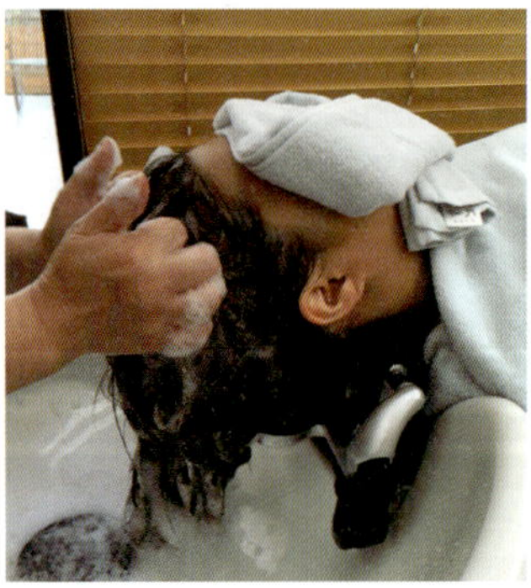

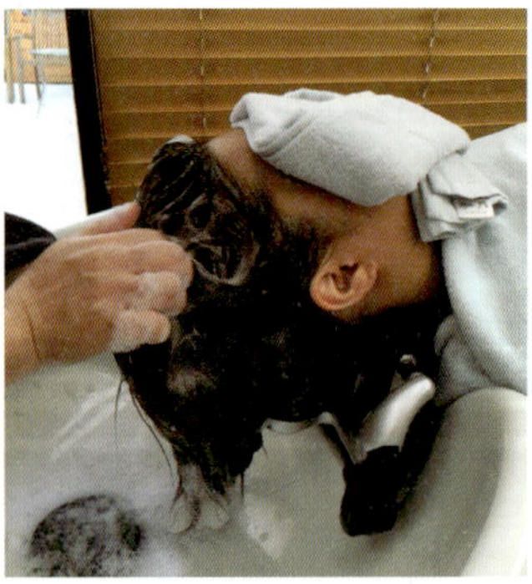

⑪ 손가락의 관절을 이용하여 두상 전체를 굴려주듯이 긁어 준다.

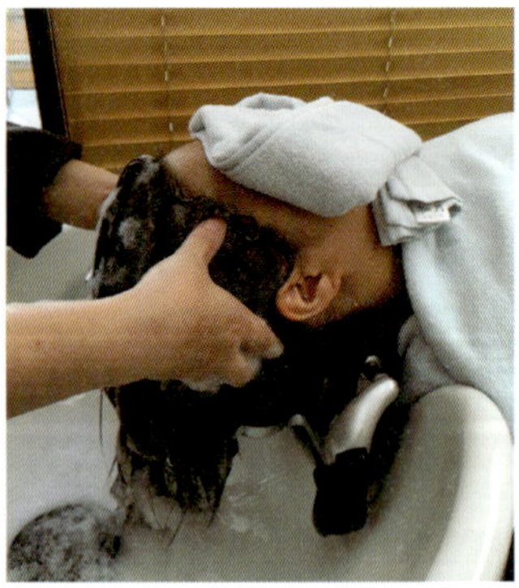

⑫ 양 엄지손가락의 지문 부분으로 헤어라인 부위를 굴려 준다.

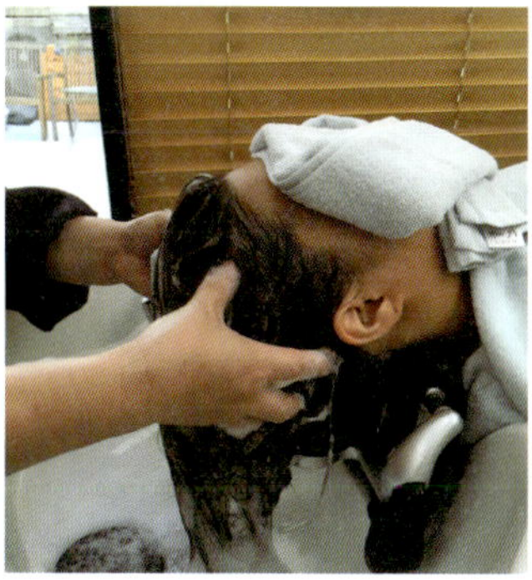

⑬ 양 손가락 전체를 이용하여 두피 전체를 굴려 준다.

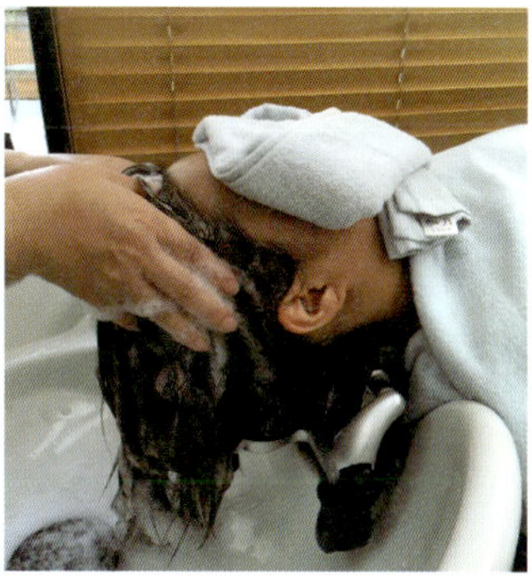

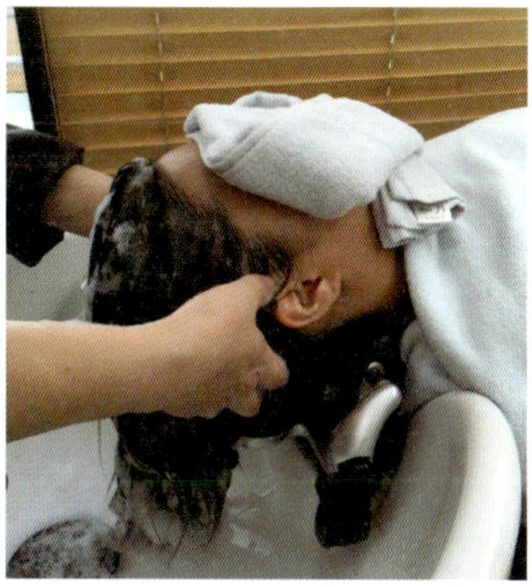

⑭ 두상의 헤어라인을 따라 엄지손가락 지문 부위로 신정 ~ 두유 ~ 곡빈을 지긋이 굴리듯이 누른다.

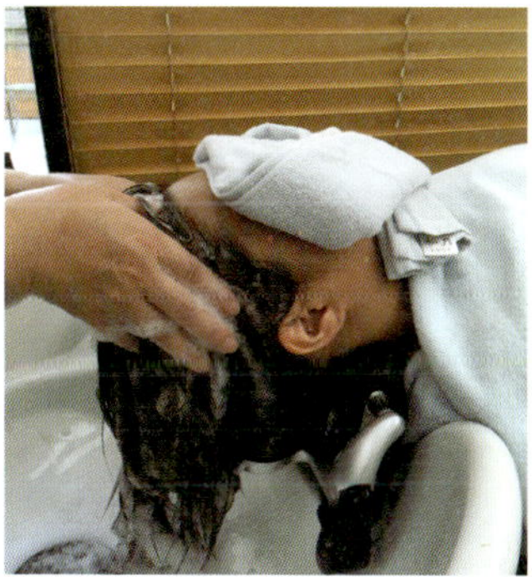

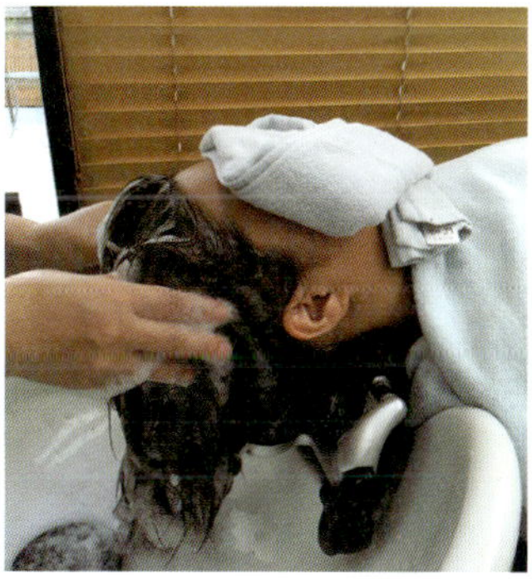

⑮ 엄지손가락 지문 부위로 신정~상성~백회를 지긋이 굴리듯이 누른다.

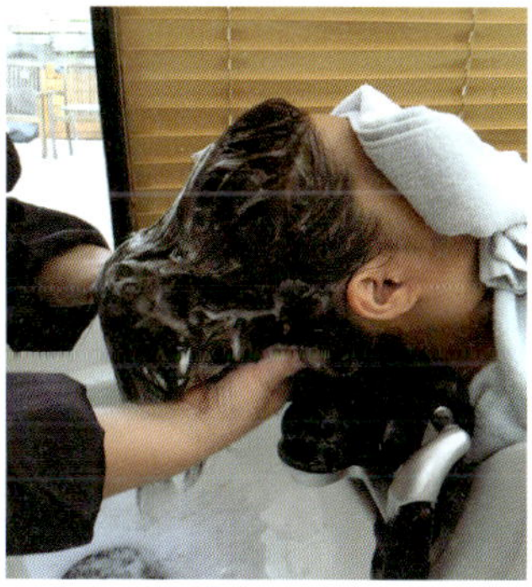

⑯ 한 손으로 두상을 들어 올린 후 아문, 천주, 풍지 부분을 누른다.

⑰ 양 손의 손가락을 이용하여 두피를 튕겨주듯이 굴려 준다.

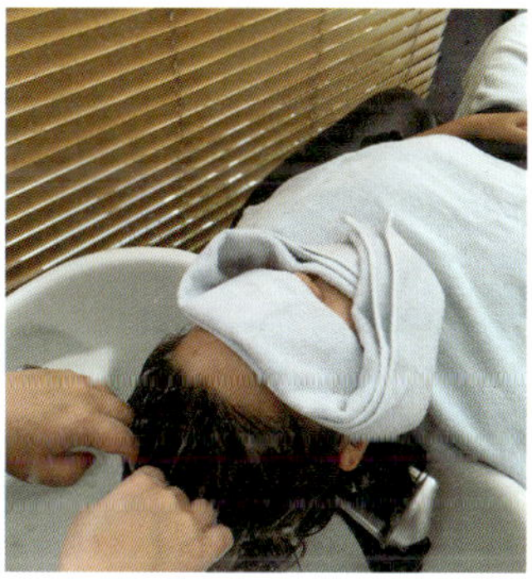

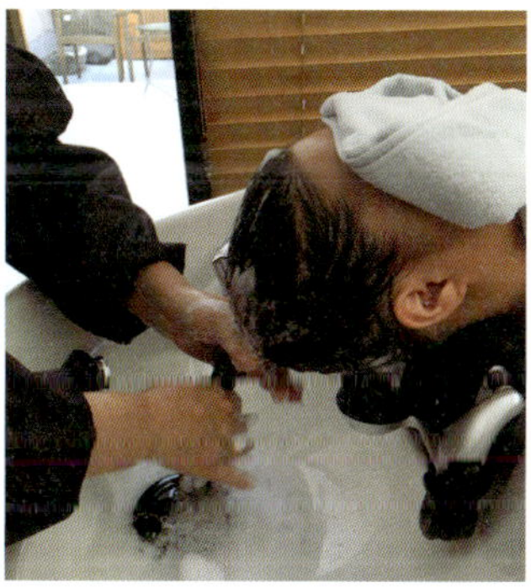

⑱ 샴푸가 끝난 뒤 두상의 상단에서 모발 끝부분을 향해 거품을 손으로 훑어 제거한다.

(4) 헹굼

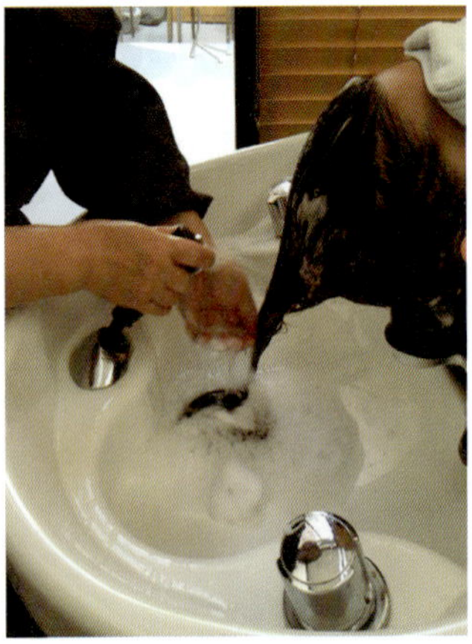

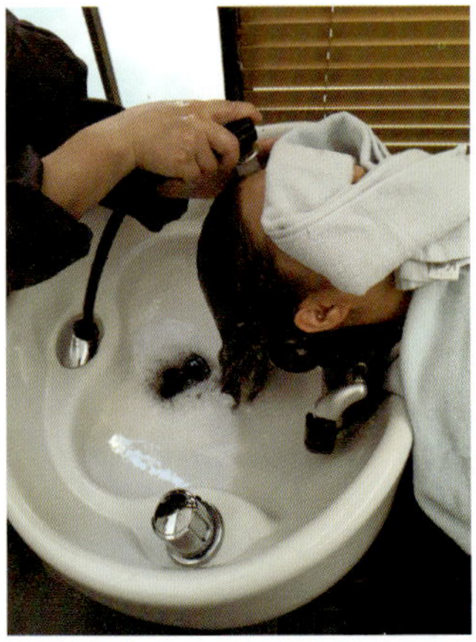

① 물의 온도를 확인하면서 손에 묻은 거품을 먼저 헹구어 낸다.

② 헤어라인의 중앙에서 두상의 뒷부분 쪽으로 헹구어 낸다.

③ 왼쪽 사이드 부분을 헹구어 낸다. 귀 부위 헹굼 시 귓속으로 물이 들어가지 않도록 한다.

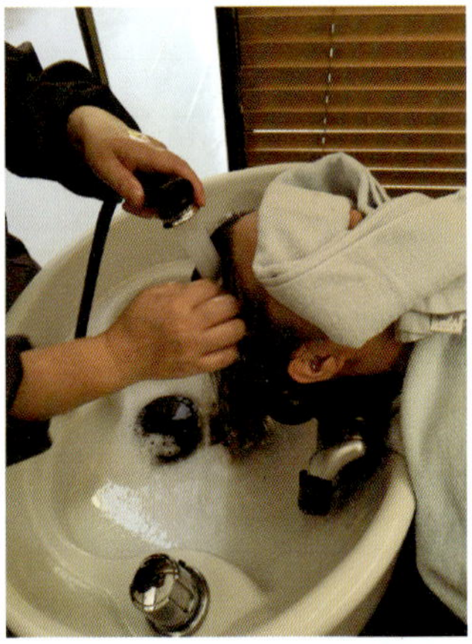

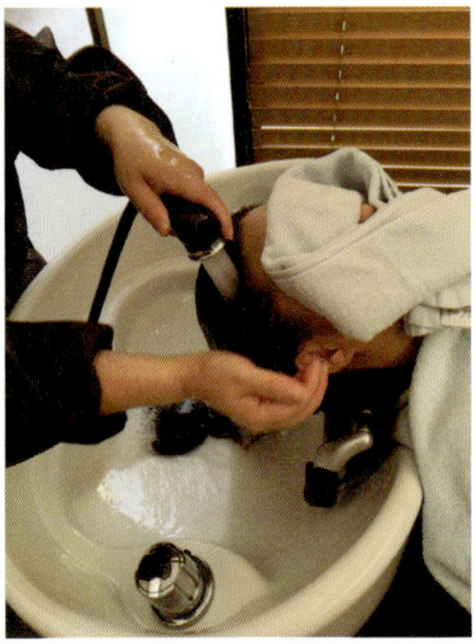

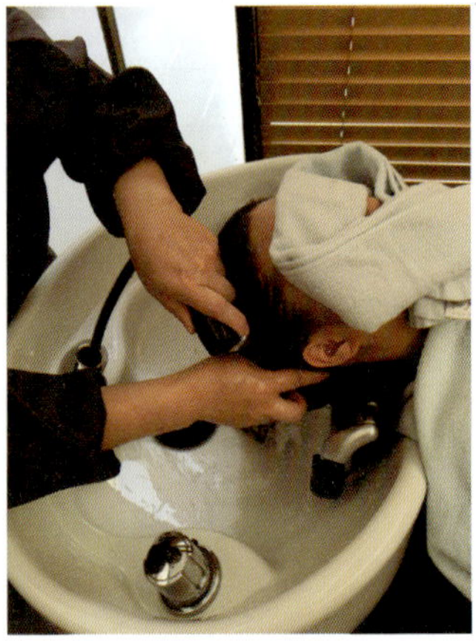

④ 오른쪽 사이드 부분을 헹구어 낸다.

⑤ 귀 부분은 손바닥을 오목하게 구부려 물을 모은 후 백 사이드 쪽으로 물이 흘러가도록 헹구어 준다.

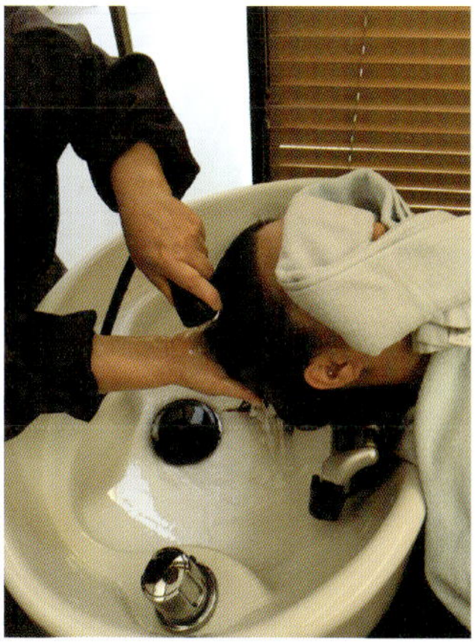

⑥ 후두부는 손가락을 두피 쪽으로 넣어 모발에 공간을 주고 톡톡 치듯이 헹구어 준다.

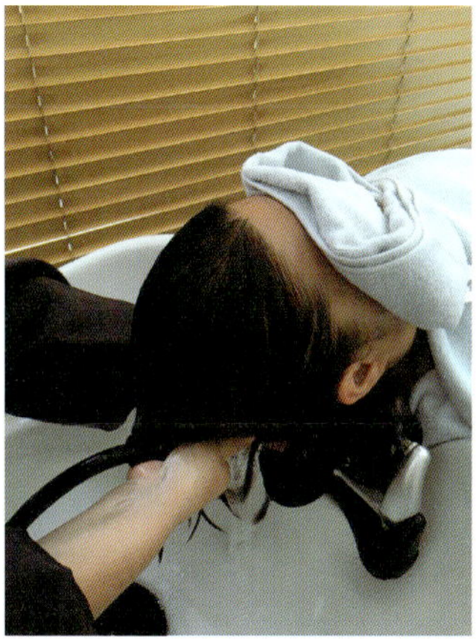

⑦ 네이프는 고객에게 "목에 힘을 빼주세요"라고 이야기 한 후, 한 손으로 목덜미를 받치고 손가락으로 두피를 마사지 하듯 둥굴리며 헹구어 준다.

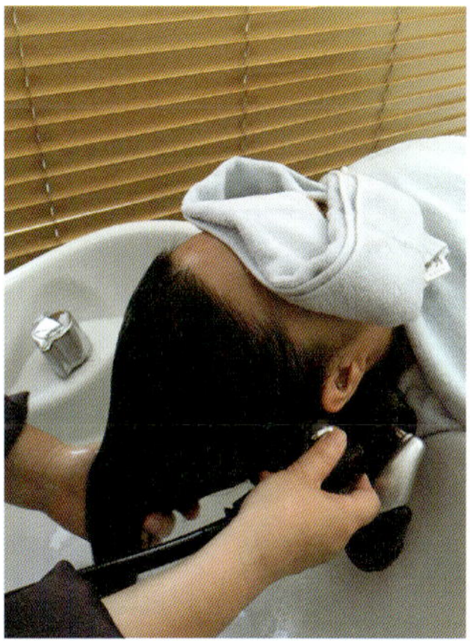

⑧ 네이프를 헹굴 때에는 목덜미 쪽으로 물이 흐르지 않도록 주의한다.

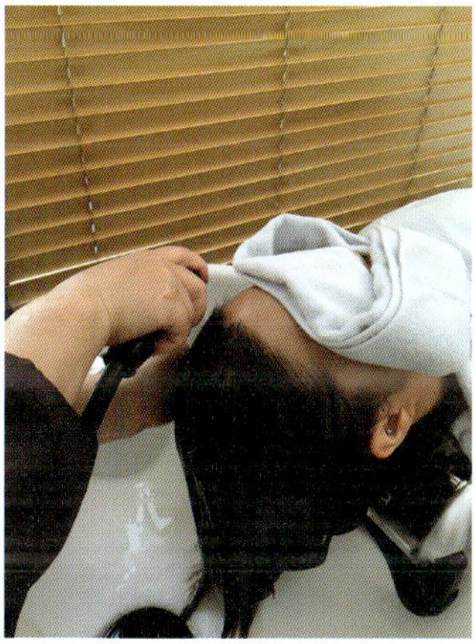

⑨ 전체적으로 호스를 두피에 가까이 대고 다시 한 번 헹구어 준다.

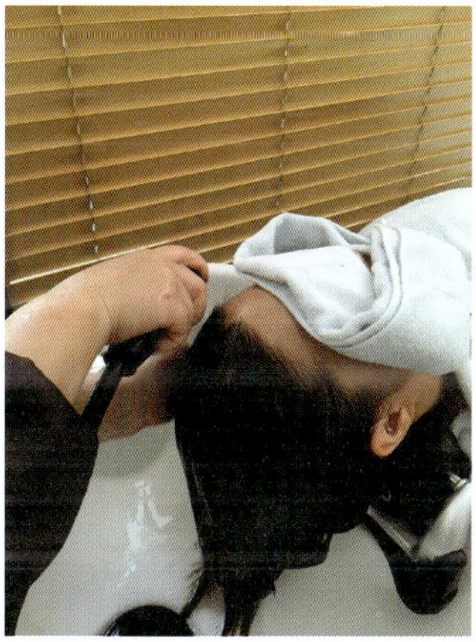

⑩ 헹굼 동작을 한 번 더 반복한다.

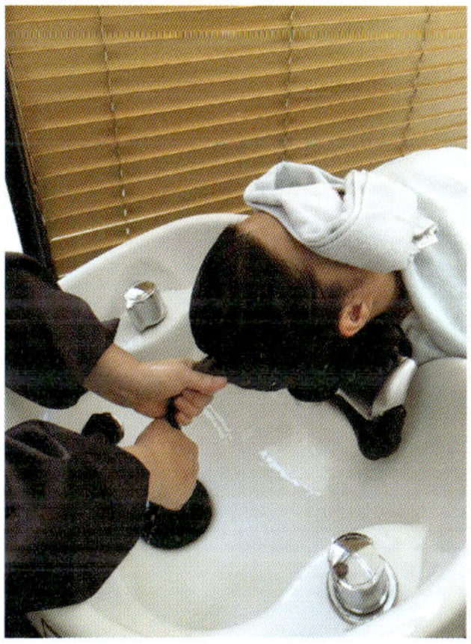

⑪ 헹굼이 끝나면 모발의 물기를 손으로 짜 준다.

Tip

- 샴푸를 실시할 때 동작의 연결 시 손이 두피나 모발에서 떨어지지 않도록 주의하고, 너무 빠르거나 느리지 않도록 적당한 속도로 진행한다.
- 헹굼이 끝난 후 파마 시술에 들어갈 고객은 타월로 마무리하고, 커트 고객이나 기본 샴푸 고객은 컨디셔너 시술에 들어간다.
- 모발을 적시는 것과 마찬가지로 헤어라인부터 헹굼을 시작하며 귀 부분에 물이 들어가지 않도록 주의한다.

[학습 요점정리]

① 고객을 샴푸대에 눕힐 경우 고객의 목덜미를 받치고 헤어라인을 살짝 밀면서 고객을 샴푸대로 눕힌다.

② 고객님께 편안한지 확인한 후 샴푸 시술을 진행하여야 한다.

③ 물 도포 시 수압과 온도를 조절하여 고객에게 불편을 주지 않는다.

④ 물 도포 시 얼굴이나 목덜미로 물이 흐르지 않도록 한다.

⑤ 물 도포 시 귓속으로 물이 들어가지 않도록 한다.

⑥ 두피와 모발이 충분하게 적셔지도록 한다.

⑦ 샴푸의 거품은 두피와 모발에 골고루 생성되어야 한다.

⑧ 샴푸의 거품 생성이 어려울 경우 수분을 추가 도포하면 거품생성에 도움을 줄 수 있다.

⑨ 모발이 뜯기거나 당기지 않도록 샴푸하며 모발을 비비거나 문지름으로 인하여 모표피가 손상되지 않도록 한다.

⑩ 거품이 얼굴로 튀거나 귓속으로 들어가지 않도록 주의한다.

⑪ 샴푸 동작 시 손목이나 손에 너무 많은 힘이 들어가지 않도록 한다.

⑫ 톱 부분을 눌러 줄 경우 경추가 심하게 눌릴 수 있으므로 고객에게 불편함을 주지 않도록 한다.

⑬ 거품이 남지 않도록 헹구며 마무리 헹굼 시 귀 주위와 목덜미 부위를 다시 한 번 닦아 준다.

⑭ 마무리 헹굼은 물의 온도를 조금 낮추어 청량감을 주도록 한다.

2. 린스의 실제

(1) 린스 머니퓰레이션(컨디셔너)

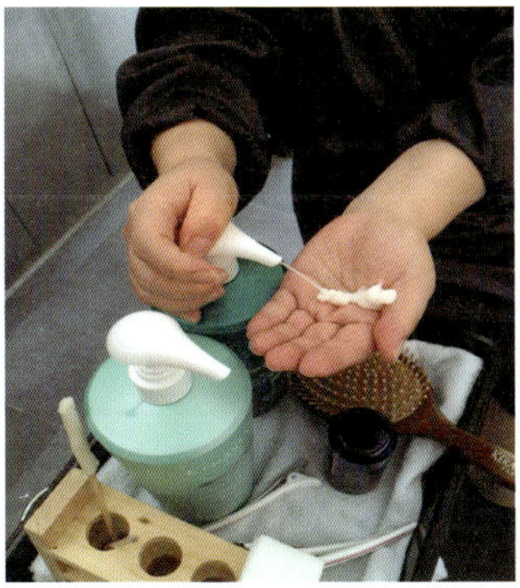

① 모발의 수분을 꽉 짜준 후 린스를 손바닥에 펴 준다.

② 손바닥의 린스제를 믹싱한다.

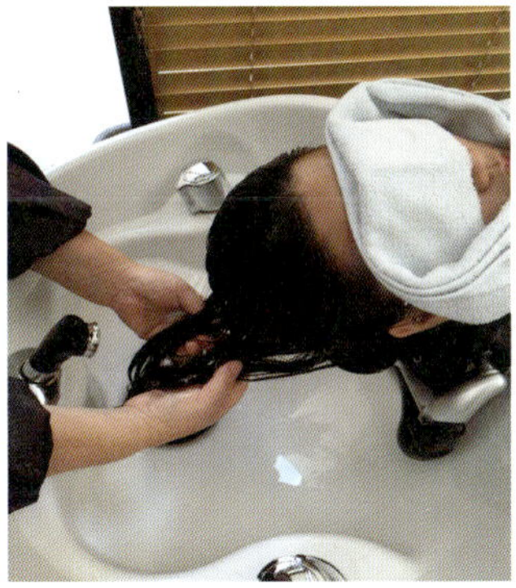

③ 린스제를 모발의 끝부분에 묻혀 준다.

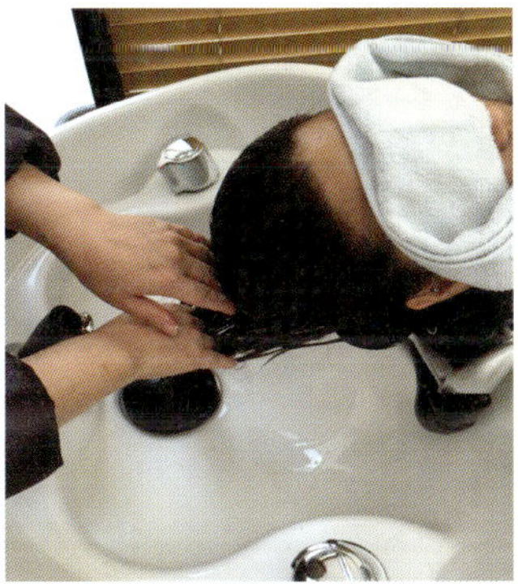

④ 린스는 두피에 닿지 않도록 주의하며 모발의 끝부분에 도포한다.

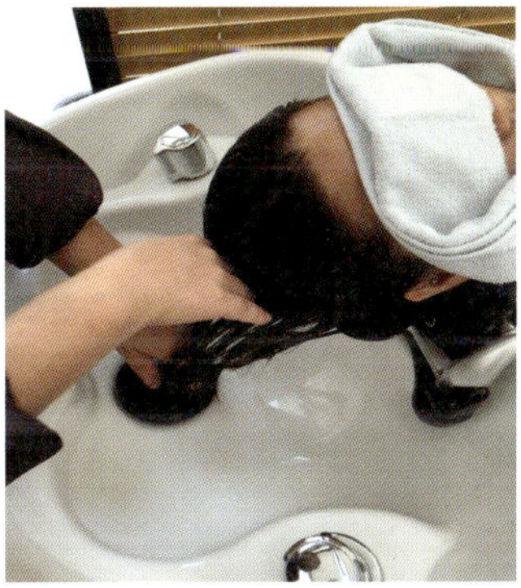

⑤ 손등을 위쪽으로 하고 손가락의 지문부분이 바닥을 보게 하는 동작으로 모발의 사이사이에 도포한다.

⑥ 두상의 상단 부분까지 전체적으로 도포하며 린스제가 두피에 닿지 않도록 주의한다. 린스제를 모발 전체에 도포한 후 물기를 한 번 더 짜 준다.

Tip

린스 머니퓰레이션 시 경추 부분이 눌리지 않도록 주의하고 모발이 뜯기지 않도록 한다.

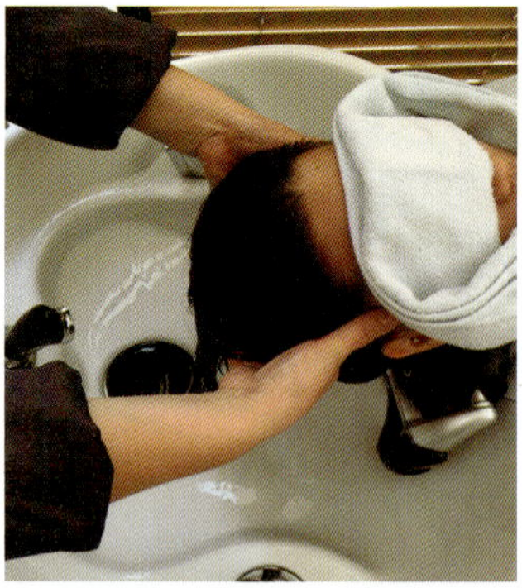

⑦ 손을 헹군 후 네 손가락은 두상을 받치고 양 손의 엄지손가락 지문부위로 귀 지점을 굴려주듯 누른다.

⑧ 헤어라인을 따라 이문~현로~두유~신정을 누른다.

⑨ 신정~백회를 향하여 누르며 이동한다.

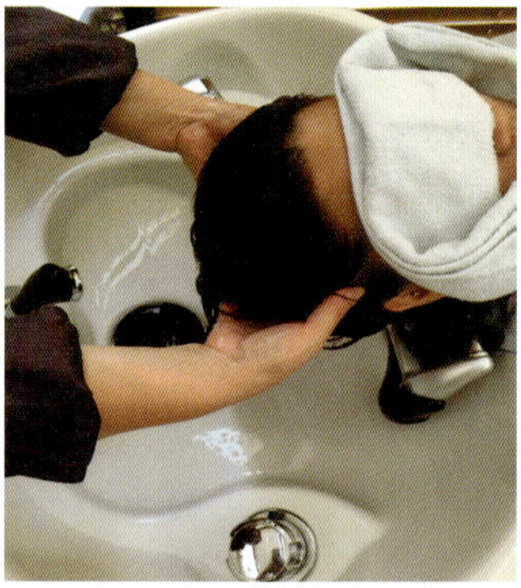

⑩ 두상의 사이드 부분을 같은 방법으로 누른다.

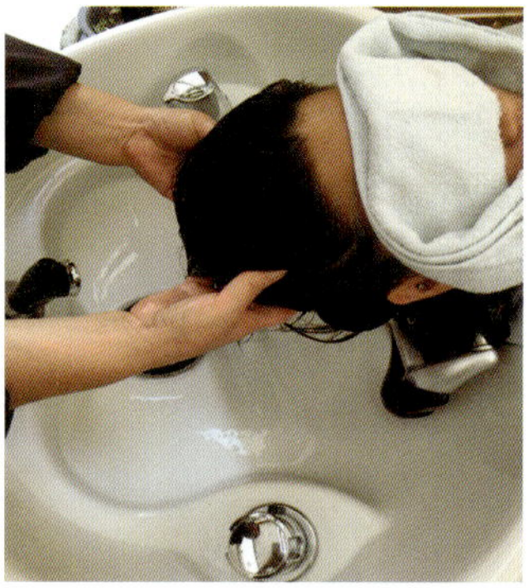

⑪ 손톱이 아닌 손가락의 지문 부위로 눌러 주도록 한다.

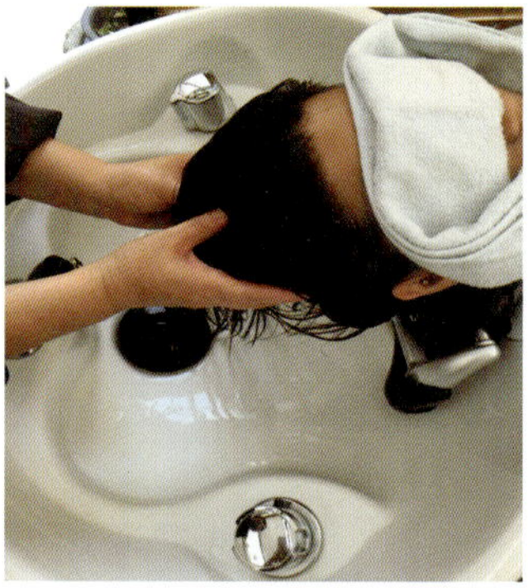

⑫ 정수리를 누른다.

⑬ 한 손으로 두상을 받친 후 나머지 손으로 아문, 천주, 풍지를 굴려주듯 누른다.

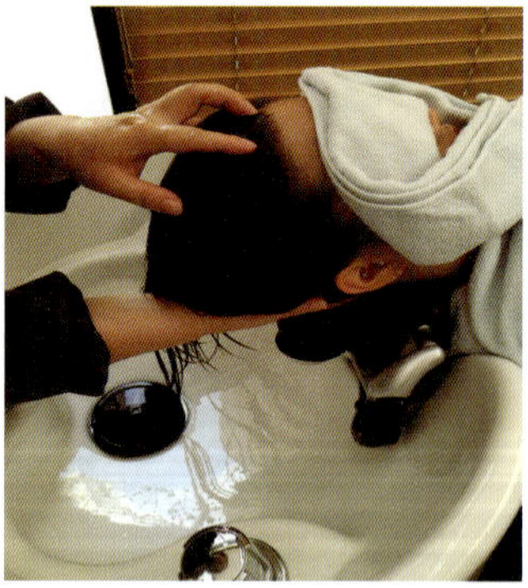

⑭ 한 손은 톱 부분에 얹고 나머지 손을 이용하여 네이프 전체를 굴려주듯 누른다.

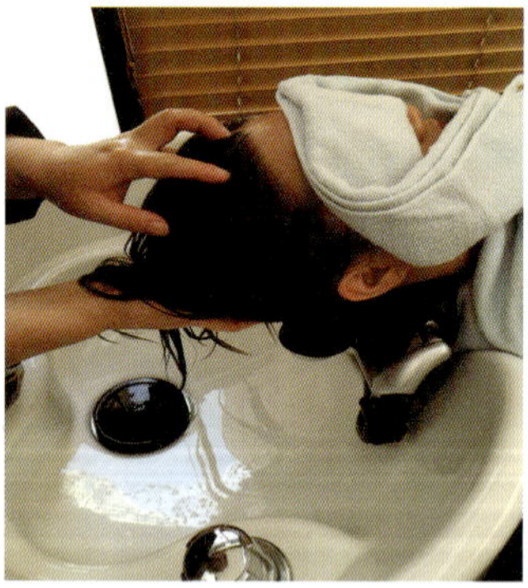

⑮ 한 손은 톱 부분에 얹고 나머지 손의 검지, 중지, 약지를 이용하여 네이프에서 후두부 쪽으로 압을 주며 끌어 올린다.

⑯ 양손의 손가락 끝을 이용하여 두상을 튕겨 준다.

⑰ 모발을 적당한 압으로 당겨주며 마무리한다.

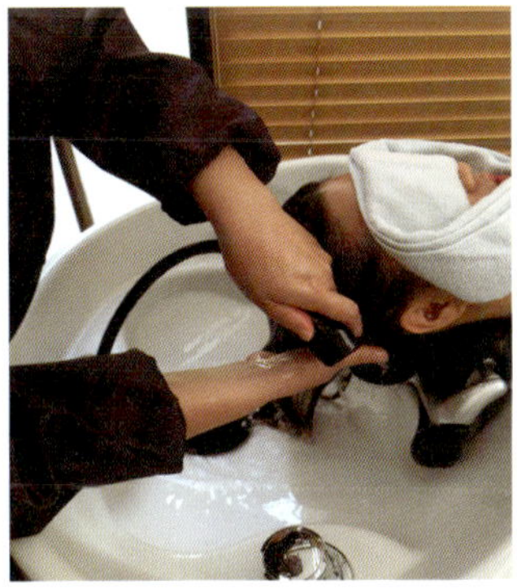

⑱ 귀 뒤와 목덜미에 잔여물이 남지 않도록 잘 헹군다.

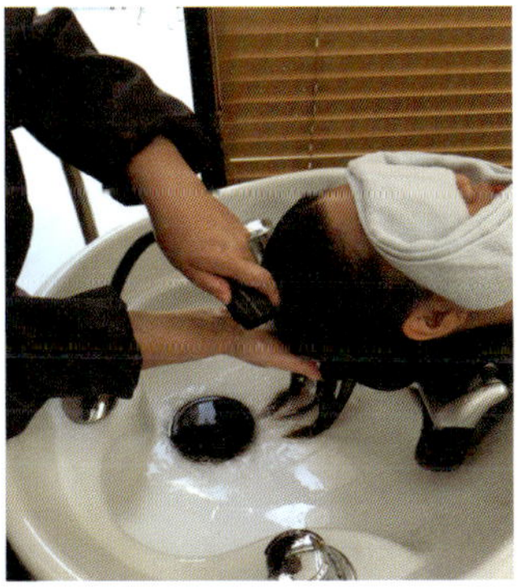

⑲ 미온수로 마무리 헹굼을 한다.

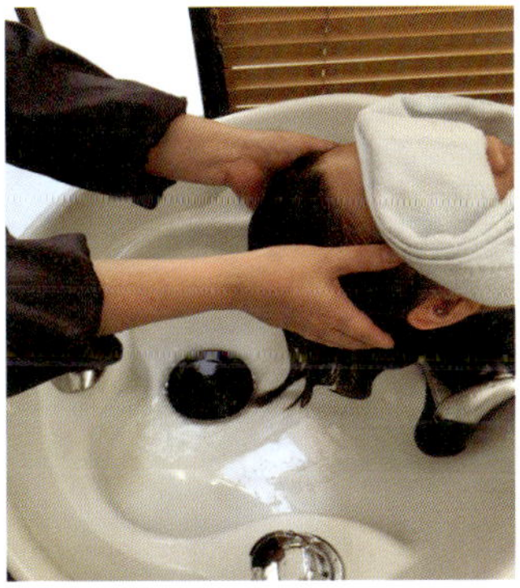

⑳ 손가락을 이용하여 헤어라인을 닦아 준다.

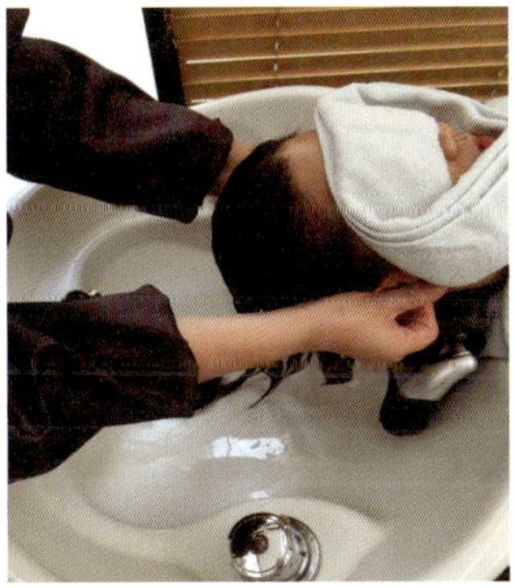

㉑ 귓불과 귀 뒷부분을 닦아 준다.

㉒ 흐르는 물에 손을 헹군다.

㉓ 한 손으로 두상을 들고 나머지 손으로 목덜미를 주무르듯 닦아 준다.

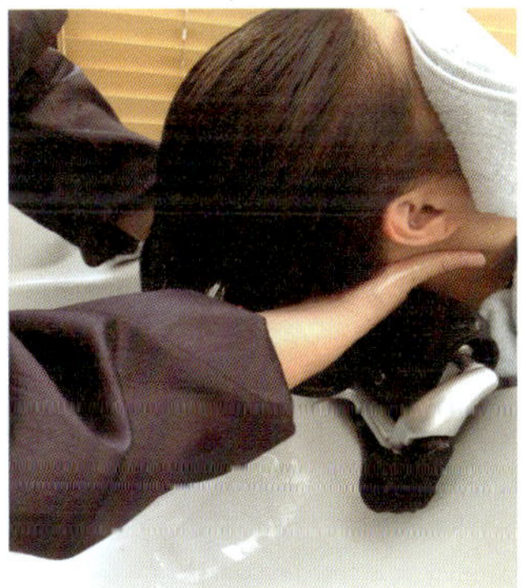

㉔ 양 손을 이용하여 번갈아 가며 목덜미를 2~3회 닦아 준다.

3. 드라이의 실제

(1) 수건을 사용한 타월 드라이

샴푸가 끝난 후 물기가 떨어지지 않도록 도기 안에서 먼저 가볍게 모발을 털어 준다. 고객을 샴푸 도기에서 일으켜 앉힌 후 수건이 얼굴에 닿거나 물이 얼굴에 튀지 않도록 주의하며 모발의 물기를 제거한다.

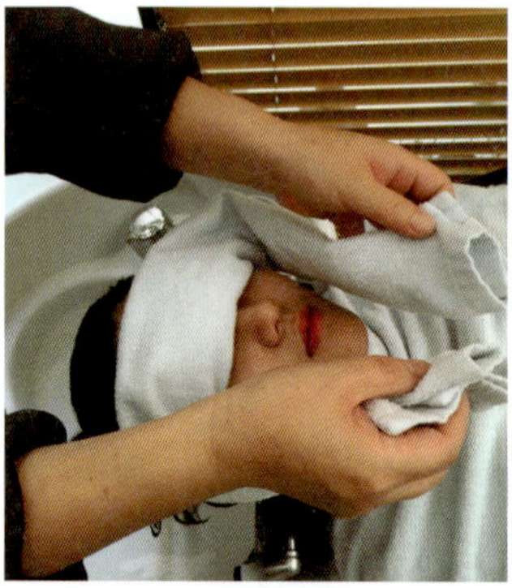

① 얼굴을 가렸던 타월을 펼쳐 준다.

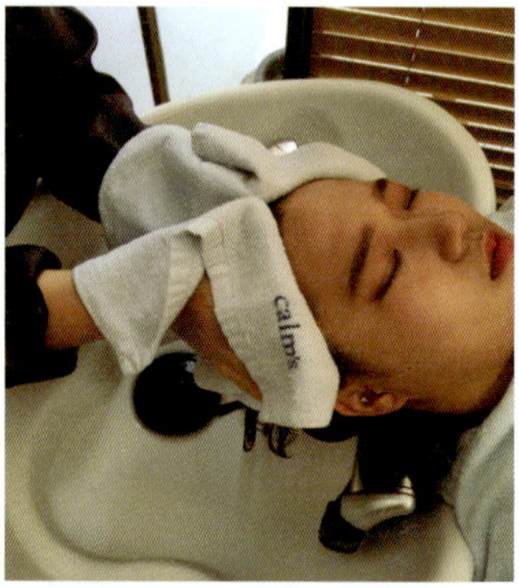

② 헤어라인을 살짝 눌러 물기를 제거한다.

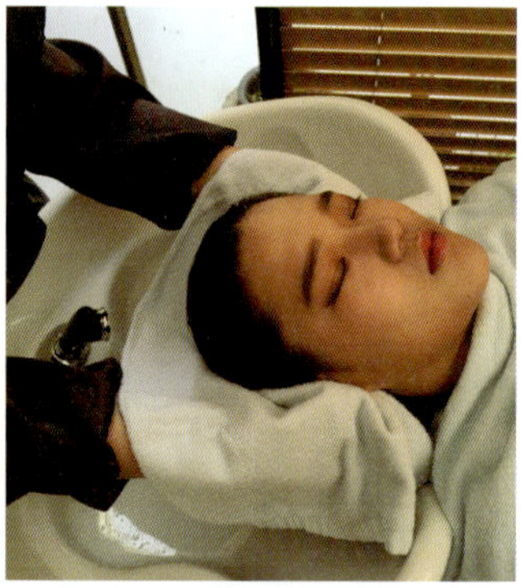

③ 귓바퀴 부분을 닦아 준다.

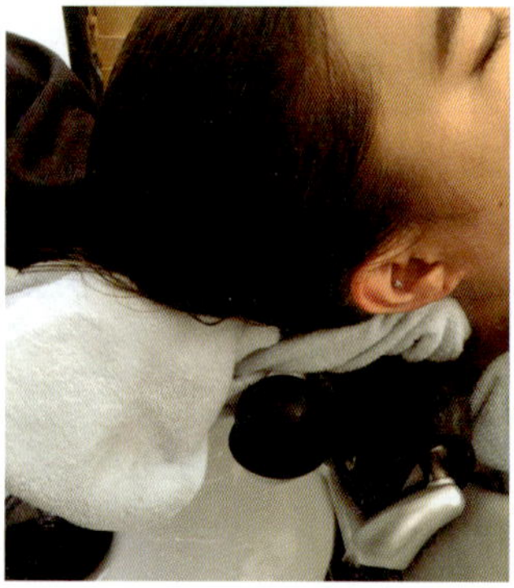

④ 목덜미를 수건으로 주물러 준다.

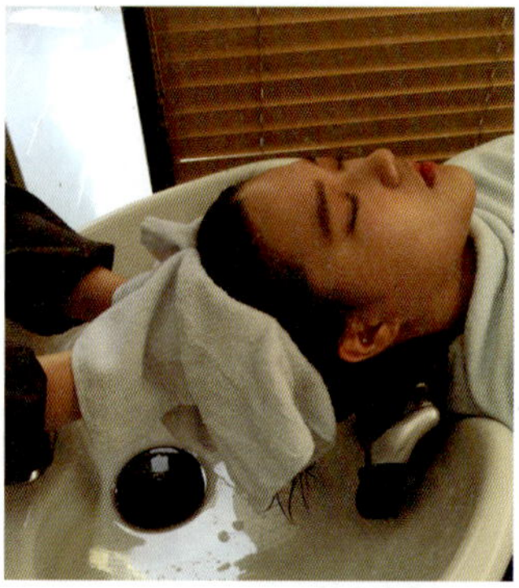

⑤ 수건을 양손으로 받친 후 두피를 가볍게 누르듯이 터치하며 물기를 닦아 준다.

⑥ 긴 머리의 경우 수건으로 감싼 후 살짝 눌러주거나 톡톡 두드려 준다(너무 세게 두드리지 않도록 주의한다).

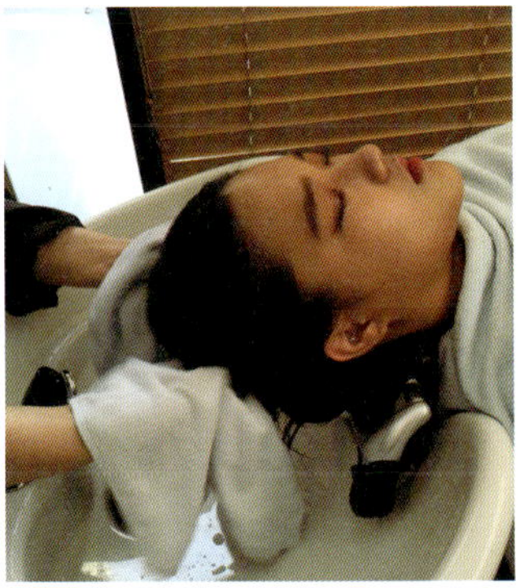

⑦ 수건을 양손으로 받친 후 두피를 가볍게 튕기듯이 터치하며 물기를 닦아 준다.

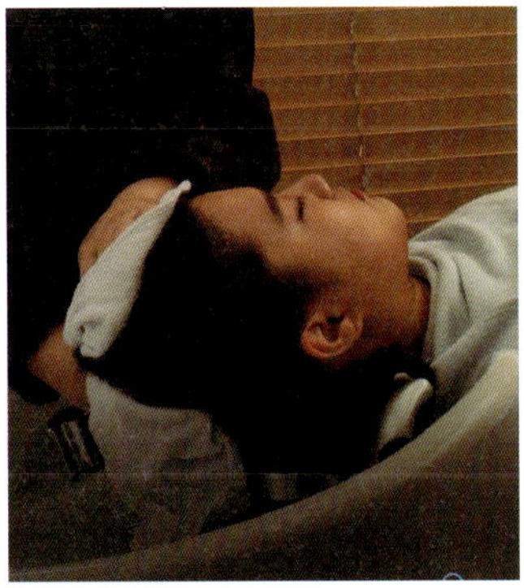

⑧ 타월 드라이가 끝나면 고객의 네이프를 받친 후 "일어나세요"라고 이야기 하고 고객을 일으킨다.

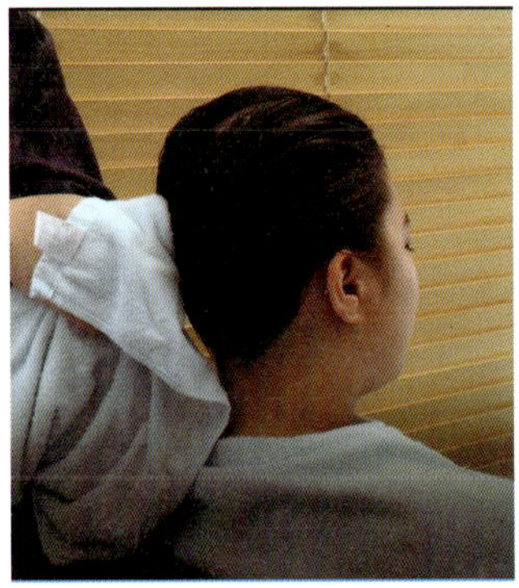

⑨ 모발에서 물이 떨어지지 않도록 수건으로 감싸 물기를 제거한다.

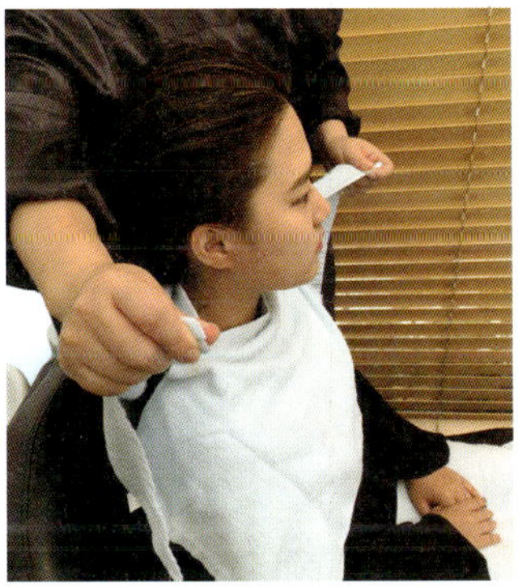

⑩ 수건의 양쪽을 잡아 헤어라인을 감싸 준다.

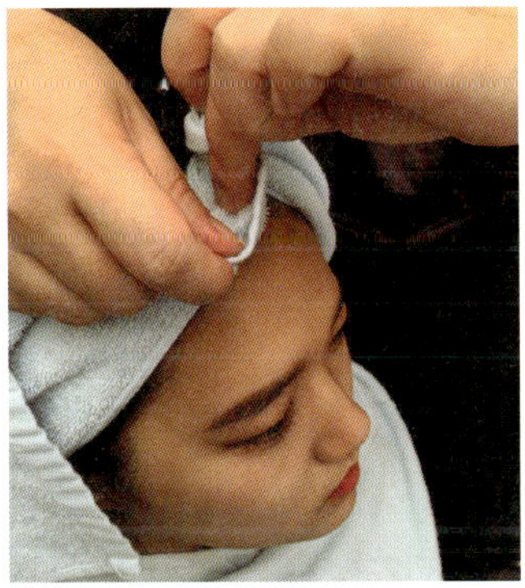

⑪ 수건의 양쪽 모서리를 C.P로 올려 준 후 맞잡아 꼬아 준다.

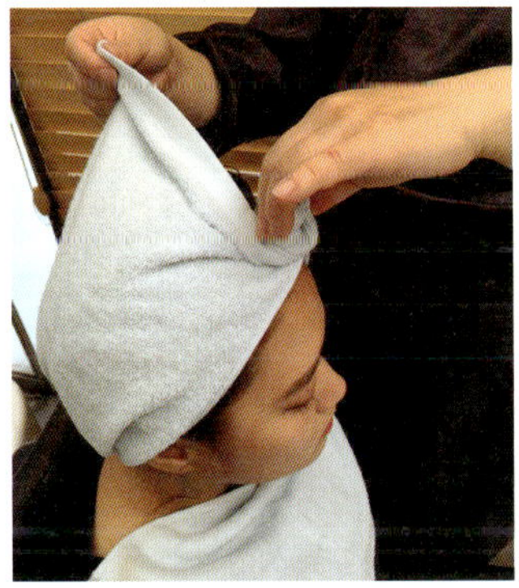

⑫ 한 쪽의 수건으로 모발과 두상을 감싸며 C.P쪽으로 올린다.

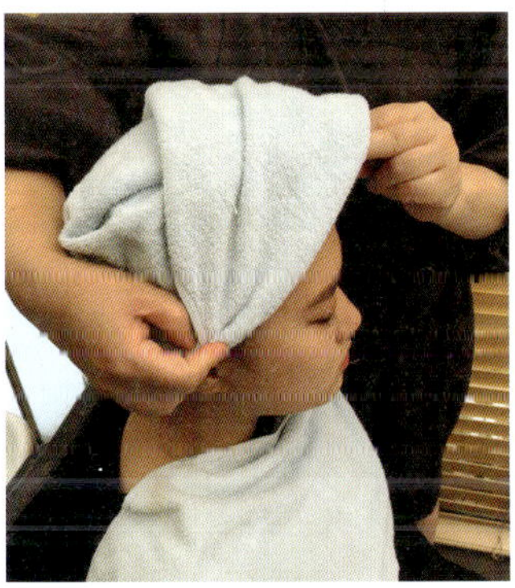

⑬ 반대쪽의 수건으로 나머지 모발을 감싸며 귀 뒤쪽에 꽂아 준다.

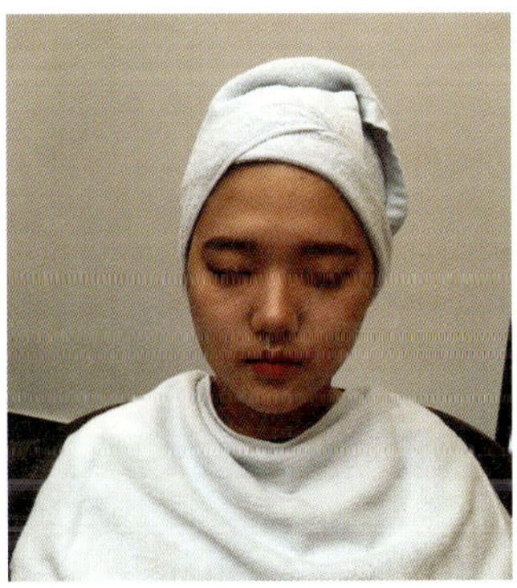

⑭ 수건으로 두상 전체를 감싼 모습

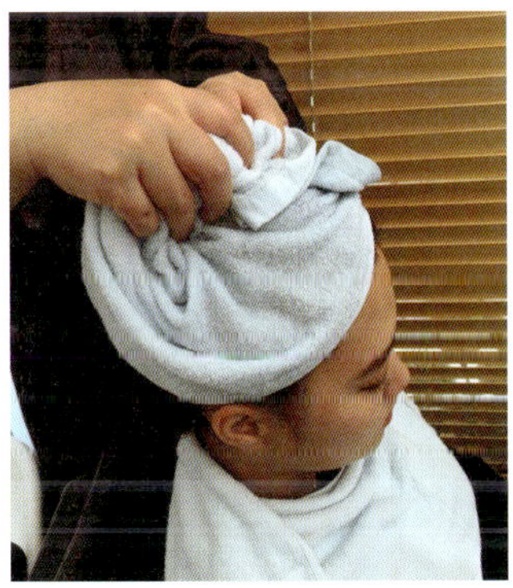

⑮ 양 손의 손가락을 이용하여 두피를 튕겨주듯 닦으며 수건을 풀어 준다.

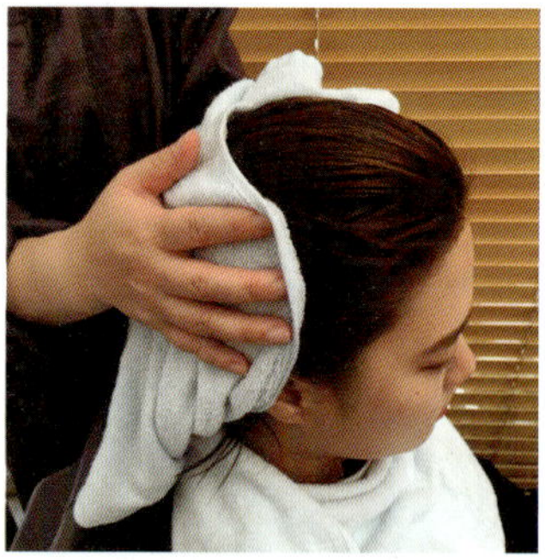

⑯ 수건을 양손에 받치고 모발 전체를 감싸 안고 손가락의 지문 부분으로 두피를 튕겨주듯 닦아 주고 양 사이드의 모발을 지그재그로 닦아 준다.

Tip

물기를 제거할 때 모발을 비비거나 두피에 너무 자극을 주듯 당기지 않도록 주의한다.

(2) 블로 드라이를 이용한 모발의 건조

① 타월 드라이를 끝낸 후 블로 드라이를 이용하여 모발을 건조시키며 뜨거운 바람과 찬바람을 번갈아 사용한다.

② 블로 드라이의 뜨거운 바람이 고객의 두피를 뜨겁게 하지 않도록 주의하며 목덜미 또는 등 쪽으로 향하면 뜨거움을 느낄 수도 있으므로 주의한다.

③ 두피를 건조시키는 것이 중요하며 파마 고객의 경우 웨이브의 정도를 고려하여 드라이한다.

• 블로 드라이는 냉 · 온풍의 조작이 쉬워 손목에 무리가 없어야 한다.

• 드라이어의 바람이 두피를 향하도록 하며 가급적 얼굴이나 목덜미로 뜨거운 바람이 오지 않도록 주의 한다.

• 손가락의 지문 부분을 두피에 살짝 밀착시키며 두상의 곡선에 따라 손목의 스냅을 이용하여 핸드 드라이한다.

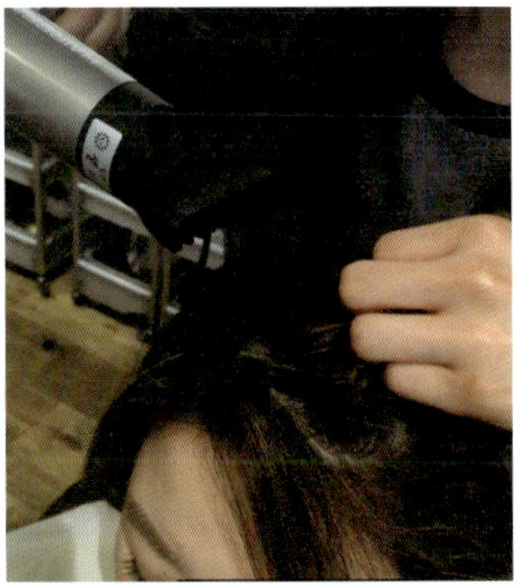

• 모류를 잡아주며 핸드 드라이한다.

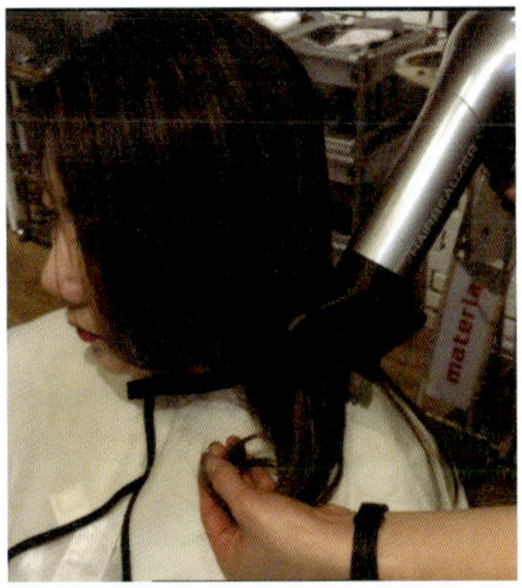

• 웨이브 펌 스타일의 경우 웨이브의 형태를 잡으며 모발을 건조한다.

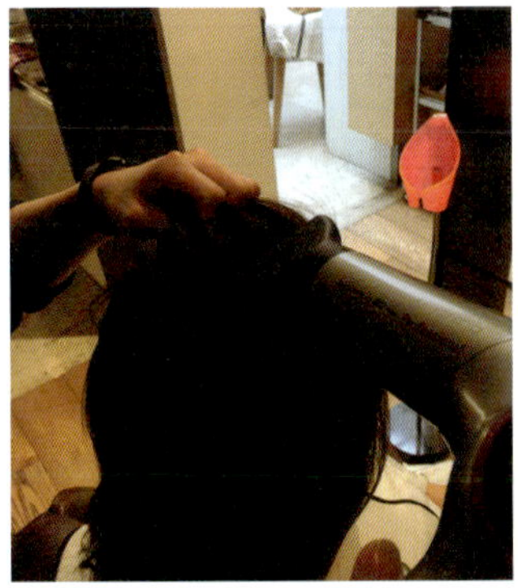

• 가르마가 있는 고객의 경우 가르마의 방향을 먼저 체크한다.

4. 마무리

(1) 제품

모발의 건조가 끝난 후 모발의 광택과 보습을 위하여 헤어 에센스 또는 모발 고정제 등의 모발 화장품을 상황에 맞도록 도포하며 두피에 닿지 않도록 주의한다.

(2) 주변정리

① 샴푸실은 항상 청결하게 관리되어야 하며, 목 받침대에 물이 고여 불쾌한 냄새가 나지 않도록 주의한다.
② 샴푸 후 샴푸 도기에 머리카락이나 거품의 잔여물이 남지 않도록 정리한다.
③ 샴푸 의자에 물기가 남아 있지 않도록 정리한다.
④ 수건은 냄새가 나지 않도록 하며 사용한 수건과 사용하지 않은 수건이 섞이지 않도록 한다.

5. 주의점

1) 고객 시술 전 주의 사항

① 예약된 고객의 경우 많이 기다리지 않도록 한다.

② 옷깃이 있는 상의를 착용한 고객의 경우 수건을 한 번 접어 넣어 옷깃이 젖지 않도록 한다.

③ 샴푸실은 항상 청결한 상태를 유지한다.

2) 두피 스케일링 시술 과정 시 주의 사항

① 우드스틱의 탈지면이 단단하게 감기거나 풀어지지 않도록 하며 스틱의 뾰족한 부분이 나오지 않도록 한다.

② 브러싱할 때 모발의 두피까지 빗질하여 두피의 혈액순환을 돕는다.

③ 모든 동작의 연결이 자연스럽고 능숙해야 한다.

3) 샴푸나 린스 시 주의 사항

① 얼굴과 귀에 물이 튀지 않도록 하며 옷이 물에 젖지 않도록 주의한다.

② 샴푸대에 고개를 젖힐 때에는 고객의 목이 샴푸 볼에 부딪히지 않도록 목 부위를 받친 후 눕힌다.

③ 샴푸 물의 온도는 손목이나 손등에서 조절하며 고객에게 물의 온도를 확인한다.

④ 모발과 두피가 골고루 충분하게 적셔져야 두피와 모발에 거품이 잘 생성된다.

학습평가 문제

01 고객을 눕힐 때 방법 중 바르지 **못한** 것은?

① 고객이 누우면 자리가 불편하지 않은지 목의 위치가 높거나 낮은지 확인한다.

② 의자에 앉힌 후 고객이 알아서 누우면 된다.

③ 키가 작은 고객의 경우 샴푸대 사용이 불편할 수 있으니 쿠션 등을 방석으로 사용하면 도움이 된다.

④ 목덜미에 있는 모발 등을 잘 정리하고 고객이 편안한지를 확인한다.

02 샴푸 동작 시 주의점에 대하여 바르지 **못한** 설명은?

① 동작의 연결 시 손이 누피나 모발에서 떨어지지 않노록 한다.

② 너무 빠르거나 느리지 않도록 적당한 속도로 진행한다.

③ 샴푸 후 린스하고 다시 헹구므로 샴푸 거품을 깨끗하게 헹굴 필요는 없다.

④ 손톱으로 두피를 세게 긁지 않도록 주의한다.

03 물 도포 시 주의 사항이 **아닌** 것은?

① 두피 쪽에 3초 정도 물을 묻히고 "물 온도는 괜찮으신가요?"하고 확인한다.

② 고객님께 편안한지 확인한 후 물을 틀고 "샴푸하도록 하겠습니다"하고 이야기한다.

③ 양쪽 귀 부분은 귀에 물이 들어가지 않도록 손으로 귀를 가리고 물을 모아 준다.

④ 옷깃이 젖더라도 물의 도포가 충분하게 이루어져야 한다.

04 거품 생성 방법에 대하여 바르게 설명한 것은?

① 거품은 모발에서만 생성하면 된다.
② 거품을 잘 생성시키는 것 보다 두피를 세게 문지르면 세정에 도움이 된다.
③ 거품의 생성이 잘 되지 않을 경우 물을 한 번 더 적셔 주면 도움이 된다.
④ 샴푸제를 필요 이상으로 사용하여 거품을 풍부하게 생성하면 세정에 도움이 된다.

05 샴푸 방법에 대하여 바르게 설명한 것은?

① 양손에 힘을 많이 주어야 시원하고 만족스러운 샴푸가 될 수 있다.
② 손톱을 사용하여 두피를 세게 긁어야 효과적인 샴푸가 될 수 있다.
③ 두상이 흔들리도록 세게 샴푸하여야 효과적인 샴푸가 될 수 있다.
④ 고객이 목에 힘을 주고 있을 경우 "목에 힘을 빼고 편안히 계셔도 됩니다"라고 이야기하는 것이 좋다.

06 헹굼 방법에 대하여 바르지 **못한** 설명은?

① 물의 온도를 확인하면서 손에 묻은 거품을 먼저 헹구어 낸다.
② 귀 부위 헹굼 시 귓속으로 물이 들어가지 않도록 한다.
③ 헹굼이 끝난 후 파마 시술에 들어갈 고객은 린스를 하지 않고 타월로 마무리한다.
④ 헹굼이 끝난 후 파마 시술에 들어갈 고객은 린스 사용 후 타월로 마무리한다.

마무리 학습 체크

1. 샴푸를 실시할 때 본인이 생각하는 주의점에 대하여 서술하시오.

2. 물의 도포, 거품생성, 샴푸 동작, 헹굼을 간단하게 서술하시오.

3. 샴푸의 시술 과정을 사진으로 첨부하시오.

평가항목의 성취지표 수준

학습내용	평가항목	성취지표				
		1	2	3	4	5
물 도포	물의 수압과 온도를 조절하는 지식					
	물을 골고루 도포할 수 있는 지식					
거품 생성	두피와 모발에 거품을 생성하는 지식					
	거품이 고객에게 튀지 않도록 하는 지식					
샴푸 머니퓰레이션	모발이 뜯기지 않도록 샴푸할 수 있는 지식					
	손톱이 아닌 손가락의 지문 부분으로 샴푸하는 지식					
	자연스러운 연결동작을 할 수 있는 지식					
헹굼	거품이 귀 뒤, 목덜미 등에 남아 있지 않도록 하는 지식					
	얼굴이나 목덜미 쪽으로 물이 흐르지 않도록 하는 지식					
	마무리 헹굼을 하여 고객에게 청량감을 줄 수 있는 지식					

평가항목의 성취수준 피드백

<table>
<tr><th rowspan="3">학습내용</th><th rowspan="3">평가항목</th><th colspan="5">성취수준</th></tr>
<tr><th>매우
미흡</th><th>미흡</th><th>보통</th><th>우수</th><th>매우
우수</th></tr>
<tr><th>①</th><th>②</th><th>③</th><th>④</th><th>⑤</th></tr>
<tr><td rowspan="2">물 도포</td><td>물의 수압과 온도를 조절할 수 있는 능력</td><td></td><td></td><td></td><td></td><td></td></tr>
<tr><td>물을 골고루 도포할 수 있는 능력</td><td></td><td></td><td></td><td></td><td></td></tr>
<tr><td rowspan="2">거품 생성</td><td>두피와 모발에 거품을 생성할 수 있는 능력</td><td></td><td></td><td></td><td></td><td></td></tr>
<tr><td>거품이 고객에게 튀지 않도록 할 수 있는 능력</td><td></td><td></td><td></td><td></td><td></td></tr>
<tr><td rowspan="3">샴푸
머니퓰레이션</td><td>모발이 뜯기지 않도록 샴푸할 수 있는 능력</td><td></td><td></td><td></td><td></td><td></td></tr>
<tr><td>손톱이 아닌 손가락의 지문 부분으로 샴푸할 수 있는 능력</td><td></td><td></td><td></td><td></td><td></td></tr>
<tr><td>자연스러운 연결동작을 할 수 있는 능력</td><td></td><td></td><td></td><td></td><td></td></tr>
<tr><td rowspan="3">헹굼</td><td>거품이 귀 뒤, 목덜미 등에 남아 있지 않도록 할 수 있는 능력</td><td></td><td></td><td></td><td></td><td></td></tr>
<tr><td>얼굴이나 목덜미 쪽으로 물이 흐르지 않도록 할 수 있는 능력</td><td></td><td></td><td></td><td></td><td></td></tr>
<tr><td>마무리 헹굼을 하여 고객에게 청량감을 줄 수 있는 능력</td><td></td><td></td><td></td><td></td><td></td></tr>
</table>

4. 타입에 따른 샴푸

(1) 플레인 샴푸

일반적인 샴푸를 말하며 오염된 두피와 모발의 피지, 각질, 땀, 세균, 매연 등의 이물질과 때를 제거하여 두피의 원활한 생리적 작용을 돕고 샴푸 후 모발 표면에 수분과 유분 성분을 흡착시켜 보호막을 형성하고 광택을 준다.

(2) 펌 샴푸

프레 샴푸	파마하기 전에 모발 불순물을 제거하고 모류를 정리하기 위한 샴푸로 두피에 자극이 가지 않도록 가볍게 샴푸하며 린스를 사용하지 않는다.

⇩

중간 린스	펌제의 1액을 물로만 헹궈 내는 것으로, 로드를 풀지 않은 상태에서 흐르는 물이나 분무기를 이용하여 헹궈 낸 후 물기를 수건 등으로 제거한다.

⇩

애프터 샴푸	파마가 끝나고 펌제를 헹궈 내기 위한 샴푸로 펌제의 종류에 따라 샴푸제를 사용하기도 한다. 린스로 마무리한다.

(3) 좌식 샴푸

고객이 앉아 있는 상태에서 샴푸하는 것으로 샴푸를 진행하면서 두피 마사지를 병행할 수 있기 때문에 두피의 혈액 순환을 도와 두피관리에 도움이 된다.

좌식샴푸 진행 순서

고객안내
⇩
분무기로 모발에 수분 도포
⇩
샴푸제 도포 후 거품 생성
⇩
샴푸 테크닉
▶
목덜미를 주무르듯 눌러주기
⇩
두피 마사지
⇩
목덜미를 주무르듯 눌러주기
⇩
헹굼

5. 트리트먼트(모발관리 테크닉)의 실제

(1) 트리트먼트제의 일반적인 도포

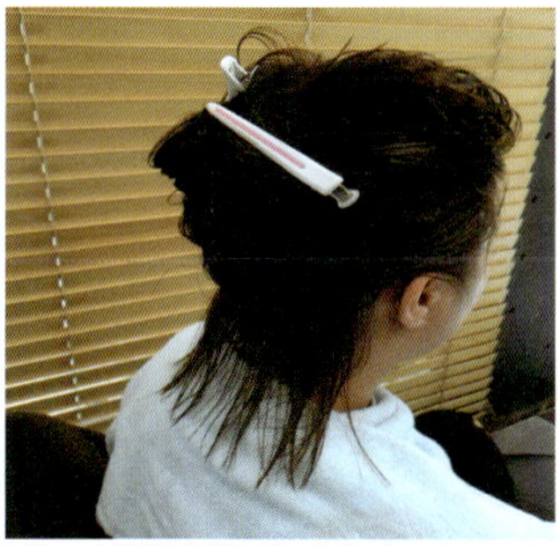

① 샴푸제를 헹구어 낸 후 타월 드라이로 모발의 수분을 제거하고 모발을 2~3cm 슬라이스한다.

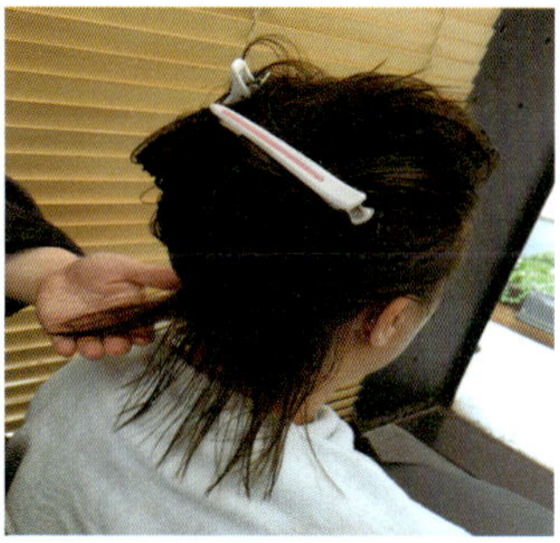

② 슬라이스한 모발의 끝부분부터 트리트먼트제를 도포한다.

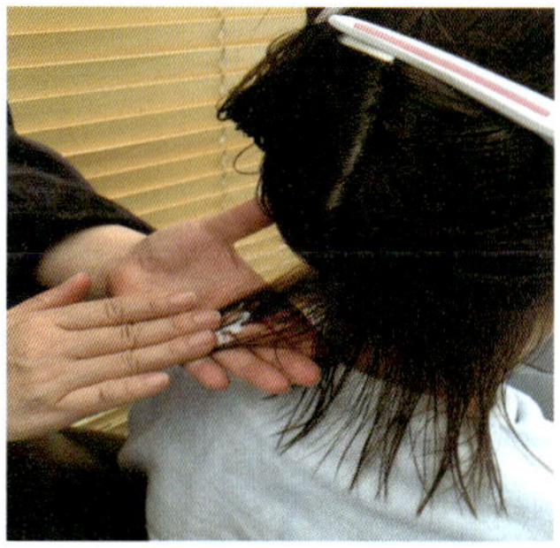

③ 도포한 트리트먼트제가 두피에 닿지 않도록 손바닥 전체를 이용하여 펴 바른다.

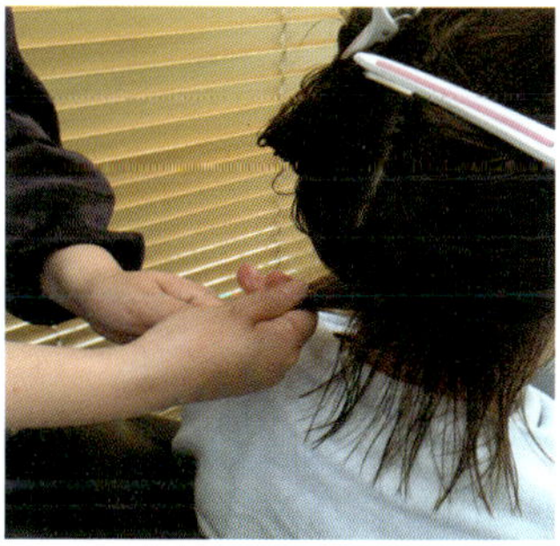

④ 두피에 닿지 않도록 도포한다.

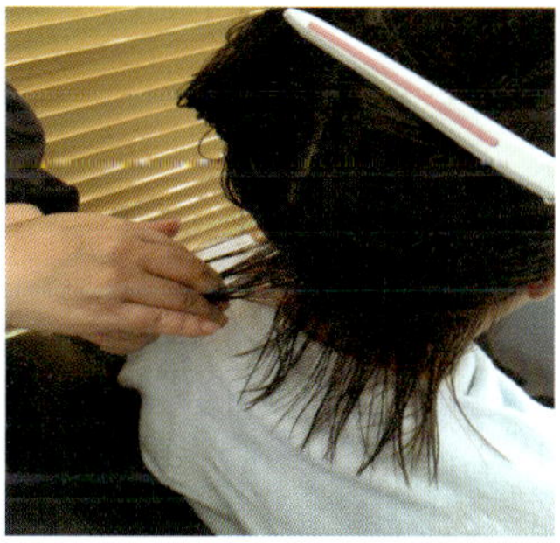

⑤ 손가락을 이용하여 모발의 사이사이에 트리트먼트제를 도포한다.

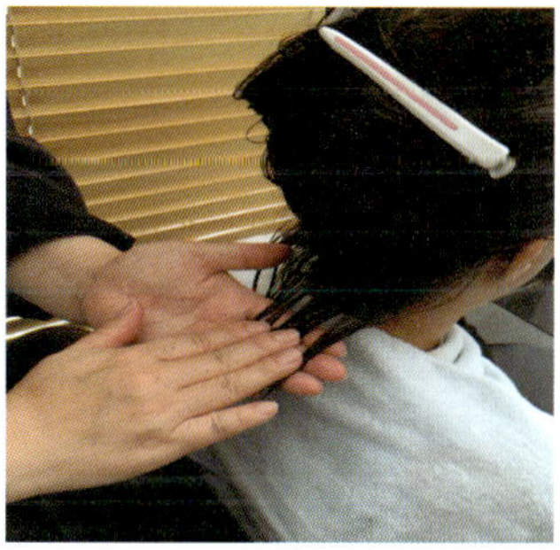

⑥ 모발을 손바닥에 올려놓은 상태에서 누르듯이 흡수시킨다.

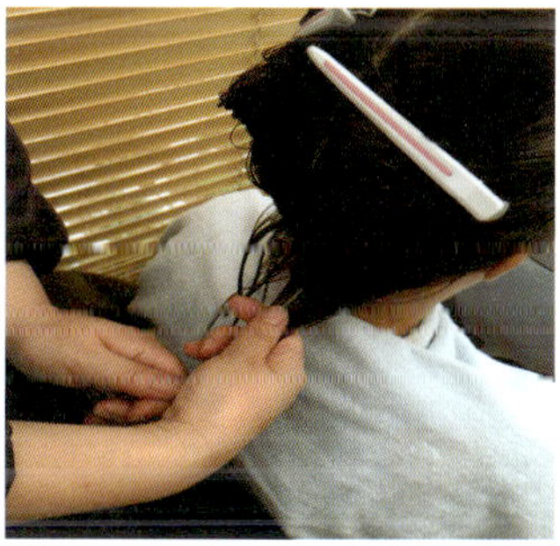

⑦ 모발에 적당한 텐션을 주며 당겨주듯이 흡수시킨다.

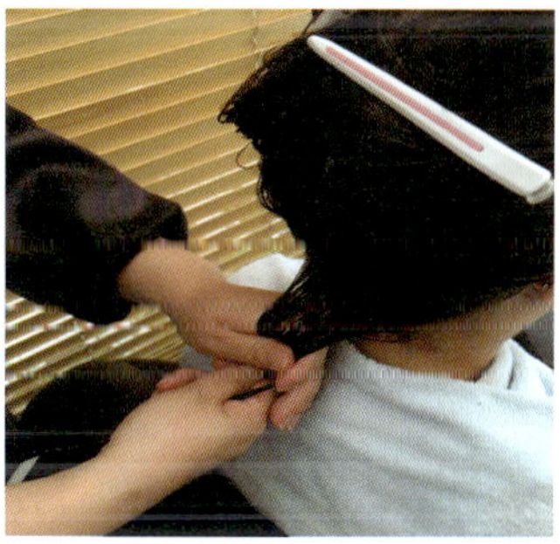

⑧ 도포된 모발은 가지런하게 모아 내려 준다.

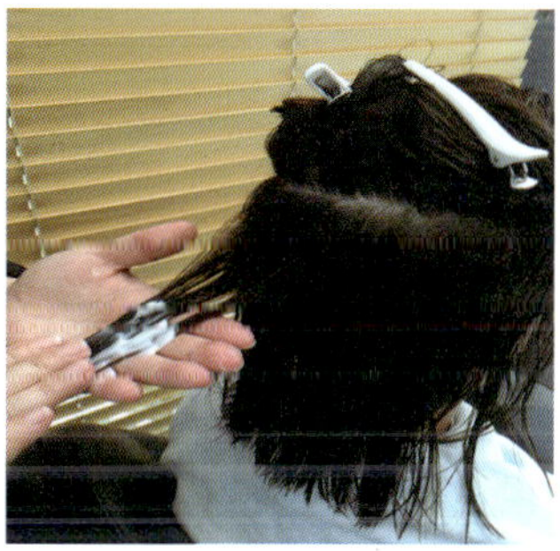

⑨ 네이프 하단부터 두상의 상단을 향하여 2~3 cm 정도씩 슬라이싱한 후 같은 빙법으로 트리트먼트제를 도포한다.

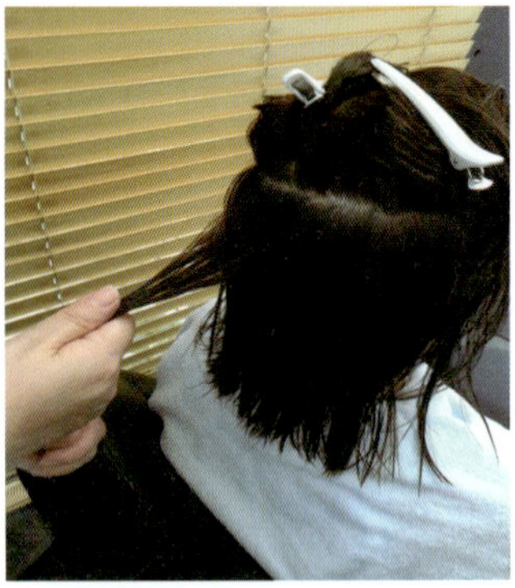

⑩ 모발의 아래 부분에서 윗 부분으로 진행 한다.

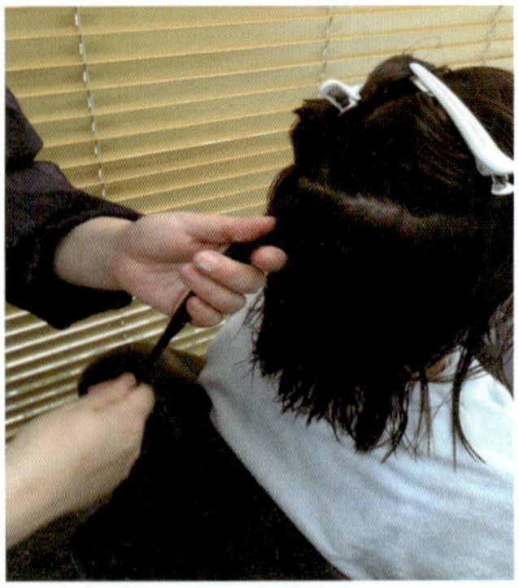

⑪ 손바닥 전체를 이용하여 주물러 주듯이 트리트먼트제를 흡수시킨다.

⑫ 모발을 손가락 사이에 끼우고 문지르듯이 트리트먼트제를 흡수시킨다. (주의 : 모표피가 손상되지 않도록 아래 방향으로만 향하여 문지른다.)

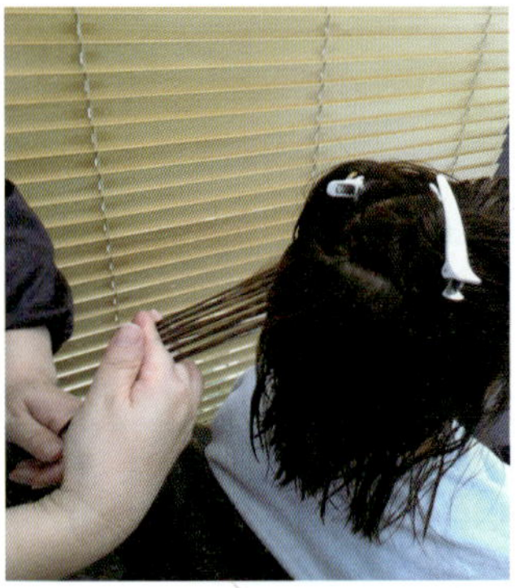

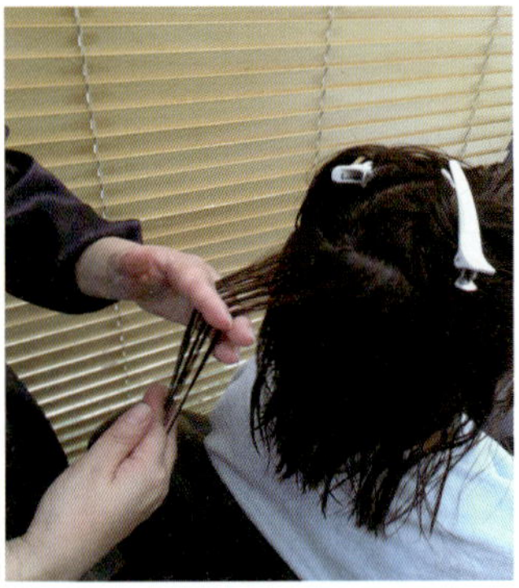

⑬ 고객의 머리가 흔들리지 않을 정도로 적당한 텐션을 주도록 한다.

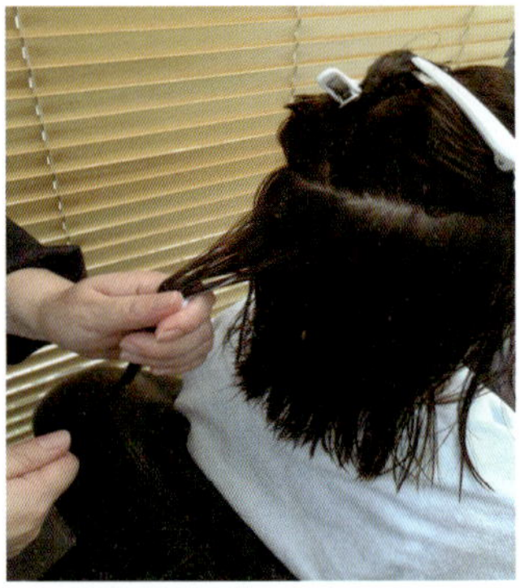

⑭ 주먹을 쥐듯이 모발을 잡아 준다.

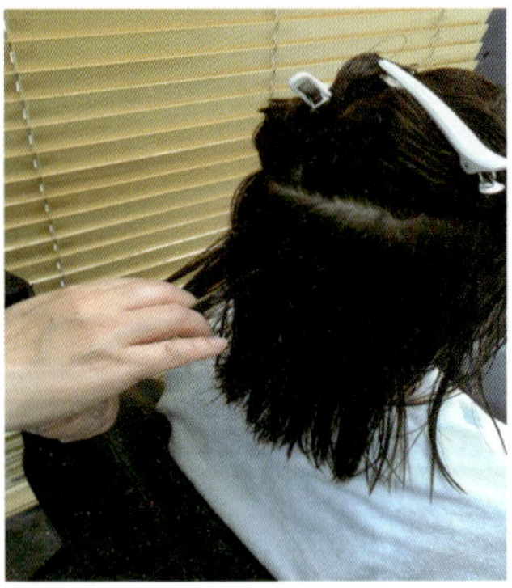

⑮ 손가락을 모발 사이사이에 넣어 준다.

⑯ 왼손과 오른손을 번갈아 이용하여 모발을 관리한다.

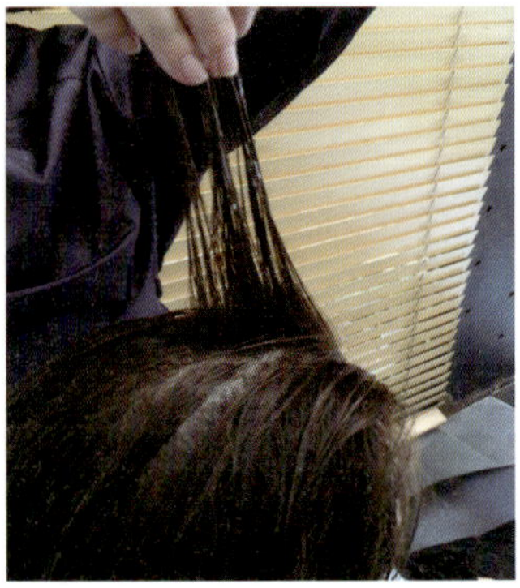

⑰ 두상의 전두부 부위의 모발은 두피와 수직으로 들어 올려 준다.

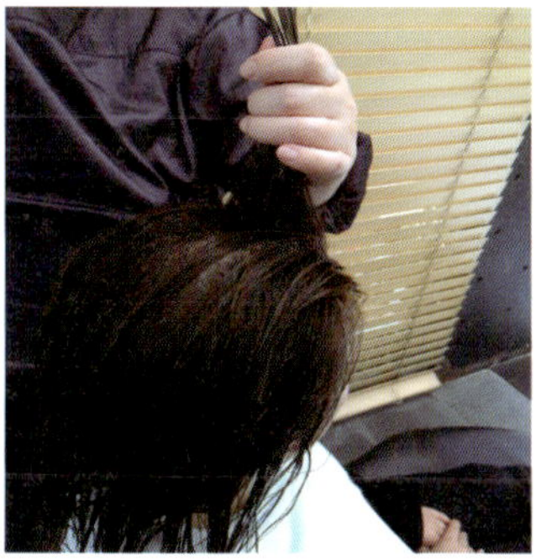

⑱ 양 손의 손바닥 전체를 이용하여 트리트먼트제를 흡수시킨다.

⑲ 손가락을 모발 사이에 넣어 골고루 흡수시킨다.

⑳ 수직으로 들어 올린 모발을 주먹 쥐듯이 잡고 양 손을 번갈아 이용하여 트리트먼트제를 흡수시킨다.

(2) 붓을 사용하는 트리트먼트제의 도포

① 모발 트리트먼트의 경우 붓을 이용하여 관리할 수 있다.

② 붓에 트리트먼트제를 묻힌 후 모발 전체에 골고루 도포하되 두피에 너무 가깝지 않도록 주의한다.

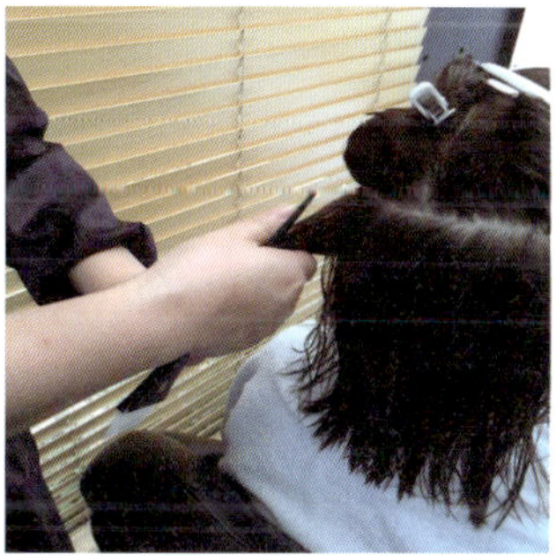

③ 도포가 끝난 후 손바닥 전체로 모발을 눌러 주며 트리트먼트제를 흡수시킨다.

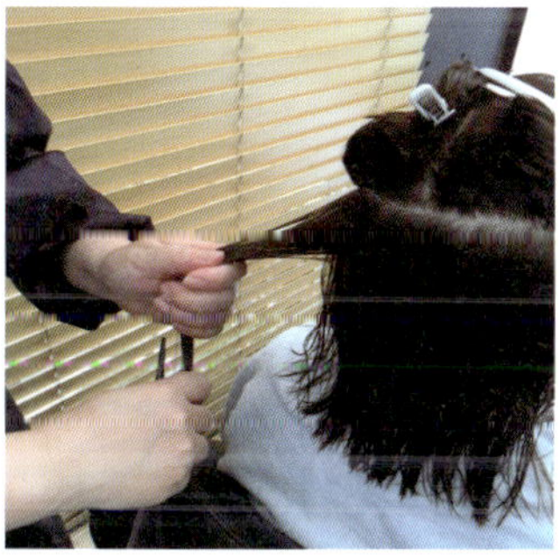

④ 적당한 텐션을 주며 관리한다.

⑥ 손가락을 모발 사이에 넣어 모발 전체에 잘 흡수되도록 한다.

⑥ 트리트먼트제를 도포시킨 모발은 적당한 텐션을 주며 가지런히 내려 놓는다.

[학습 요점정리]

① 린스제는 모발의 끝 부분부터 도포하며 두피에 닿지 않도록 한다.

② 린스 머니퓰레이션 시 경추 부분이 눌리지 않도록 주의하고 모발이 뜯기지 않도록 한다.

- 지압은 손톱이 아닌 지문 부분으로 한다.
- 린스제나 트리트먼트제를 헹굴 때에는 잔여물이 남지 않도록 귀 주위와 목덜미를 닦아 준다.
- 마무리 헹굼은 온도를 낮춰 청량감을 주도록 한다.
- 고객의 옷깃이 젖지 않도록 주의한다.
- 타월 드라이 시, 타월이 얼굴에 닿지 않도록 한다.
- 타월 드라이 시, 모발을 비비거나 두피에 자극이 가지 않도록 한다.
- 타월을 이용하여 두상을 감쌀 경우 모발이 수건에서 흘러내리지 않도록 주의한다.
- 파마를 하기 전, 샴푸는 모발의 불순물을 제거하고 모류를 정리하기 위한 것으로 두피에 자극이 가지 않도록 가볍게 샴푸하며 린스를 사용하지 않는다.
- 트리트먼트 시, 모발을 너무 세게 두드리거나 비비지 않도록 한다.

③ 샴푸 시술 전 준비사항, 샴푸 과정 중, 마무리 단계에서의 주의 사항에 유의하여 고객이 불편하지 않도록 한다.

학습평가 문제

01 린스 도포 방법으로 바르지 **못한** 것은?

① 린스제는 모발의 끝부분에서 두피 방향으로 도포한다.
② 린스는 두피에 닿지 않도록 주의한다.
③ 물을 짜지 않은 상태에서 도포하는 것이 린스제의 흡수에 용이하다.
④ 린스제 도포 시 얼굴에 튀지 않도록 한다.

02 지압 방법으로 바르지 **못한** 것은?

① 두상의 지압 시, 경추 부분이 눌리지 않도록 주의하고 모발이 뜯기지 않도록 한다.
② 손을 헹군 후 네 손가락은 두상을 받치고 양 손이 엄지손가락 지문부위로 지압한다.
③ 지압 시, 손톱이 아닌 손가락의 지문 부위를 이용한다.
④ 지압 시, 지문 부위가 아닌 손톱을 이용하여 두피를 긁듯이 지압한다.

03 타월 사용 시 바르지 **못한** 방법은?

① 헤어라인 부위는 화장이 지워지더라도 세게 비벼 물기를 제거한다.
② 헤어라인을 살짝 눌러 물기를 제거한다.
③ 긴 머리의 경우 수건으로 감싼 후 살짝 눌러주거나 톡톡 두드려 준다.
④ 물기를 제거할 때 주의할 점은 모발을 비비거나 두피에 너무 자극을 주듯 당기면 안 된다.

04 파마 샴푸의 주의 사항으로 바른 것은?

① 파마 시작 전 모발의 때를 제거하기 위해 모발을 강하게 비벼수며 샴푸한다.
② 파마 시작 전 두피에 자극이 가지 않도록 가볍게 샴푸하며, 펌제에 따라 린스를 사용하지 않는다.
③ 중간린스는 펌제의 1액을 물로 헹궈내는 것으로 로드를 풀고 헹군 후 다시 와인딩한다.
④ 중간린스는 펌제의 1액을 샴푸제를 사용하여 펌제를 제거하는 것이다.

05 블로 드라이에 대한 바른 설명은?

① 뜨거운 바람으로만 건조시켜야 모발에 광택이 난다.
② 두피를 건조시키는 것이 중요하다.
③ 두피는 되도록 뜨거운 바람으로 건조시켜야 탄력이 생긴다.
④ 파마 고객의 경우 웨이브를 위하여 드라이를 전혀 하지 않는다.

06 모발의 건조 후 제품의 사용에 대한 바른 설명은?

① 광택과 보습을 위하여 헤어에센스는 상황에 맞도록 도포한다.
② 스타일을 위하여 두피까지 도포가 가능하다.
③ 샴푸 후에는 모발용 제품을 절대로 사용하지 않도록 한다.
④ 광택과 보습을 위하여 제품은 되도록 많이 도포하여 두피에 스며들게 하는 것이 좋다.

마무리 학습 체크

1. 샴푸 후 주변 정리에 대하여 서술하시오.

2. 트리트먼트 방법에 대하여 서술하시오.

3. 린스, 타월 드라이, 블로 드라이의 실습 사진을 첨부하시오.

평가항목의 성취지표 수준

학습내용	평가항목	성취지표				
		1	2	3	4	5
린스 머니퓰레이션	린스제가 두피에 닿지 않도록 하는 지식					
	적절한 압으로 머니퓰레이션하는 지식					
	모발을 뜯기게 하거나 당겨지지 않도록 하는 지식					
타월 드라이	모발이 흘러내리지 않도록 타월로 잘 감싸는 지식					
	타월 드라이 시 모발이나 두피에 자극이 가지 않도록 하는 지식					
블로 드라이	모발과 두피를 적절하게 건조시키는 지식					
	블로 드라이의 뜨거운 바람이 얼굴이나 목덜미에 닿지 않아서 고객을 불편하지 않게 하는 지식					
트리트먼트	모발 전체에 트리트먼트제를 골고루 도포하는 지식					
	모발에 적절한 텐션으로 트리트먼트할 수 있는 지식					
	제품이 고객에게 튀지 않도록 하는 지식					

평가항목의 성취수준 피드백

학습내용	평가항목	성취수준				
		매우 미흡	미흡	보통	우수	매우 우수
		①	②	③	④	⑤
린스 머니퓰레이션	린스제가 두피에 닿지 않게 할 수 있는 능력					
	적절한 압으로 머니퓰레이션할 수 있는 능력					
	모발을 뜯기게 하거나 당겨지지 않도록 할 수 있는 능력					
타월 드라이	모발이 흘러내리지 않도록 타월로 잘 감쌀 수 있는 능력					
	타월 드라이 시 모발이나 두피에 자극이 가지 않도록 할 수 있는 능력					
블로 드라이	모발과 두피를 적절하게 건조시키는 능력					
	블로 드라이의 뜨거운 바람이 얼굴이나 목덜미에 닿지 않게 하는 능력					
트리트먼트	모발 전체에 트리트먼트제를 골고루 도포하는 능력					
	모발에 적절한 텐션으로 트리트먼트할 수 있는 능력					
	제품이 고객에게 튀지 않도록 하는 능력					

Chapter 3 스페셜케어 헤드스파

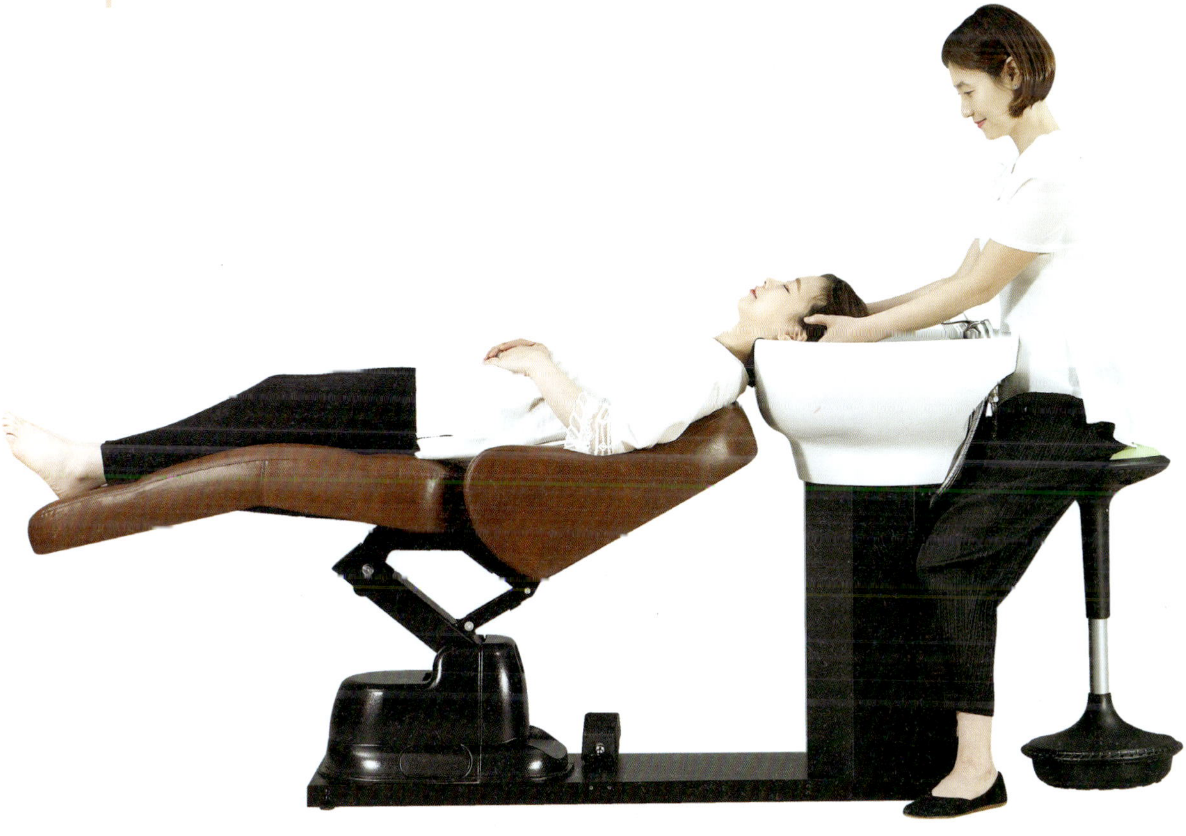

Chapter 3.

스페셜케어 헤드스파

1. 헤드스파

학습목표

1. 헤드스파의 정의를 이해하고 설명할 수 있다.
2. 헤드스파의 중요한 세 가지를 이해하고 설명할 수 있다.
3. 헤드스파의 효과를 이해하고 설명할 수 있다.

[Keyword] 헤드스파, 두피 머니퓰레이션

1. 헤드스파의 정의

헤드스파의 목적은 아름다운 모발의 기초가 되는 두피의 건강을 유지하는 것이다. 두피건강을 위한 헤드스파는 두피환경의 개선을 위한 두피 클렌징과 모발에 불필요하게 잔류되어 있는 실리콘 막의 제거와 같이 두피 및 모발의 클렌징을 기반으로 하는 케어를 말한다. 또한, 자연치유력 향상이 목적이며, 두피 머니퓰레이션으로 인한 릴랙스, 심신의 안락함을 제공할 수 있는 시스템이다.

2. 헤드스파의 세 가지 요소

(1) 헤드스파 이념의 3요소

신체의 미 | 마음의 힐링 | 두피 · 모발의 미

신체의 미	우리 신체가 아름다워지기 위함이다
마음의 힐링	마음을 힐링하게 되면 표정과 혈색이 바뀌고 평정심을 갖게 된다.
두피 · 모발의 미	건강한 자연미를 지킨다.

(2) 헤드스파 시스템의 3요소

기자제(hardware) | 교육(software) | 제품(product)

기자제(hardware)	헤드스파전용 샴푸대, 미스트
교육(software)	헤어케어, 두피케어 , 두피마사지
제품(product)	두피모발전용 샴푸, 두피모발전용 트리트먼트, 아로마오일, 보습제

(3) 헤드스파 기술의 3요소

모발 케어 | 두피케어 | 두피 머니퓰레이션 (scalp manipulation)

모발케어(hair care)	모발에 자연미를 부여한다.
두피케어(scalp care)	두피 타입별 마사지와 보습을 제공한다.
두피 머니퓰레이션 (scalp manipulation)	지압점을 활용해 혈행을 원활하게 한다.

3. 헤드스파의 네 가지 효과

(1) 두피와 모발의 생장환경 개선효과

두피케어에서 가장 중요한 것은 모발과 두피의 건강한 아름다움이다.

피지선에서 분비되는 피지, 한선에서 배출되는 땀, 노화 각질, 화장품 잔류물질, 대기오염물질을 부드럽게 제거해 주는 세정과정을 통해 발모 촉진을 도와주며 두피 트러블이나 냄새를 제거한다. 또한 적절한 마사지는 두피나 모발의 생장환경을 개선하고 이마의 주름이나 처짐의 원인이 되는 두피 노화를 방지한다.

(2) 순환기계의 개선효과

두피케어는 두피나 얼굴의 림프 및 혈액 순환 개선에 도움이 되며, 이때 산소와 영양소의 공급이 촉진되어 노폐물이나 피로물질을 배출한다. 림프의 순환은 심장과 같은 펌프 작용이 아니라 근육운동에 의존하기 때문에 헤드스파는 효과적인 순환기계의 개선 효과를 기대할 수 있다.

(3) 림프마사지를 통한 정화효과

혈액에서 나온 산소와 영양분을 세포에 공급하고, 세포에서 나온 탄산가스와 노폐물을 제거하여 다시 혈액으로 운반시키는 것이 림프액의 중요한 역할이다.

림프액이 많이 모여 있는 곳은 림프절로, 헤드스파는 머리와 목 주변에 흐르는 목 뒤쪽의 림프절 마사지를 통하여 정화능력을 향상시키고, 노폐물의 배출을 도와준다.

(4) 자율 신경의 안정효과

두피케어에서의 머니퓰레이션은 부교감신경을 자극하여 뇌 스트레스를 경감시켜주고 높은 릴랙제이션(relaxation) 효과를 만들어 내어 자율신경을 안정시킨다.

자율신경의 안정은 생명유지에 중요한 면역과 내분비호르몬의 기능을 조절하고 전신의 아름다움과 건강적인 측면에 있어 유효성이 있다. 또한 주름개선에도 도움을 준다.

4. 헤드스파를 통한 두피 개선 효과 세 가지

① 두피의 정확하고 올바른 세정으로 두피의 피지를 과하게 제거하지 않을 수 있다.

② 두피 머니퓰레이션에 의하여 정상적인 각화주기(턴 오버)가 될 수 있다.

③ 두피 · 모발 화장품류를 이용하여 두피와 모발의 유 · 수분 밸런스를 맞춰 줄 수 있다.

Tip

오염물질의 종류 및 증상

구분	내용
내부 오염	땀, 피지, 때
외부 오염	배기가스, 스타일링제, 모발보호제, 육모제
오염으로 발생하는 이상 증상	가려움, 모발이 얇아짐, 염증, 흰머리, 냄새, 탈모

• 과도한 세정으로 인한 손상의 악순환

유용물의 과도한 세정
⇩
모발의 방어 기능 저하 ▶ 모발의 컬러 유지력 저하
⇩
모발의 푸석거림

파마 스타일링의 재현성 저하
⇩
모발의 컬러 유지력 저하
⇩
이로 인한 빈번한 화학적 시술 (악순환)

• 이상적인 세정으로 인한 선순환

적절한 수분과 유분(천연보습인자 N.M.F)을 남기는 세정
⇩
모발의 방어기능 향상 ▶ 헤어 스타일의 지속
⇩
건강모의 생장, 유지

파마 스타일의 재현성 유지 모발의 컬러 유지력 증가
⇩
헤어 스타일의 지속

[학습 요점정리]

① 헤드스파의 목적은 아름다운 모발의 기초가 되는 두피의 건강을 유지하는 것이다.

② 헤드스파 이념의 세 가지 요소는 신체의 미, 마음의 힐링, 두피 · 모발의 미이다.

③ 헤드스파 시스템의 3요소는 기자제(hardware), 교육(software), 제품(product)이다.

④ 헤드스파 기술의 3요소는 모발케어, 두피케어, 두피 머니퓰레이션이 있다.

⑤ 오염물을 부드럽게 제거해 주는 세정과정을 통하여 발모 촉진을 도와주며 두피 트러블이나 냄새를 제거한다.

⑥ 두피나 얼굴의 림프 및 혈액 순환 개선에 도움을 준다. 이때 산소와 영양소의 공급이 촉진되어 노폐물이나 피로물질을 배출하여 효과적인 순환기계의 개선 효과를 기대할 수 있다.

⑦ 림프마사지는 머리와 목 주변에 흐르는 림프절의 정화능력을 향상시키고, 노폐물의 배출을 도와준다.

⑧ 자율 신경의 안정을 위해 두피 머니퓰레이션은 부교감신경을 자극하여 뇌 스트레스를 경감시켜 주고 높은 릴랙제이션(relaxation) 효과를 만들어 내어 자율신경을 안정시킨다.

⑨ 헤드스파를 통해 기대되는 효과는 두피를 정확하고 올바르게 세정함으로써 정상적인 각화주기(턴 오버)가 되도록 하며, 두피와 모발의 유 · 수분 밸런스를 맞춰줄 수 있다는 점이다.

학습평가 문제

01 헤드스파의 설명 중 바른 설명은?

① 헤드스파의 목적은 두피를 치료하는 것이다.
② 헤드스파의 목적은 아름다운 모발의 기초가 되는 두피의 건강을 유지하는 것이다.
③ 자연치유력은 치료의 개념으로 사용하는 것이다.
④ 두피 및 모발의 클린징보다는 의약품의 사용을 이용하는 것이다.

02 헤드스파 시스템의 3요소가 **아닌** 것은?

① 기자제(hardware)
② 제품(product)
③ 교육(software)
④ 신체의 미

03 헤드스파 기술의 3요소가 **아닌** 것은?

① 모발케어(hair care)
② 두피케어(scalp care)
③ 두피 머니퓰레이션(scalp manipulation)
④ 제품(product)

04 헤드스파를 통한 두피 개선 효과 세 가지 중 하나인 것은?

① 헤드스파 샴푸대는 편해야 한다.
② 두피 머니퓰레이션에 의하여 정상적인 각화주기(턴 오버)가 되도록 한다.
③ 스파니스트가 편해야 한다.
④ 유·수분 밸런스를 맞춰줄 수는 없다.

마무리 학습 체크

1. 헤드스파의 정의를 서술하시오.

2. 헤드스파의 네 가지 효과를 나열하시오.

평가항목의 성취지표 수준

학습내용	평가항목	성취지표				
		1	2	3	4	5
헤드스파의 정의	헤드스파 이념의 3요소를 설명할 수 있는 지식					
	헤드스파 시스템의 3요소를 설명할 수 있는 지식					
	헤드스파 기술의 3요소를 설명할 수 있는 지식					
오염물의 종류 및 증상	내부 오염과 외부 오염을 설명할 수 있는 지식					
	오염으로 발생하는 이상 증상을 설명할 수 있는 지식					
세정의 이해	과도한 세정으로 인한 손상의 악순환을 설명할 수 있는 지식					
	이상적인 세정으로 인한 선순환을 설명할 수 있는 지식					

평가항목의 성취수준 피드백

학습내용	평가항목	성취수준				
		매우 미흡	미흡	보통	우수	매우 우수
		①	②	③	④	⑤
헤드스파의 정의	헤드스파 이념의 3요소를 설명할 수 있는 능력					
	헤드스파 시스템의 3요소를 설명할 수 있는 능력					
	헤드스파 기술의 3요소를 설명할 수 있는 능력					
오염물의 종류 및 증상	내부 오염과 외부 오염을 이해하고, 설명할 수 있는 능력					
	오염으로 발생하는 이상 증상을 이해하고, 설명할 수 있는 능력					
세정의 이해	과도한 세정으로 인한 손상의 악순환을 이해하고, 설명할 수 있는 능력					
	이상적인 세정으로 인한 선순환을 이해하고, 설명할 수 있는 능력					

2. 헤드스파에 필요한 주요 주변기기

학습목표

1. 헤드스파에 필요한 주변기기의 작동법을 알고 작동할 수 있다.
2. 스파룸의 환경을 이해할 수 있다.
3. 헤드스파에 필요한 기기명을 익히고 설명할 수 있다.
4. 아로마오일의 증상별 효과를 익히고 설명할 수 있다.

[Keyword] 마이크로미터 샤워헤드, 고압 미스트, 샴푸대, 탄산수, 호호바 오일, 아로마 테라피

1. 마이크로미터 샤워헤드(μm shower head)

(1) 샤워헤드의 조건

0.1μm의 초미세 공기방울이 마이크로 버블작용으로 모공, 주름의 깊은 곳까지 침투하여 오염물을 제거하기 때문에 일반적인 샤워헤드가 하지 못하는 과산화지질 및 피지 등을 제거하여 세정에 도움을 준다. 샤워헤드의 회전은 자유자재로 원활하게 움직여야 한다.

(2) 샤워헤드의 효과

퍼머와 염색, 탈색과 같은 화학적 시술 후 헤드스파를 위해 탄산수를 활용하기도 하지만, 탄산수의 구비가 어려울 경우 마이크로 버블 샤워헤드의 사용이 효과적이다. 물을 많이 사용하는 헤드스파 시술의 경우 절수에 효과적이다.

또한, 물과 샴푸제에 의한 잦은 시술로 시술자의 손이 거칠어질 수 있는데 이럴 경우에 피부에 잔여하고 있는 세제 찌꺼기 등의 세척에 용이하다.

(3) 샤워헤드 사용 시 주의점

같은 방향으로 계속 돌리면 샤워헤드가 풀어질 수 있으니 주의한다.
수압이 크게 느껴질 수 있으므로 고객의 얼굴에 튀지 않도록 주의 한다.

2. 고압 미스트

(1) 고압 미스트의 조건

고압 스티머는 기체 상태의 수증기를 가열한 과열 수증기를 사용한다. 기체 상태는 눈에 보이지 않지만 외부로 배출될 순간에는 공기에 냉각되어 눈에 보이게 된다.

그러나 수증기에 열을 가한 상태인 고압 스팀은 미스트 상태인 김으로 변화될 때까지의 시간이 걸린다. 김은 수증기가 차가운 공기와 만나 서로 뭉쳐진 아주 작은 물방울의 집합 형태이다. 초미립자의 상태로 자연스럽게 모발 내부에 침투한 김의 상태는 수분으로 인한 모표피의 팽윤 촉진을 도와준다.

(2) 고압 미스트의 효과

스팀 자체가 보유하고 있는 열이 파마, 염색 등 약제의 효과를 최대한 끌어 올릴 수 있으며 시술시간을 단축시킨다. 이는 모발 내부에 수분을 공급하여 손상된 모발을 보호하여 건강하고 아름다운 모발로 이끄는 데 도움을 줄 수 있다.

(3) 고압 미스트 사용 시 주의점

고온 고압의 기체상태이므로 고객으로부터 30cm 떨어진 상태에서 분사하도록 하며 절대 얼굴에 직접 분사하지 않도록 유의한다. 화상의 우려가 있기 때문이다.

가동하고 있는 동안에는 이동시키지 않는다. 고압의 기체가 불안정할 경우 터질 우려가 있기 때문이다.

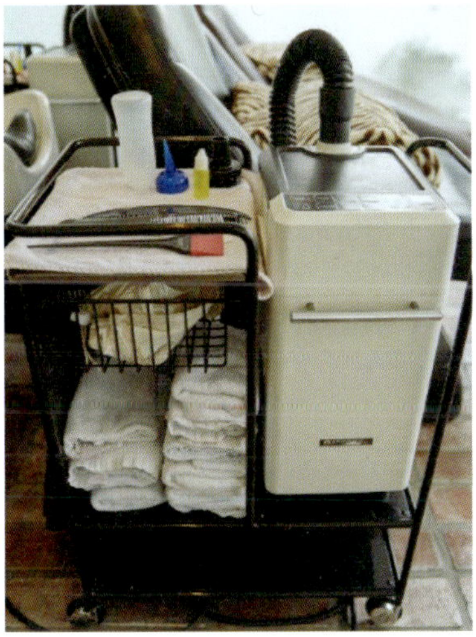

3. 헤드스파 샴푸대

(1) 헤드스파 샴푸대의 조건

샴푸대에서의 시술 과정이 장시간 진행되므로 샴푸의자는 안락한 것이 적당하다.

와식(눕는 형태) 샴푸의자가 없다면, 기존 샴푸의자로 편안함을 줄 수 있는 것을 선택하도록 한다.

(2) 헤드스파 샴푸대의 효과

관리시간이 장시간 소요되므로 이로 인하여 고객의 허리나 목 부위 등에 발생되는 불편함을 최소화하고 더 나아가 신체를 안락하고 편안한 상태로 유지하는데 도움을 준다.

(3) 헤드스파 샴푸대 사용 시 주의점

헤드스파 샴푸대는 전동으로 사용하는 경우가 많으므로 물을 이용하여 스파를 진행할 때에는 전기선으로 인한 사고에 유의하여야 한다.

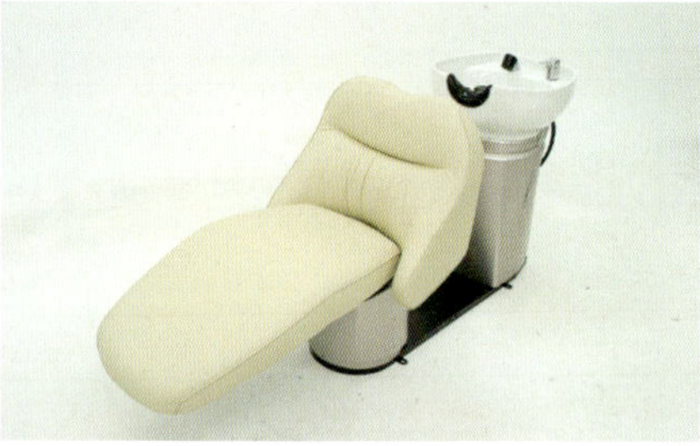

준비 상태

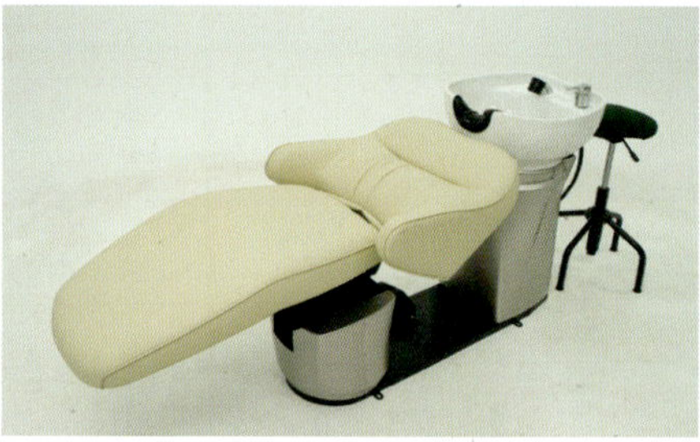

작업 상태

4. 스파 스툴(Spa stool)

(1) 스파 스툴의 조건

스파 스툴은 스파니스트가 시술 시에 앉는 의자로 스툴이 지면에 고정되어야 하며, 상판(방석)은 좌우, 앞뒤, 위아래로 자유롭고 용이하게 움직일 수 있어야 한다.

(2) 스파 스툴의 효과

힘을 주어 시술하여야 하는 스파니스트가 허리와 다리에 무리가 가지 않아야 한다. 그런 점에서 장시간 시술되는 헤드스파 과정에서 스파 스툴은 자유롭게 움직일 수 있어서 스파니스트가 편안하게 시술할 수 있도록 도움을 준다.

(3) 스파 스툴의 주의점

① 고정형 스파 스툴

다리가 고정된 형태인 스파 스툴의 경우, 스파 시술 시 안정적으로 고정형 스파 스툴에 안착할 수 있어 스파니스트가 편안하게 시술할 수 있게 돕는다.

② 오뚜기형 스파 스툴

오뚜기 형태 스파 스툴의 경우, 시술 시 두 다리와 발을 반드시 지면에 닿도록 하여 지탱해야 하지만, 테크닉을 다양하게 사용할 때에 편리하다.

고정형 스파 스툴

오뚜기형 스파 스툴

스파니스트의 자세

5. 탄산수

(1) 탄산수의 조건

좋은 탄산수는 1,000ppm(1L 안에 탄산가스가 1g) 이상이어야 한다.

(2) 탄산수의 효과

혈관 안까지 침투한 CO_2를 산소결핍으로 인식하여 혈관을 확장시켜 혈행을 촉진시키며 두피에 영양과 산소 공급이 원활해져 두피 건강에 도움을 준다. 또한 건강한 모발의 성장과 부드럽고 윤기 있는 상태에 도움을 준다.

① 모발이나 두피의 산화된 피지나 땀으로 인한 냄새 제거에 도움을 준다.

② 수돗물에 잔류하는 칼슘 이온을 제거하고 퍼머나 염색으로 손상된 모발의 pH를 약산성으로 조절하여 탄력 있고 매끄러운 모발로 유지시킨다.

③ 모공을 막고 있는 피지를 제거하여 청결한 두피 환경을 마련해 준다.

(3) 탄산수 사용의 주의점

1,000ppm의 탄산농도를 유지시켜야하며 이상적인 시술 소요 시간은 두피 침투를 고려하여 약 5분 이상이 적절하고 두피와 모발이 담구어진 상태로 유지하는 것이 좋다. 이는 흐르는 탄산수를 사용했을 경우 CO_2가 두피와 모발에 머무는 시간이 부족하여 충분한 침투의 효과를 기대하기 어렵기 때문이다.

Tip

탄산수는 세정용도로 사용하고 트리트먼트 후, 또는 염색 시술 후엔 사용에 주의해야 한다. 그 이유는 착색이 완성되기 전 탄산수가 강하게 분사되면 분사된 부위에 염모제가 착색되기 전에 씻겨 내려갈 수 있기 때문이다. 따라서 분사하는 방법보다는 액상화 작업을 이용한다.

6. 헤드스파에 도움이 되는 오일

(1) 호호바 오일(Jojoba oil)

① 호호바 오일의 성분

호호바 오일의 성분은 식물성으로, 각질층을 둘러싸고 있는 피지성분인 왁스 에스테르와 성분이 매우 유사하다.

호호바의 분자식	$CH_3(CH_2)$ 18COO(CH_2) 20CH_3
피지의 분자식	$CH_3(CH_2)$ 14COO(CH_2) 14CH_3

② 호호바 오일의 용도

두피의 각질이나 세포간지질을 파괴하지 않아 민감성 피부, 지성피부, 아토피성 피부염을 포함한 모든 피부에 안전하게 사용이 가능하다.

③ 호호바 오일의 효과

- 두피의 과산화지질을 제거하여 두피의 세포재생 · 정상화와 모발의 건강에도 도움이 된다.
- 두피의 과도한 피지를 억제시키고, 지루성 비듬의 제거와 건조로 인한 가려움증 저하, 비듬 개선 등에 도움을 준다.
- 비타민 A, 비타민 E, 미네랄, 아미노산 등의 영양 물질을 두피에 공급한다.
- 피지막 성분과 유사한 보호막의 형성으로 두피를 보호하고 보습 효과를 줄 수 있다.

(2) 아로마 시너지 오일(Aroma synergy oil)

① 아로마 오일의 효과

아로마 요법은 몸과 마음을 안정시키므로 헤드스파에 더욱 효과적이다.

② 증상(용도)에 따른 아로마 테라피

증상	아로마 오일
스트레스가 쌓이고 온몸이 피곤할 때	로즈마리, 라벤더, 레몬그라스, 일랑일랑
붓기가 느껴지고 두피에 염증이 있을 때	페퍼민트, 티트리
어깨 결림과 허리가 아플 때	싸이프러스, 유칼립투스, 라벤더, 페퍼민드, 로즈마리
불면증이 있을 때	라벤더
두통이 있을 때	라벤더, 캐모마일, 페퍼민트, 로즈마리
소화기 안될 때	페퍼민트, 레몬그라스, 캐모마일, 로즈마리

[학습 요점정리]

① 헤드스파의 주변기기는 샤워헤드, 고압 미스트, 헤드스파 샴푸대, 스파 스툴, 탄산수, 호호바 오일, 아로마 오일 등이 있다.

② 샤워헤드의 조건은 자유자재로 원활하게 움직여야 하며, 화학시술 후 잔여물 제거, 물과 샴푸제의 의한 잦은 시술로 시술자의 손이 거칠어질 수 있기 때문에 피부에 잔여하고 있는 세제 찌꺼기 등의 세척에 용이하여야 한다.

③ 고압 미스트의 조건에서 초미립자의 상태로 자연스럽게 모발 내부에 침투한 김의 상태는 수분으로 인한 모표피의 팽윤을 촉진시킬 수 있는데, 이는 약제의 효과를 극대화시키며 모발 내부에 수분을 공급하여 손상된 모발을 보호하여 건강하고 아름다운 모발로 이끄는 데 도움을 줄 수 있다.

④ 헤드스파 샴푸대는 시술 과정이 장시간 진행되므로 샴푸의자가 안락해야 한다.

⑤ 오뚜기형 스파 스툴일 경우 상판(방석)은 좌우, 앞뒤, 위아래로 자유롭고 용이하게 움직일 수 있는 장점이 있다.

⑥ 탄산수의 효과는 모발이나 두피의 산화된 피지나 땀으로 인한 냄새의 제거, 칼슘 이온 제거, 손상된 모발의 pH를 약산성으로 조절하여 탄력 있고 매끄러운 모발로 유지시킨다.

⑦ 호호바 오일의 성분은 식물성으로, 각질층을 둘러싸고 있는 피지 성분인 왁스에스테르와 성분이 매우 유사하며, 피지를 억제시키고, 지루성 비듬의 제거와 건조로 인한 가려움증 저하, 비듬 개선 등에 도움을 준다. 또한 피지막 성분과 유사한 보호막의 형성으로 두피를 보호하고 보습 효과를 줄 수 있다.

⑧ 아로마 요법은 몸과 마음을 안정시키므로 헤드스파에 더욱 효과적이다.

학습평가 문제

01 샤워헤드의 조건으로 옳은 것은?

① 화학적 시술 후 스파를 위한 것이 아니다.
② 헤드스파는 탄산수만을 사용해야 한다.
③ 샤워헤드의 회전은 자유자재로 원활하게 움직여야 한다.
④ 피부에 잔여하고 있는 세제 찌꺼기 등은 제거하기 어렵다.

02 헤드스파 샴푸대의 조건으로 옳지 **못한** 것은?

① 샴푸의자가 안락해야 한다. ② 편안함을 줄 수 있도록 한다.
③ 냉 · 온수가 나와야 한다. ④ 고압이여야 한다.

03 고압 미스트의 효과로 옳지 **못한** 것은?

① 모발 내부에 수분을 공급해 준다.
② 시술시간을 단축시켜 주다
③ 약제의 효과를 최대화시켜 준다.
④ 절수에 효과적이다.

04 호호바 오일의 효과에 대한 설명으로 옳지 **못한** 것은?

① 두피의 과산화 지질을 제거한다.
② 두피의 세포재생 · 정상화와 모발의 건강에도 도움이 된다.
③ 두피의 세포재생과 정상화를 시키지만 모발엔 도움이 되지 않는다.
④ 보호막을 형성하여 두피를 보호한다.

05 탄산수의 효과로 옳은 것은?

① 모발이나 두피의 산화된 피지나 땀으로 인한 냄새 제거에 도움을 준다.
② 수돗물에 잔류하는 칼슘 이온을 제거하고, 파마나 염색으로 손상된 모발의 pH를 약알갈리로 소설해 준나.
③ 모공을 막고 있는 피지를 제거할 수는 없으나 청결한 두피 환경을 마련해 준다.
④ 두피와 모발에는 흐르는 물을 사용한다.

마무리 학습 체크

1. 헤드스파 시술 시 필요한 주변기기를 3개 이상 나열하시오.

2. 스파 스툴의 조건을 나열하시오.

3. 호호바 오일의 효과를 나열하시오.

평가항목의 성취지표 수준

학습내용	평가항목	성취지표				
		1	2	3	4	5
마이크로미터 헤드	마이크로미터 헤드의 조건을 설명할 수 있는 지식					
	마이크로미터 헤드의 효과를 설명할 수 있는 지식					
	마이크로 미터 샤워헤드를 이해하고 설명할 수 있는 지식					
고압 미스트	고압 미스트의 조건을 설명할 수 있는 지식					
	고압 미스트의 효과를 설명할 수 있는 지식					
헤드스파 샴푸대	헤드스파 샴푸대의 조건을 설명할 수 있는 지식					
	헤드스파 샴푸대의 효과를 설명할 수 있는 지식					
탄산수	탄산수의 효과를 설명할 수 있는 지식					
	탄산수 사용의 주의점을 설명할 수 있는 지식					
호호바 오일	호호바 오일의 용도를 설명할 수 있는 지식					
	호호바 오일의 효과를 설명할 수 있는 지식					
	고객에게 불편함을 주지 않도록 스케일링제가 얼굴로 흐르지 않게 하는 지식					
아로마테라피	증상에 따른 아로마의 효과를 설명할 수 있는 지식					

평가항목의 성취수준 피드백

학습내용	평가항목	성취수준				
		매우 미흡	미흡	보통	우수	매우 우수
		①	②	③	④	⑤
마이크로미터 헤드	마이크로미터 헤드의 조건을 설명할 수 있는 능력					
	마이크로미터 헤드의 효과를 설명할 수 있는 능력					
	마이크로미터 샤워헤드를 이해하고 설명할 수 있는 능력					
고압 미스트	고압 미스트의 조건을 설명할 수 있는 능력					
	고압 미스트의 효과를 설명할 수 있는 능력					
헤드스파 샴푸대	헤드스파 샴푸대의 조건을 설명할 수 있는 능력					
	헤드스파 샴푸대의 효과를 설명할 수 있는 능력					
탄산수	탄산수의 효과를 설명할 수 있는 능력					
	탄산수 사용 시 주의점을 설명할 수 있는 능력					
호호바 오일	호호바 오일의 용도를 설명할 수 있는 능력					
	호호바 오일의 효과를 설명할 수 있는 능력					
아로마테라피	증상에 따른 아로마의 효과를 설명할 수 있는 능력					

3. 헤드스파 룸

학습목표

1. 고객의 두피와 모발 상태를 파악하고 상담할 수 있다.
2. 고객의 두피와 모발 상태를 알고 개선 방법을 제시할 수 있다.
3. 연령에 따른 두피 상태를 이해할 수 있다.
4. 헤드스파 시술 전 주의사항을 익히고 헤드스파를 준비할 수 있다.
5. 헤드스파 시술 과정을 이해하고 주의사항을 익힐 수 있다.

[Keyword] 헤드스파 룸, 헤드스파 상담, 스파니스트, 두피 머니퓰레이션

1. 음향과 조명

① 신경을 거슬리는 음악은 피하는 것이 좋다.

② 가급적 자연의 소리나, 화이트 노이즈(힐링뮤직, 자연의 소리)와 같은 음악을 준비한다.

③ 조도를 조절할 수 있는 조명이 적합하며 헤드스파 시 심신을 편안하게 할 수 있는 낮은 조도를 준비하는 것이 좋다.

2. 헤드스파 룸의 환경

① 스파실은 환기가 용이하고 채광이 잘 드는 곳이 효과적이며 청결하게 정도되어 있어야 한다.

② 헤드스파 룸은 고립된 밀실보다는 넓게 트인 곳이 효과적이다.

③ 스파실에서 사용하는 기자재는 샴푸 체어, 마이크로 미스트, 고압 스티머 등이 있으며, 리페어링에 필요한 도구로 볼, 실리콘 브러시, 가는 빗, 굵은 빗, 샴푸 어플리케이터, 타월, 케이프, 미스트 캡, 온장고, 가운, 슬리퍼, 담요, 아로마 오일이 준비되어야 한다.

정돈이 되어 있지 않은 모습

정돈이 되어 있는 모습

환기가 필요치 않을 때 창의 모습

환기가 필요할 때 열린 창의 모습

Tip

① 고립된 밀실은 눈을 감은 고객의 모든 감각을 민감하게 만들어 세포 스스로를 방어자세로 만들기 때문에 헤드스파의 방해요소가 될 수 있다.

② 리페어링(repairing) – 모발이 손상으로부터 회복되도록 돕는 트리트먼트의 개념으로 이로 인하여 원하는 디자인을 살릴 수 있도록 스타일링의 재현성을 돕는다.

3. 헤드스파에 필요한 상담(기술편)

(1) 헤드스파 시술 시 상담 체크

1) 상담

① 상담이란 고민이나 문제를 안고 있는 사람에게 해결책을 제안하는 것이다.

② 스파니스트는 고객의 만족도를 높이려면 고객의 요청에 귀기울여야만 한다.

③ 두피의 상태는 매일 변하고 있으므로 두피의 상태를 파악하는 것이 중요하며, 두피가 손상되었다면 그 원인과 개선 방법 등을 조언해 주는 것이 스파니스트의 역할이다.

④ 스파니스트는 고객과의 상담 시 상담 체크 포인트로 고객의 두피에 대한 인식, 매일 변하고 있는 두피와 모발의 컨디션 및 손상에 따른 그 원인을 추정하고 이에 대한 개선책을 찾아 조언 및 제시까지 할 수 있어야 한다.

⑤ 헤드스파 상담 시 고객의 생각을 부정하거나 스파니스트의 가치관을 강요하지 않고 고객을 안심시킬 수 있는 대화법을 사용하는 것이 중요하다.

2) 상담 고객의 연령별 주요 특징

불규칙적인 생활환경은 두피나 모발에 좋지 못한 영향을 미칠 수 있으며 모발의 건강 상태는 그 사람의 생활환경을 반영한다.

연령	특징
20대	• 모발의 영양 상태는 양호하며, 피지분비가 왕성하여 두피나 모공이 막히는 경우가 많으므로 이마에 여드름이 발생할 수 있는 시기이다.
30대	• 잦은 파마나 염색 등의 화학적 시술로 인한 모발이나 두피의 악화는 모발의 유 · 수분 부족을 초래한다. • 음주나 흡연, 다이어트 등은 모발과 두피에 스트레스의 원인을 제공하며 모발의 손상을 악화시킨다.
40대	• 스트레스나 생활환경의 변화, 기초대사의 저하 등으로 모발의 영양부족이 만성화되는 시기이다. 또한 흰머리의 비율이 높아지면서 주기적인 염색이 필요한 시기로 이로 인하여 두피와 모발이 손상될 수 있다.

3) 상담기법

고객에게 헤드스파에 대한 흥미를 유발하기 위하여 가능한 한 세심하게 설명하며, 심리적 안정과 편안함을 위하여 조명의 밝기를 낮추고 안락한 분위기를 준비하며 시술 과정 및 효과에 대하여 안내한다. 고객과의 편안한 상담을 진행하기 위하여 아로마 오일을 준비한다.

Tip

준비 체크

① 리프레쉬, 에너지 부족 : 뭉친 곳을 제대로 풀어주고 고객의 리듬에 맞추어 시술한다.

② 릴랙제이션 : 조명의 밝기를 낮추고 안락한 분위기를 준비하도록 한다.

③ 흥미 : 가능한 한 세심하게 설명하며, 고객의 관심을 유도하며 시술한다.

④ 특별한 지병, 생리주기, 수면시간, 식습관, 음주 및 흡연 등을 체크한다.

4) 스캘프 체크의 3가지 방법

촉진

시진
(경우에 따라 진단기를 사용하기도 한다)

문진

① 촉진(손으로 만지고 상태를 확인)

case 1	두피가 단단하다.	혈액순환이 원활하지 않아 눈의 피로, 어깨 결림 등의 현상이 수반된다.
case 2	두피가 말랑말랑하다.	원활하지 않은 체액의 흐름으로 부종이 발생하며, 생리 중에도 일어날 수 있다.
case 3	손가락으로 누르면 움푹 들어간다.	몸의 부종과 같은 상태로, 대사가 나쁘고 노폐물이 뭉쳐있을 때 이러한 증상이 나타난다.
case 4	손가락이 반질반질해진다.	피지가 과도하게 두피에 분비되어 있는 상태로, 땀의 양, 샴푸제와 샴푸습관을 체크해야 한다.

② 시진(눈으로 보고 상태를 확인)

case 1	약간 갈색을 띄고 있다.	피지량이 많을 경우 발생하며, 멜라닌 색소의 짐작으로 칙칙해 보이고 두피색이 까맣게 어두운 경우가 많다.
case 2	창백하다.	윤기가 있다면 건강하다는 신호이지만, 하얀색이 눈에 띄고 푸석푸석해 보인다면 건조한 상태이다. 특히 피부가 하얀 경우 많이 발생한다.
case 3	연한 핑크색이다.	전체적으로 혈액순환이 활발한 경우에 나타나며 피곤할 때 두피가 부분적으로 붉어진 부분이 있다면 염증일 가능성이 있으니 문진으로 확인할 필요가 있다.
case 4	습진이 있다.	헹구어도 샴푸제가 남거나, 끈적임이 있는 경우는 지루습진에 해당되며, 푸석푸석하다면 건성 습진에 해당된다.

③ 문진(구두로 문진하여 상태를 확인)

case 1	얼굴에 여드름이 있다.	피지 분비량이 많다.
case 2	눈, 코 주변이 건조하다.	피지 분비량이 적다.
case 3	염색이나 파마 때문에 건조하다.	알칼리제에 민감하며, 염증이나 건조를 일으키기 쉬운 피부이다.
case 4	가려운 증세가 있다.	땀으로 눅눅해진 상태로, "촉진"과 "시진"으로 확인이 필요하다. 피지의 끈적임이나 건조로 인하여 두피가 민감해지고 잡균이 번식할 수 있다.

4. 헤드스파의 릴랙제이션(기술편)

헤드스파에서의 릴랙제이션은 테크닉의 개념보다는 손의 머니퓰레이션을 통한 고객과의 감성적인 소통과, 교감을 중요시하는 상호 커뮤니케이션이 필요하다.

(1) 시술 시작 전 스파니스트의 준비사항

① 동선의 최소화를 위하여 필요한 도구 및 기구는 스파니스트 가까운 곳에 위치시킨다.

② 원활한 커뮤니케이션은 릴랙제이션을 위한 것이라는 마음가짐으로 준비한다.

③ 시술자 자신의 마음가짐이 중요하므로 서두르거나 불쾌한 감정으로는 완벽한 시술을 진행할 수 없다. 그러므로 먼저 마음을 가라앉히고 복식호흡을 하도록 한다.

④ 손의 온도를 따뜻하게 한다. 차가운 손으로 누르면 근육이 긴장하게 되며 마사지의 효과를 떨어트린다. 그러므로 헤드스파를 시작할 시엔 손의 온도를 체크하는 것이 중요하다.

⑤ 시술 시작 전 스파니스트의 두발은 정돈된 상태로 준비하고, 액세서리는 착용하지 않는 것이 좋다.
⑥ 물수건은 스팀기에 넣어 보관해 놓도록 한다.
⑦ 헤드스파 시, 약제 냄새가 나면 불쾌감을 줄 수 있으므로 샌달우드 및 아로마 향을 부스용으로 비치하여 시술 공간에서 사용하도록 한다.

(2) 헤드스파 전 고객의 준비사항

① 헤드스파 시술 시간이 길어질 수 있으므로 화장실 이용여부를 물어본다.
② 헤드스파 시술 전 카페인이 들어간 음료를 가급적 권하지 않는다.
③ 스파 룸이 처음인 고객이라면 샴푸대에 앉는 방법부터 상세히 설명한다.
④ 샴푸대가 반듯한 상태에서 고객을 그대로 눕히면 머리에 피가 쏠리는 현상이 일어나 불편을 드릴 수 있으므로, 다리 밑으로 타월이나 쿠션을 받쳐 두면 편안하다.
⑤ 고객의 신발은 벗어서 옆으로 단정히 정돈시켜 놓거나, 신발 벗기를 꺼려하는 경우에는 가벼운 타월로 살짝 덮어 준다.

(3) 헤드스파가 끝난 후 고객의 주의점

고객을 편안한 위치로 안내한다.

안락함을 주기 위하여 담요를 덮어 준다

① 음주와 흡연은 삼가는 것이 좋다.
② 격한 운동을 피하는 것이 좋다.
③ 과다한 식사와 기름진 음식은 피하는 것이 좋다.
④ 물을 많이 섭취하는 것이 좋다.
⑤ 몸을 따뜻하게 하는 것이 좋다.

(4) 헤드스파 시술 시 주의점

① 힘 조절

- 기본자세는 "그릇모양"으로 다섯 손가락 모두 제1관절에 밀착한다.
- 손가락 끝만이 아니라 팔꿈치, 어깨, 상반신 전체를 사용한다.
- 천천히 힘을 넣고 조용히 힘을 뺀다. "포근하게 감싸주는 듯한 느낌"을 지향한다.

② 위치

- 양손은 좌우 똑같이 움직인다.

③ 온도

- 제품의 흡수를 높이기 위해 따뜻한 온도로 유지한다.
- 릴랙제이션과 수면을 유도하기 위하여 따뜻한 온도로 유지한다.

④ 리듬

- 호흡에 맞추어 손의 리듬도 일정하게 유지한다.
- 각 기술의 스타트 위치에 손을 얹고, 잠시 숨을 고르고 시작한다.

⑤ 제품 도포

- 제품의 특징을 이해하고, 효과를 낼 수 있도록 충분히 숙지하도록 한다.
- 도포 방법이 편안하고 아름답게 보이도록 한다.

5. 두피의 개선·증진 효과가 있는 두피 머니퓰레이션

(1) 머니퓰레이션은 속도가 중요하며 두피의 개선에 효과를 줄 수 있는 1초에 5cm 전후의 속도가 최상의 릴랙제이션이 될 수 있다.

1초간 5cm	가장 기분 좋게 느끼고, 부교감신경이 높아져 릴랙스 효과를 기대할 수 있다.
1초간 20cm	교감신경이 자극되어 흥분 상태가 될 수 있다.

(2) 손의 움직임과 속도의 중요성

① 손이 움직이는 속도에 의한 자극에 따라 교감신경과 부교감신경에 전달되는 자극 정도가 달라진다.

② 자율신경에는 교감신경과 부교감신경이 존재하며 교감신경은 주로 긴장의 상태를 유지하고 부교감신경은 휴식 상태를 유지시킨다.

6. 두피 머니퓰레이션의 종류

① 경찰법

압력없이 쓰다듬는다. 가볍게 문지른다.	
효능	긴장의 완화, 혈액이나 림프의 흐름을 촉진시킨다.
개념	헤드스파의 기술을 받아들이기 쉽게 하기 위한 머니퓰레이션의 마무리이다. 모류의 흐름에 따라 쓰다듬으면 흥분을 가라앉혀 안정감을 주는 것도 가능하다.

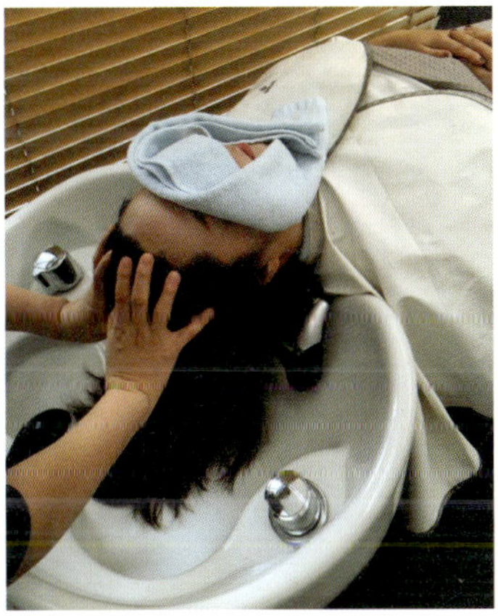

② 강찰법

피부를 누르며 문지른다. 압력을 가한다.	
효능	근육에 자극을 주어 대사를 촉진시키고 두피의 노폐물을 배출한다.
개념	강찰법은 샴푸 기술의 일종이다. 청량감을 위하여 토닉과 샴푸 등의 두피 · 모발 화장품류를 골고루 바르도록 한다.

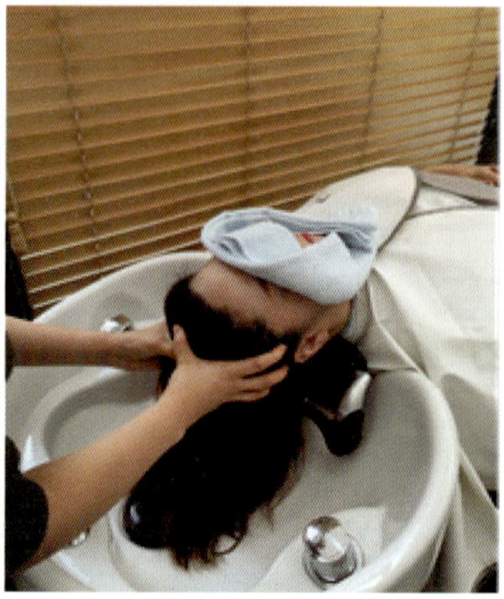
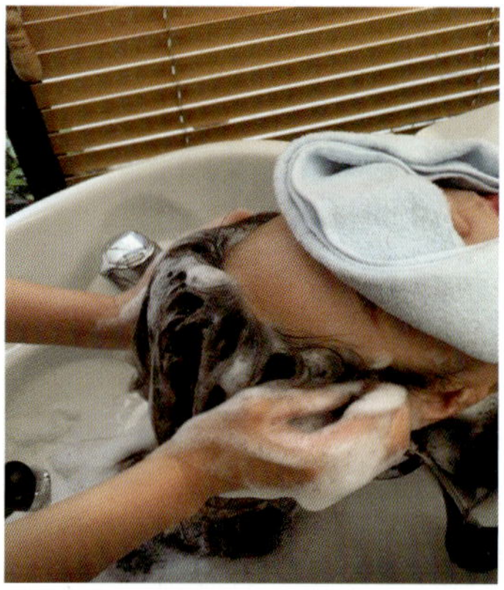

③ 두상의 혈점 누르기

지문 부분으로 누른다.	
효능	체액의 순환을 향상시킨다.
개념	혈액이나 림프의 흐름을 촉진시키기 위하여 두피의 지압점을 누르는 방법이다.

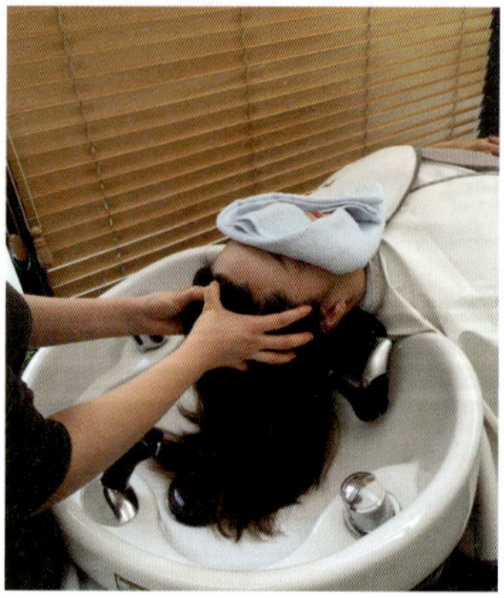
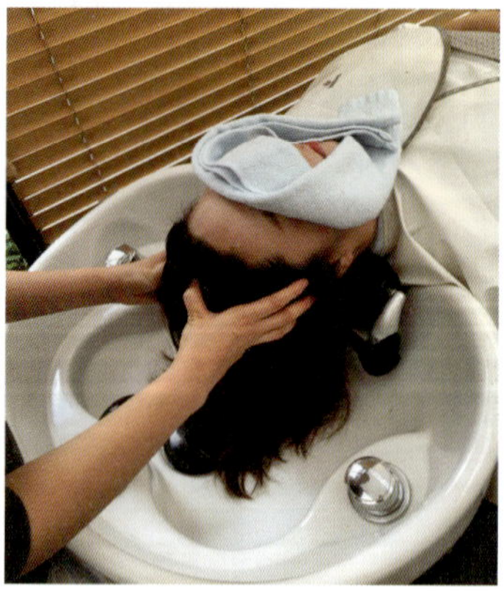

④ 주무르기 법(유념법)

주물러서 부드럽게 한다. 피부를 모은다.	
효능	피부 및 근육을 유연하게 하여 혈액이나 림프의 흐름을 촉진시킨다.
개념	근육의 방향이나 순환 방향에 맞추어 진행하며, 센터파트를 향하여 당겨주는 방법이다.

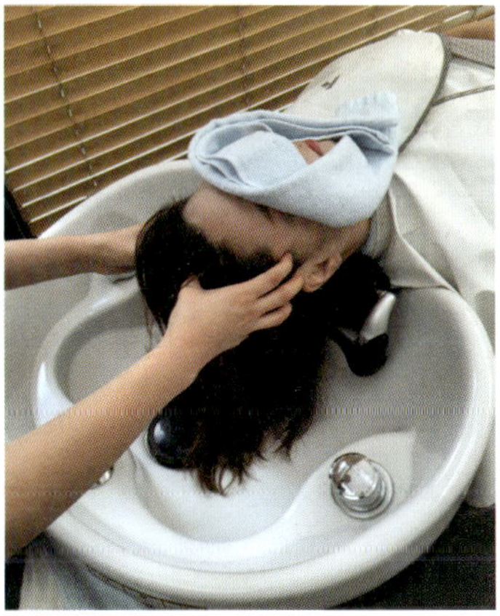
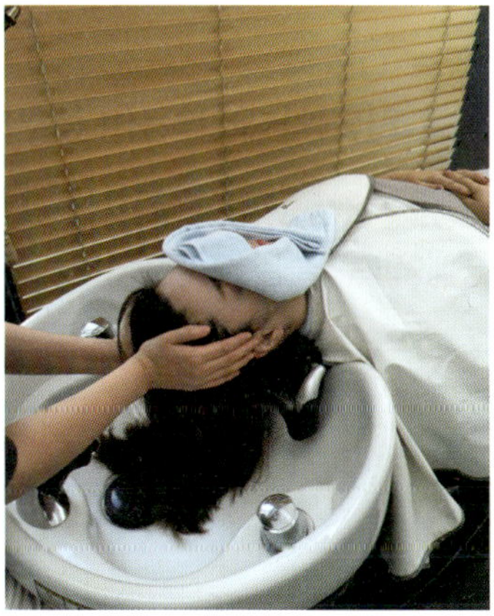

⑤ 압박법

압박한다.	
효능	근육, 신경의 흥분을 완화시켜 준다.
개념	단발성으로 하는 경우와 지속적으로 하는 경우가 있다.

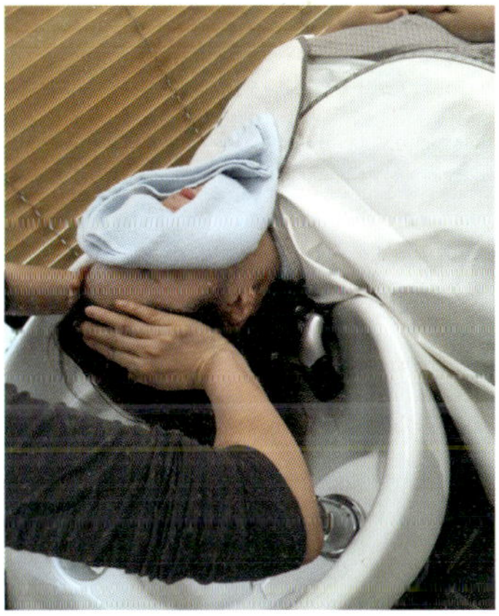
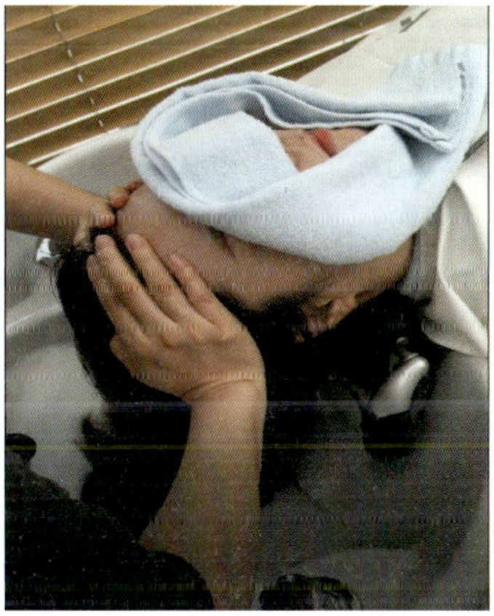

⑥ 고타법

리듬을 타듯이 가볍게 두드린다.	
효능	신경기능을 조절해 준다.
개념	손가락의 지문부분으로 진행하는 경우를 "태핑" 손바닥의 측면으로 진행하는 경우를 "해킹"이라고 한다.

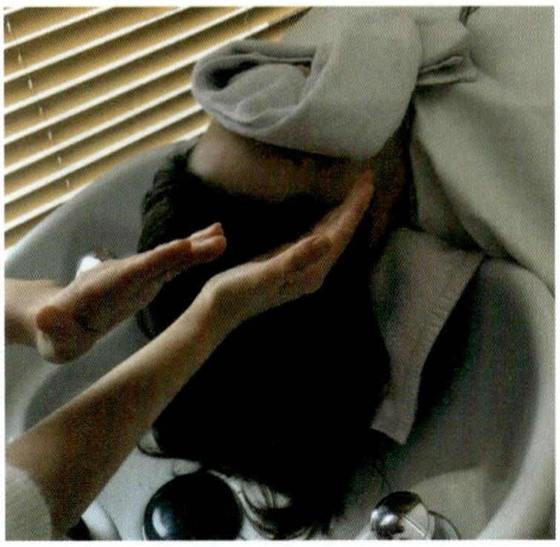

해킹

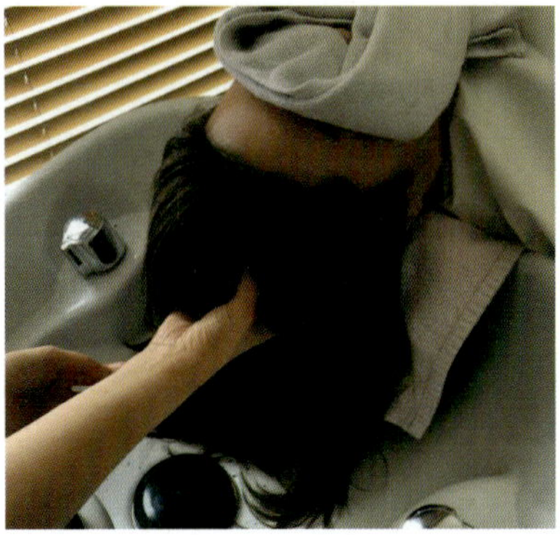

태핑

Tip

헤드스파로 인해 힐링을 할 수 있는 이유는?

손의 머니퓰레이션으로 인하여 근육이 이완되고 정신적인 안정감을 찾게 된다. 가벼운 불면증, 두통, 이명, 수면부족, 우울증, 무기력증 등의 완화에 도움이 된다. 특히 잠들기 전의 두피마사지는 심신의 안정과 스트레스 완화 효과에 도움을 줄 수 있다. 또한 헤드스파 관리 후 노폐물과 독소가 배출되어 몸이 더욱 가벼워진다.

두상의 부위별 근육

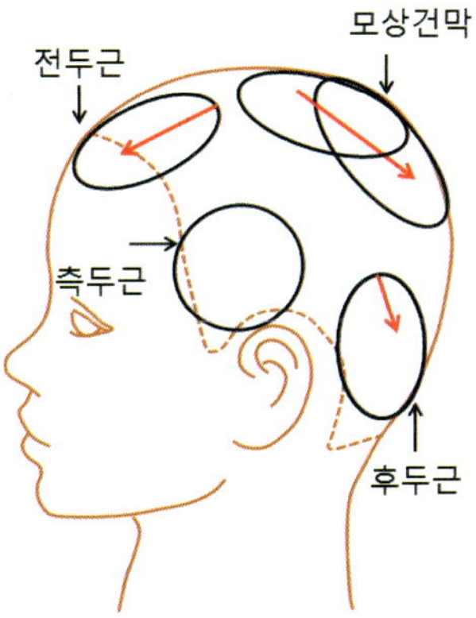

① 전두근

개념	눈썹에서 이마방향으로 길게 뻗어 있는 근육을 말한다.
효과	이곳을 풀어주면 눈이 맑아질 수 있다.

② 측두근

개념	머리의 측면에 분포하고 있는 근육을 말한다.
효과	이곳을 풀어주면 리프트업의 효과가 있다.

③ 모상건막

개념	머리의 상부를 덮고 있는 근막이다. 단단한 건막으로 이루어져 있다.
효과	이곳을 풀어주면 여드름 개선, 다크 서클, 주름의 개선효과가 있다.

④ 후두근

개념	머리의 후두부를 덮고 있는 피근이다.
효과	이 곳을 풀어주면 목, 어깨 뭉침, 눈의 피로에 효과적이다.

[학습 요점정리]

① 고객을 맞이하기 전에 스파 룸의 준비사항을 체크한다.
② 신경에 거슬리는 음악은 피하는 것이 좋으며, 조도를 조절할 수 있는 조명이 좋다.
③ 스파실은 환기가 용이하고 채광이 잘 드는 곳이 효과적이며 청결하게 정돈되어야 한다.
④ 헤드스파 룸은 고립된 밀실 보다는 넓게 트인 곳이 좋다.
⑤ 스파실에서 사용하는 기자재는 샴푸 체어, 마이크로 미스트, 고압 스티머 등이 있으며, 리페어링에 필요한 도구로 볼, 실리콘 브러시, 가는 빗, 굵은 빗, 샴푸 어플리케이터, 타월, 케이프, 미스트 캡, 온장고, 가운, 슬리퍼, 담요, 아로마 오일이 준비되어야 한다.
⑥ 상담이란 고객의 고민이나 문제를 인식하여 해결책을 제안하는 것이다.
⑦ 고객에게 헤드스파에 대한 흥미를 유발하기 위하여 가능한 한 세심하게 설명하며, 심리적 안정과 편안함을 위하여 조명의 밝기를 낮추고 안락한 분위기를 준비하며 시술 과정 및 효과에 대하여 안내한다.
⑧ 스캘프 체크 3가지 방법으로는 촉진, 시진, 문진의 진단법이 있다.
⑨ 스파니스트는 시술 도중 고객의 변화를 체크하여야 한다.
⑩ 동선의 최소화를 위하여 필요한 도구 및 기구는 스파니스트 가까운 곳에 위치시킨다.
⑪ 원활한 커뮤니케이션은 릴랙제이션을 위한 것이라는 마음가짐으로 준비하며 서두르지 않는다.
⑫ 헤드스파를 시작할 시에는 손의 온도를 체크하는 것이 중요하다.
⑬ 고객에게 카페인이 들어간 음료는 되도록 피하도록 하며, 시술이 장시간 진행되므로 화장실을 먼저 다녀오도록 한다.
⑭ 헤드스파 시술 후엔 음주나 흡연을 피하도록 하며, 물을 많이 섭취하도록 권한다.
⑮ 헤드스파 시술 시, 힘 조절, 손의 위치, 온도, 리듬, 제품의 도포 등을 고려하여 시술한다.
⑯ 손이 움직이는 속도에 의한 자극에 따라 교감신경과 부교감신경에 전달되는 자극 정도가 달라진다. 자율신경에는 교감신경과 부교감신경이 존재하며 교감신경은 주로 긴장상태를 유지하고 부교감신경은 휴식 상태를 유지시킨다.
⑰ 헤드스파 기술에는 경찰법, 강찰법, 지압법, 유념법, 압박법, 고타법 등이 있다.

학습평가 문제

01 헤드스파 룸의 음향과 조명에 관한 설명으로 옳지 **못한** 것은?

① 신경을 거슬리는 음악은 피하는 것이 좋다.
② 가급적 자연의 소리나, 화이트 노이즈와 같은 음악은 피한다.
③ 낮은 조도를 준비하는 것이 좋다.
④ 조도를 조절할 수 있는 조명이 적합하다.

02 헤드스파 룸에 관한 설명으로 옳은 것은?

① 스파실은 환기가 용이하나 음침한 곳이 좋다.
② 헤드스파 룸은 고립된 밀실이 좋다.
③ 청결하게 정돈되어 있어야 한다.
④ 어느 곳이든 상관없다.

03 헤드스파에 필요한 상담내용으로 옳지 **못한** 것은?

① 손상이 되었다면 그 원인과 개선 방법 등을 조언한다.
② 모발의 컨디션 및 손상도를 체크한다.
③ 두피의 상태를 파악한다.
④ 고객의 거주지를 파악한다.

04 헤드스파 시, 준비 체크로 옳지 **못한** 것은?

① 흥미 : 스파에 대한 고객의 관심도를 말한다.
② 리프레쉬, 에너지 부족 : 뭉친곳을 제대로 풀어주고 고객의 리듬에 맞추어 시술한다.
③ 릴렉제이션 : 조명의 밝기를 낮추고 안락한 분위기를 준비하도록 한다.
④ 특별한 지병, 생리주기, 수면시간, 식습관, 음주 및 흡연 등은 중요하지 않다.

05 고객의 스캘프 체크의 3가지 방법 중 **다르게** 짝지어진 것은?

① 촉진-손으로 만지고 상태를 확인
② 문진-구두로 질문하여 상태를 확인
③ 시진-눈으로 보고 상태를 확인
④ 문진-도구를 이용하여 상태를 확인

06 두피 머니퓰레이션의 종류로 **잘못** 짝지어진 것은?

① 경찰법-가볍게 문지른다.
② 강찰법-피부를 누르며 문지른다.
③ 지압법-압력 없이 쓰다듬는다.
④ 유념법-주물러서 부드럽게 한다.

마무리 학습 체크

1. 헤드스파 룸의 환경에 대하여 서술하시오.

2. 헤드스파의 시술시작 전 스파니스트의 준비 사항을 나열하시오.

3. 두피 머니퓰레이션의 기술에 대해 설명하시오.

4. 시진, 촉진, 문진에 대하여 설명하고, 진행하는 과정 모습을 찍어서 다음 칸에 첨부하시오.

평가항목의 성취지표 수준

학습내용	평가항목	성취지표				
		1	2	3	4	5
헤드스파 룸	헤드스파 룸의 음향과 조명을 이해하고 설명할 수 있는 지식					
	헤드스파 룸에서 쓰이는 도구를 숙지하고 설명할 수 있는 지식					
	헤드스파 룸의 환경을 이해하고 설명할 수 있는 지식					
헤드스파에 필요한 상담	상담 체크 포인트를 이해하고 설명할 수 있는 지식					
헤드스파의 릴랙제이션 기술편	시술 시작 전 주의 사항을 이해하고 설명할 수 있는 지식					
	시술 시 주의점을 이해하고 설명할 수 있는 지식					
두피 머니퓰레이션의 효과	머니퓰레이션의 두피 개선 · 증진 효과를 이해하고 설명할 수 있는 지식					
두피 머니퓰레이션의 종류	머니퓰레이션의 종류를 이해하고 설명할 수 있는 지식					
	머니퓰레이션의 효과 및 개념을 이해하고 설명할 수 있는 지식					

평가항목의 성취수준 피드백

학습내용	평가항목	성취수준				
		매우 미흡	미흡	보통	우수	매우 우수
		①	②	③	④	⑤
헤드스파 룸	헤드스파 룸의 음향과 조명을 이해하고 설명할 수 있는 능력					
	헤드스파 룸에서 쓰이는 도구를 숙지하고 설명할 수 있는 능력					
	헤드스파 룸의 환경을 이해하고 설명할 수 있는 능력					
헤드스파에 필요한 상담	상담 체크 포인트를 이해하고 설명할 수 있는 능력					
헤드스파의 릴랙제이션 기술편	시술 시작 전 주의 사항을 이해하고 설명할 수 있는 능력					
	시술 시 주의점을 이해하고 설명할 수 있는 능력					
두피 머니퓰레이션의 효과	머니퓰레이션의 두피 개선 · 증진 효과를 이해하고 설명할 수 있는 능력					
두피 머니퓰레이션의 종류	머니퓰레이션의 종류를 이해하고 설명할 수 있는 능력					
	머니퓰레이션의 효과 및 개념을 이해하고 설명할 수 있는 능력					

4. 헤드스파의 순서

학습목표

1. 헤드스파 시술 전 스파니스트의 준비사항을 알 수 있다.
2. 헤드스파 시술 순서를 익힐 수 있다.
3. 헤드스파의 순서별 기술을 이해하고 기술할 수 있다.
4. 기술에 따른 그 의미를 이해할 수 있다.
5. 헤드스파 시술을 통하여 고객을 릴랙제이션으로 이끌 수 있다.

[Keyword] 강찰법, 샴푸 머니퓰레이션, 지압법, 유념법, 고타법, 압박법

1. 헤드스파의 단계

준비단계	시술단계	마무리
진단 카드 작성	두피와 모발에 충분한 수분의 도포	타월 드라이
카운슬링	클렌징제 선별	타월로 감싸서 고객을 일으키기(갑자기 일어날 경우 어지러울 수 있으므로 천천히 이동)
프로그래밍	충분한 거품 생성	빠른 템포로 어깨와 팔을 가볍게 풀어주기
헤드스파 전 유의사항 전달	샴푸 머니퓰레이션 (2회 시술)	세트 경대로 안내
스파실 환경 체크	충분히 헹군 후 컨디셔너 또는 트리트먼트	헤드스파 시술 후 주의사항 전달
자리 안내	혈점을 자극하여 지압하기	
어깨보 착용	강약 조절하여 두피 머니퓰레이션	
자리에 눕히기	두상을 감싸 타월 스파 (따뜻한 물) 아로마 테라피를 이용하는 것도 효과적임	
페이스 커버	두피와 모발 헹구기	
담요 덮어드리기		

2. 헤드스파의 순서

오일 도포
↓
경찰법
↓
물로 씻어내기
↓
어플리케이터를 이용한 거품내기(강찰법)
↓
샴푸 머니퓰레이션(강찰법)
↓
지압법
↓
지압법으로 노폐물 밀어내기
↓
유념법(주무르기)으로 노폐물 밀어내기
↓
귀주변의 림프 흐름
↓
거품내기

▶

물로 씻어내기
↓
리페어링하기
↓
유념법
↓
지압법
↓
지압법으로 노폐물 밀어내기
↓
귀주변의 림프 흐름
↓
압박법
↓
타월 스파 시 타월 감싸기
↓
고타법

(1) 호호바 오일 도포하기

• 호호바 오일은 피부에 보호막을 만들며 과산화지질과 같은 오염물을 제거하는 데 뛰어난 효과가 있다.

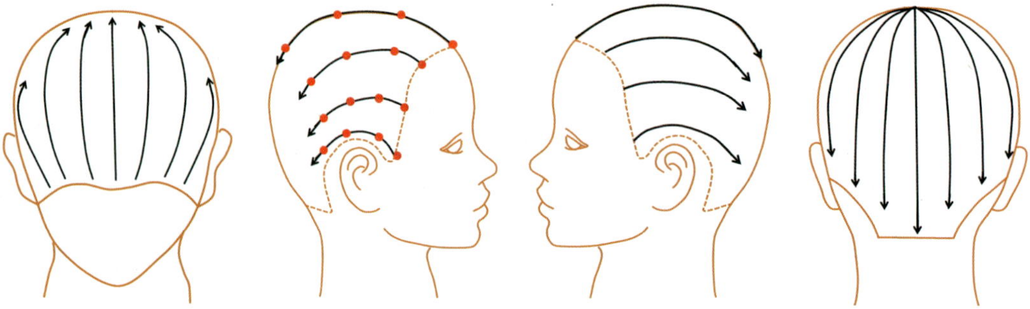

오일 도포 순서

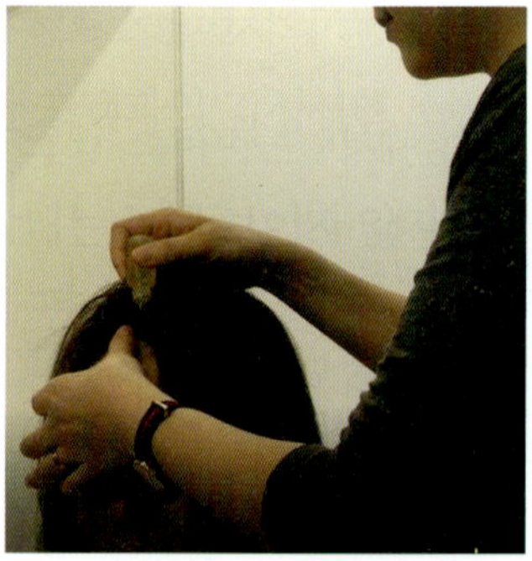

① 엄지의 지문 부위를 신정에 댄 후 오일 한 방울씩을 신정~정수리까지 3~4회 나누어 점을 찍듯 떨어뜨린다.

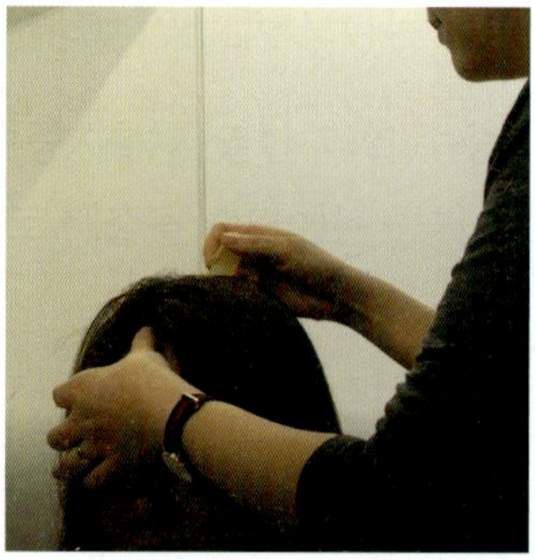

② 신정에 위치했던 엄지손가락으로 정수리까지 문지르듯이 밀어 준다.

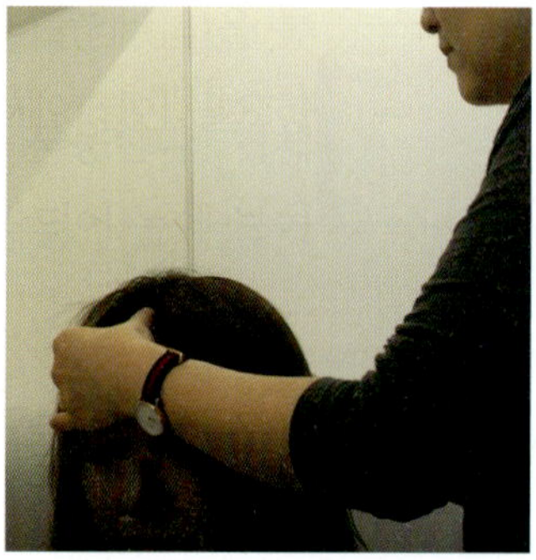

③ ①, ②번 동작 시 오일이 얼굴 주변으로 흐르지 않도록 주의하며 적당한 속도로 진행한다.

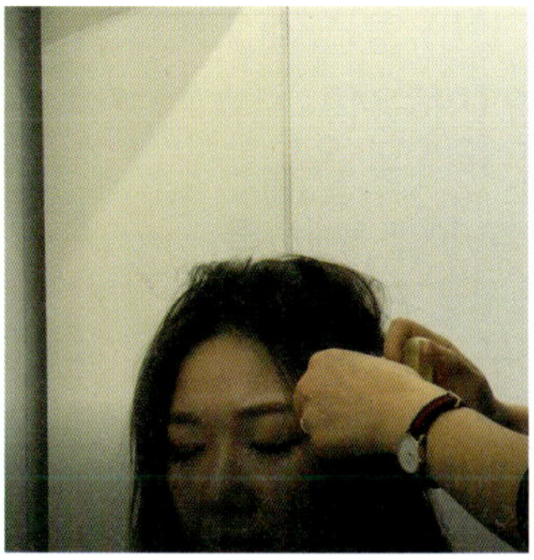

④ 섹셔닝은 새끼손가락을 이용하여 1~2cm씩 진행한다.

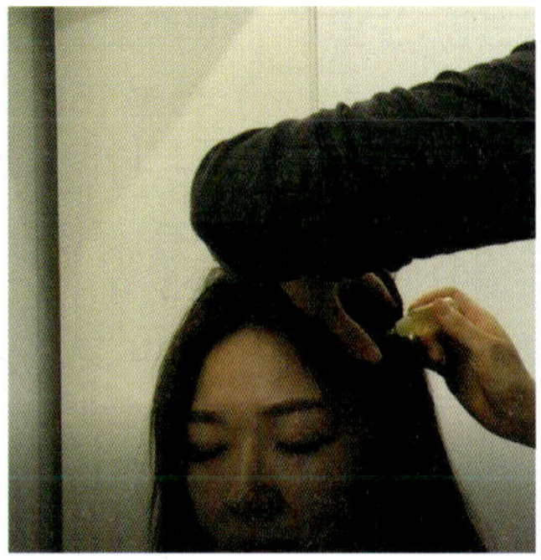

⑤ 모발 고정 시 핀셋을 사용하지 않도록 하며, 흘러내리는 스트랜드 다발은 오일을 들지 않은 다른 손으로 잡아 준다.

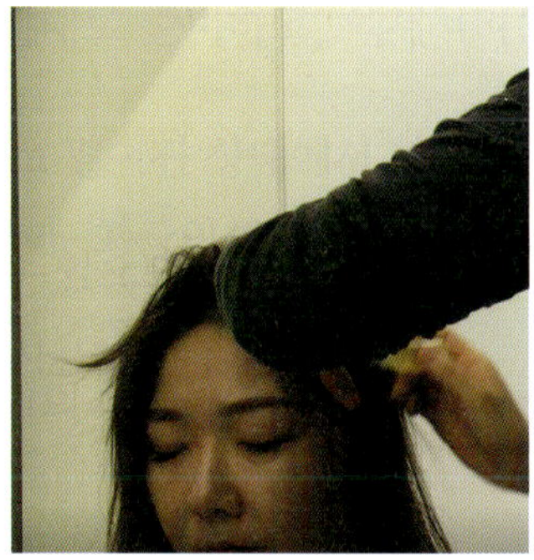

⑥ 오일 도포 후 다른 엄지 손가락의 지문을 이용하여 문지른다.

(2) 두피 쓸어내리기(경찰법)

① 두피 머니퓰레이션을 시작하면서 두피가 적응할 수 있도록 하는 인사 단계

② 손에 힘을 뺀 상태로 가급적 손바닥을 두피에 밀착하여 쓰다듬는 느낌으로 시작한다.

③ 두피관리를 시작하며 헤드스파 효과를 극대화시킬 수 있는 중요한 과정

④ 근막 방향을 충분히 이해한 후 진행 필요. 이때 두피 부종 여부도 확인 가능

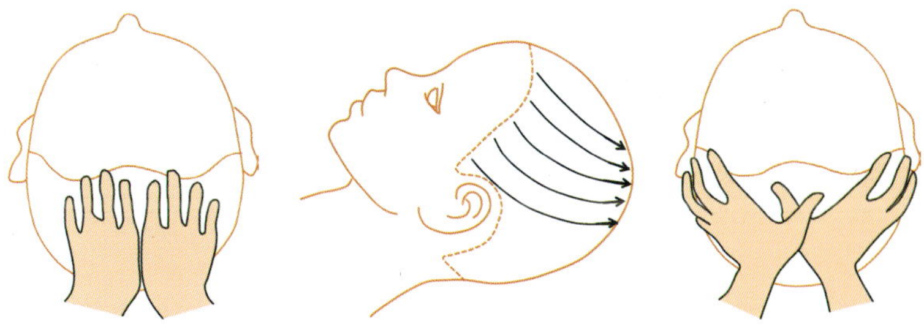

전두부 쓰다듬기

측두부 쓰다듬기

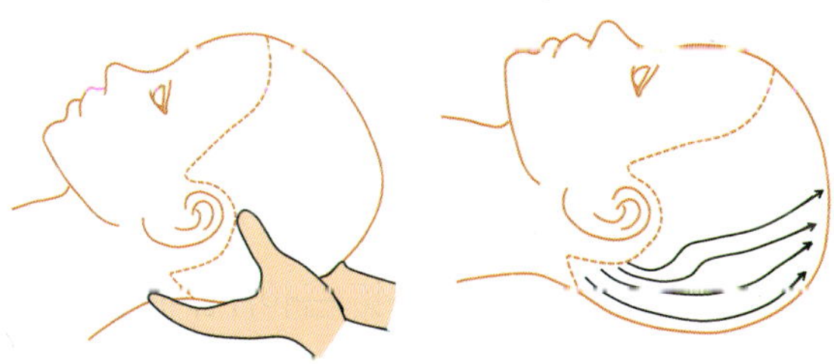

후두부 쓰다듬기

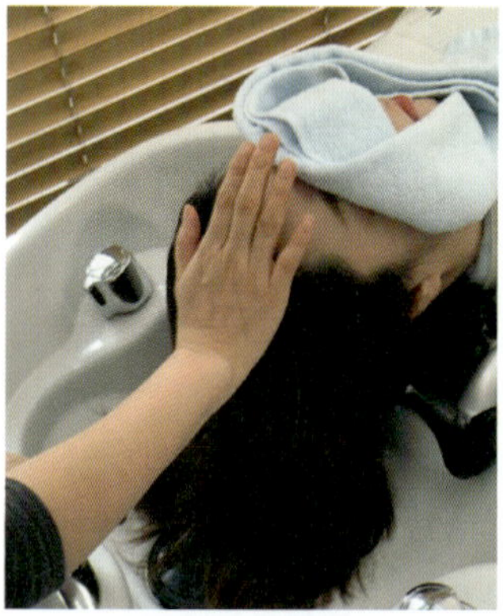

① 고객에게 안정감과 편안함을 주기 위하여 스파니스트의 손은 항상 따뜻하게 유지되어야 하며 양손을 번갈아 한 손, 한 손 진행한다.

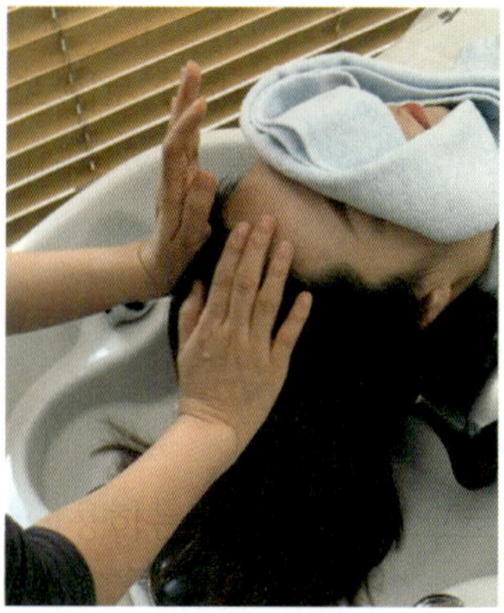

② 손바닥의 하단 부분을 페이스 라인에 스치듯이 지나며 톱 부분을 향하여 진행한다. 이때 바닥이 이마의 반(½)지점과 페이스 라인에 밀착할 수 있도록 한다.

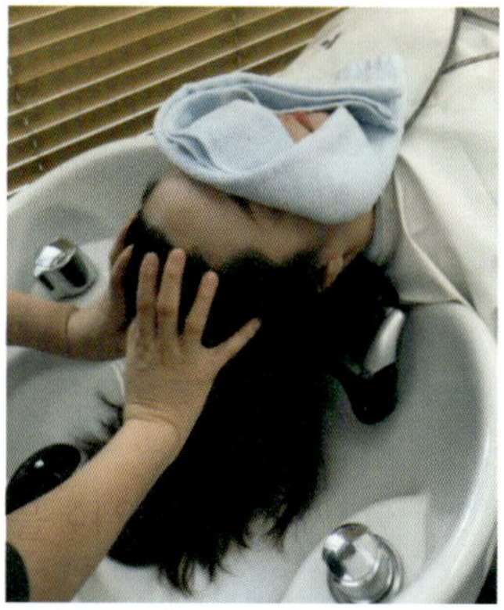

③ 양 손을 번갈아가며 진행하고 5개의 손가락을 균일하게 펼쳐야 하며, 두상 부위에서는 가볍게 밀착한다.

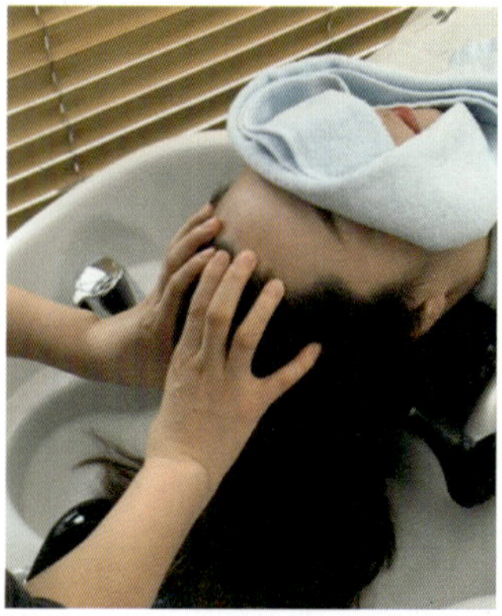

④ 두상의 곡면에 따라 손바닥과 손가락 전체가 밀착되도록 하여야 한다. 센터는 눈과 이마의 근막의 연장선이므로 리프팅(lifting)효과를 기대할 수 있다.

⑤ 같은 방법으로 정수리 방향을 향하여 쓰다듬듯이 진행한다.

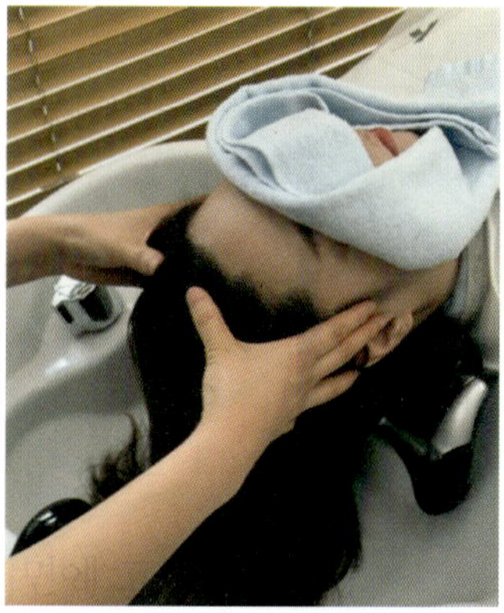

⑥ 귀 앞 패인 부분(청궁)에서 시작하여 턱에서 이어지는 근막을 쓰다듬듯이 톱 방향으로 진행한다. 리프팅 해주는 효과를 기대할 수 있다. (두상의 1선 부분)

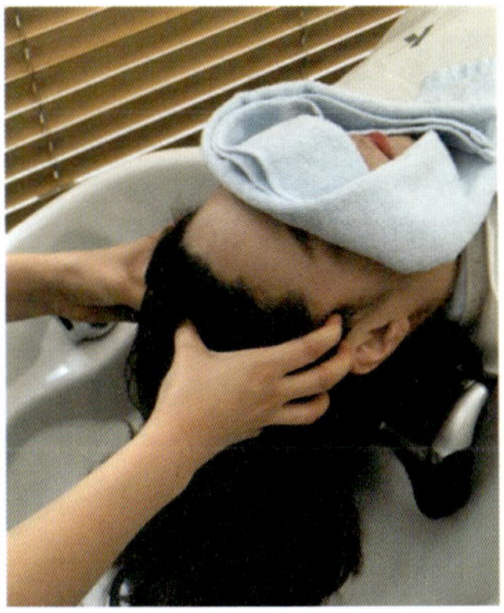

⑦ 경찰법은 두상의 구석 구석까지 진행하여야 두피의 부종 여부를 체크할 수 있다.

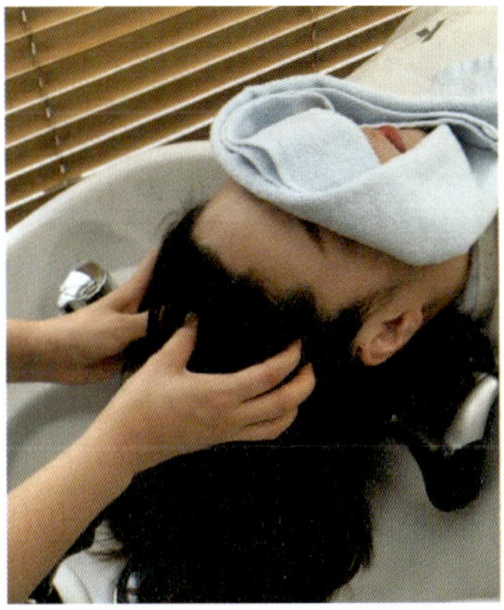

⑧ 사이드의 하단 부분에서 톱 부분으로 진행한다. (두상의 2선 부분)

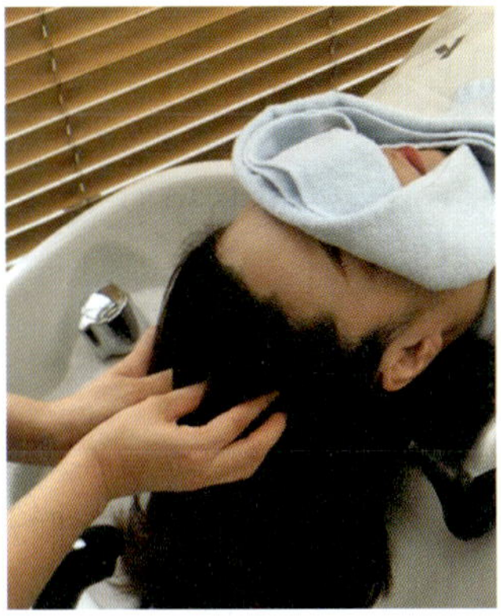

⑨ ⑥번과 같은 방법으로 진행하며 엄지손가락으로 두상을 지지하며 나머지 손가락을 모아주는 형태로 진행한다.

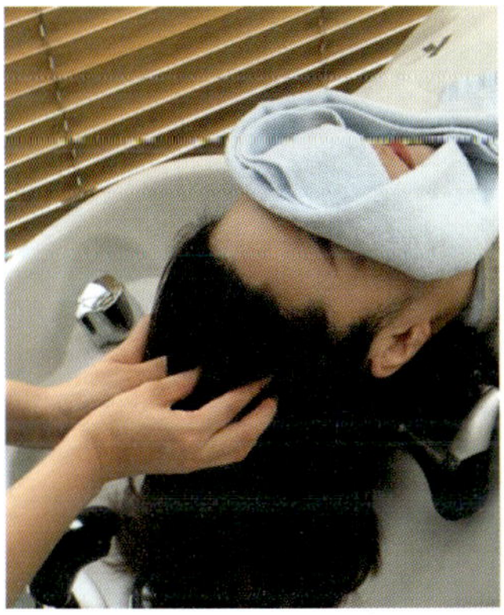

⑩ 두상의 분할은 정수리 방향으로 피봇(pivot) 섹셔닝 한다. (두상의 3번 모아준 방법)

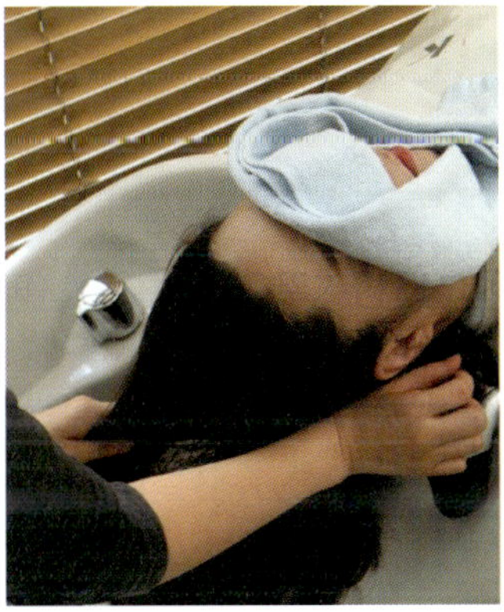

⑪ 다음 동작을 준비할 때에는 반드시 한 손씩 이동하도록 한다.

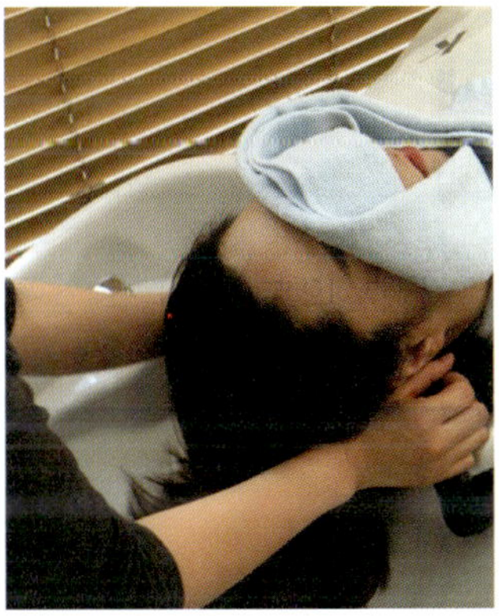

⑫ 양손 엄지손가락 측면의 하단 부분을 이용하여 두상을 지지하면서 들어 올린다. 이는 다음 동작에 필요한 공간 확보를 위해서이다.

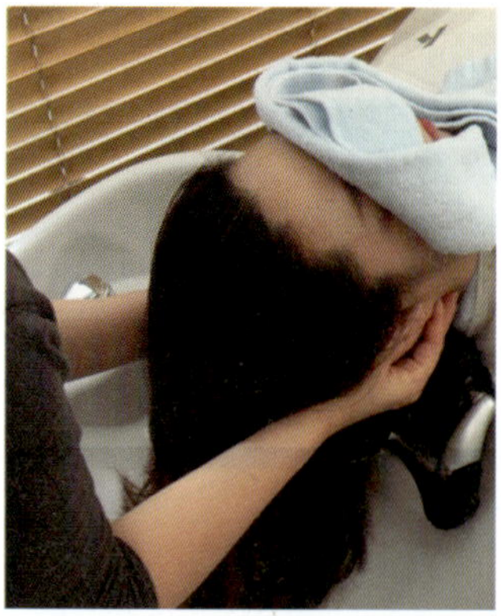

⑬ 양손의 손바닥으로 두상을 받치며 네이프를 감싸 준다.

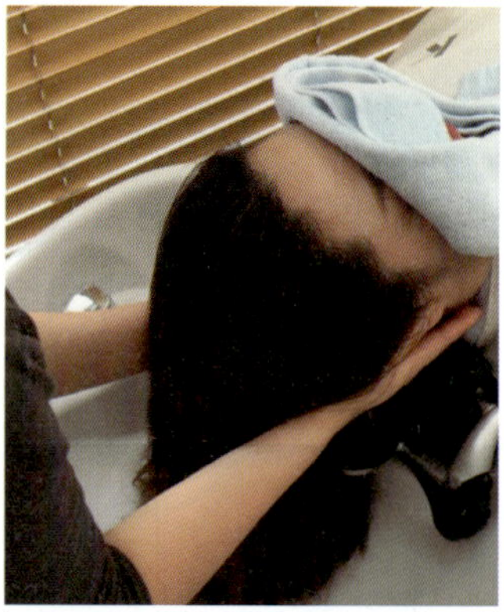

⑭ 네이프에 밀착된 손은 손바닥이 아닌 손가락의 지문 부분으로 두피를 스치면서 서서히 뺀다.

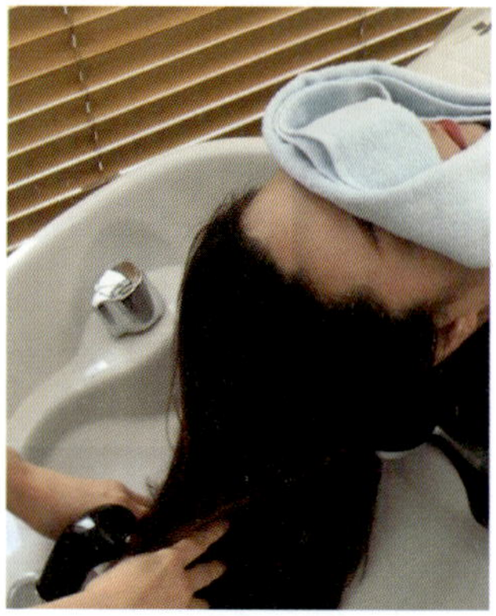

⑮ 모발을 페이스 라인 부분에서 모발의 끝 부분으로 쓸어내리며 모발을 정돈한다.

(3) 물로 씻어내기

① 먼저 물의 온도를 체크하는 것이 중요하다.

② 물의 온도는 손목을 이용하여 확인한다.(38℃가 적당하다)

③ 샤워헤드(shower head)를 이용하여 두피와 모발에 충분한 수분이 흡수될 수 있도록 충분히 적신다.

④ 샤워헤드는 두상으로부터 수직(90°)을 유지한다.

⑤ 릴랙스를 위하여 샤워기의 수압은 서서히 키우도록 한다.(헤드스파는 릴랙스가 목적이며 큰 소리가 난다면 편안함을 이끄는 데 방해가 될 수 있다.)

⑥ 고객의 목 부위 옷이 젖지 않도록 주의한다.

샤워 헤드 방향

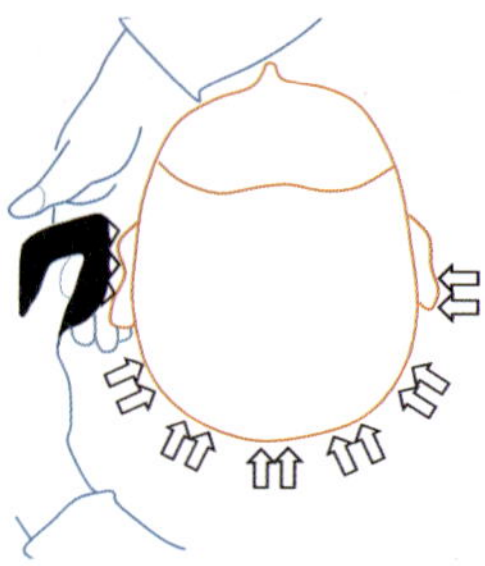

페이스 라인 방어

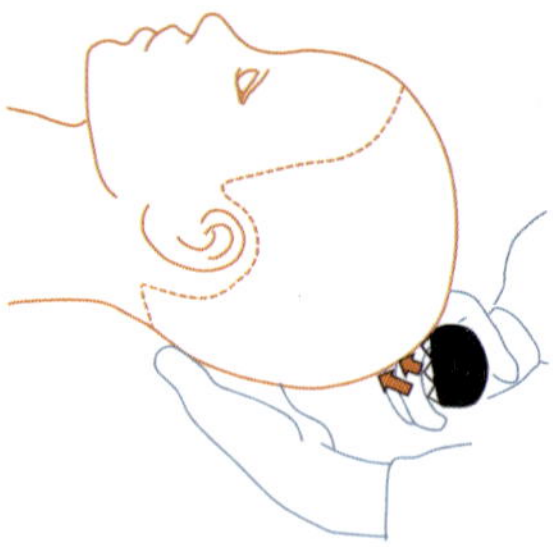

네이프 헹구기

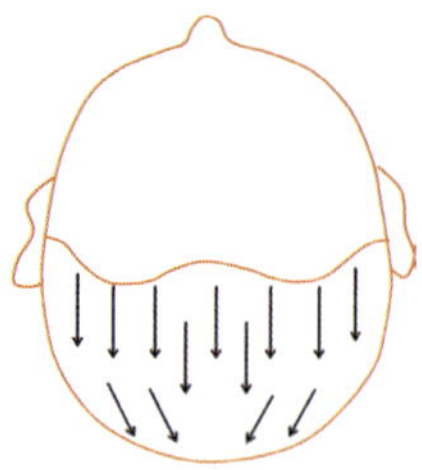

씻어내기 방향

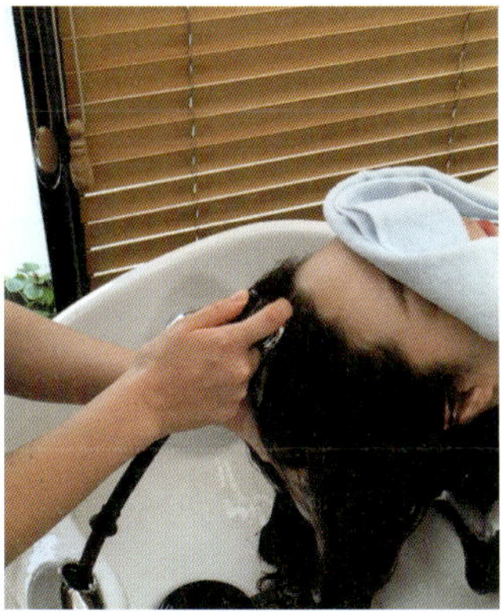

① 온도 확인 후 백회 부분으로 온수가 향하도록 샤워헤드를 가볍게 두상에 댄 후 고객에게 온도를 확인한다.

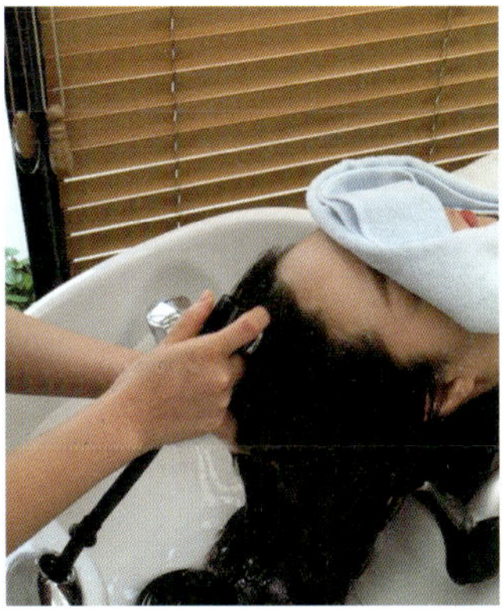

② 온도 확인이 끝났다면 두상에서 수직이 되도록 두피의 곡면을 따라 샤워헤드를 움직이며 두피와 모발까지 충분히 적신다.

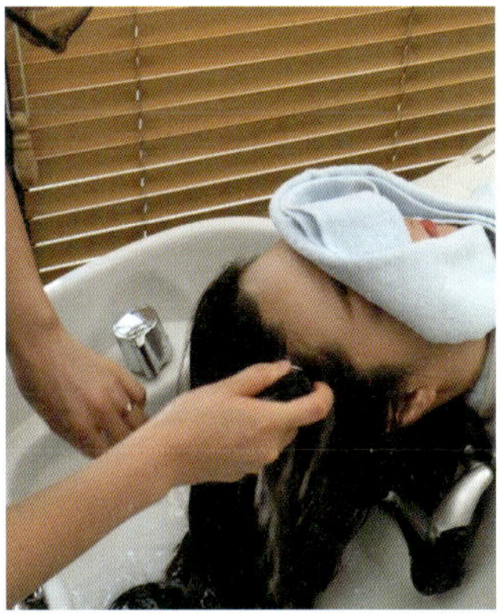

③ 페이스 라인은 얼굴로 물이 튈 수 있으므로 주의한다.

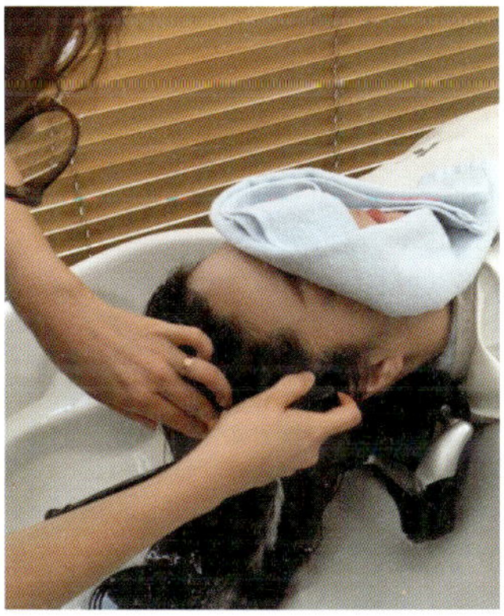

④ 왼손으로는 두피상태를 체크하며 부위별 증상을 발견하도록 한다.

⑤ 모발 끝에도 물을 충분히 적신다. (발수성 모발과 손상모발에 따라 적시는 시간이 다르다.)

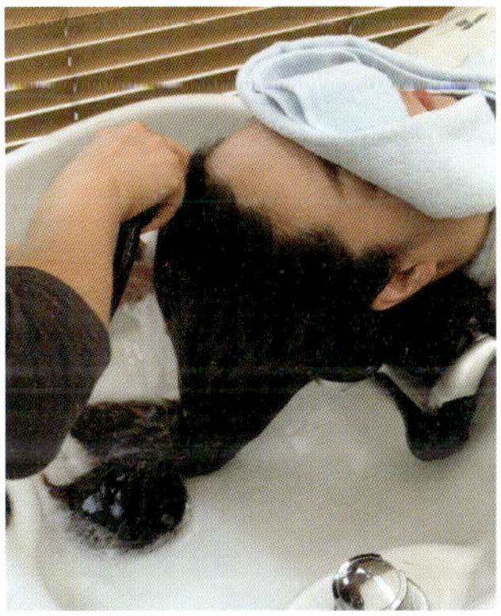

⑥ 두상의 좌우를 같은 방법으로 진행한다.

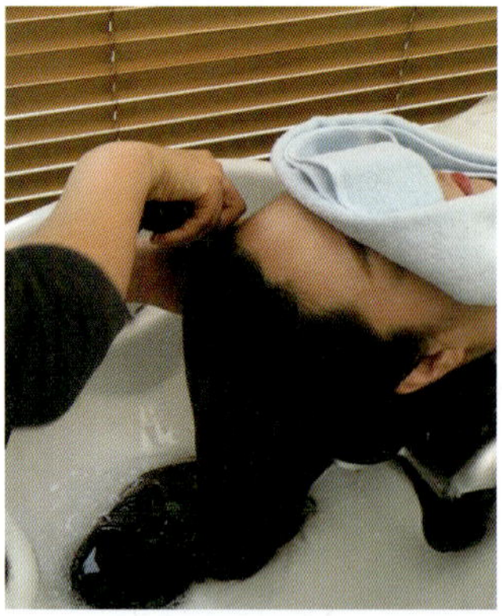

⑦ 페이스 라인에 샤워헤드를 밀착할 때는 샤워헤드를 잡지 않은 다른 손으로 페이스 라인을 방어한다. (손에 물이 차오르면서 물이 고여 있는 효과를 기대할 수 있다.)

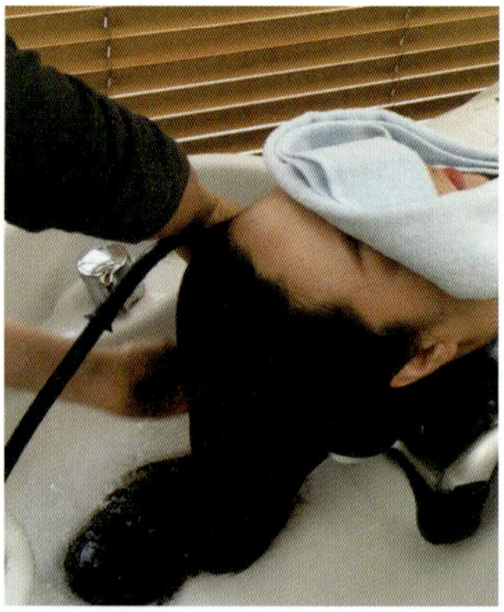

⑧ 귀를 살짝 접어주며 귓불 뒤까지 꼼꼼히 적신다.

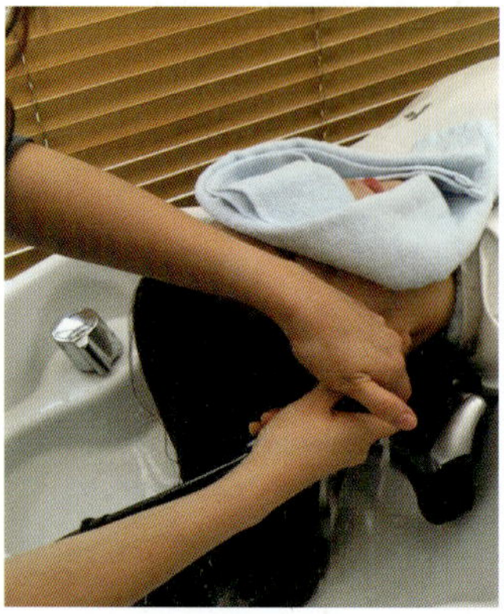

⑨ 귓속으로 물이 흐를 수 있으므로 다른 한 손으로 귀 쪽을 막아 주며 방어한다.

(4) 거품내기(어플리케이터 사용 가능)

① 샴푸 거품을 풍부하게 내기 위해서는 적당량의 샴푸제가 도포되어야 한다. 모발과 두피를 물로 충분히 적시고, 공기가 잘 섞여야만 충분한 거품을 일으킬 수 있다.

② 한 방향으로 원을 그리며 거품이 일어날 수 있도록 한다.

③ 이때 손바닥을 이용하는 것이 효과적이며, 손바닥을 두피에 밀착시키면 공기가 들어가지 못하므로 손바닥을 두피에 밀착시키거나 압을 주지 않도록 주의한다.

④ 릴랙제이션(relaxation)을 이끌기 위해서 속도를 고려하여 원을 그리도록 한다.

⑤ 거품내기는 샴푸 머니퓰레이션 실시 전 준비 운동이다.

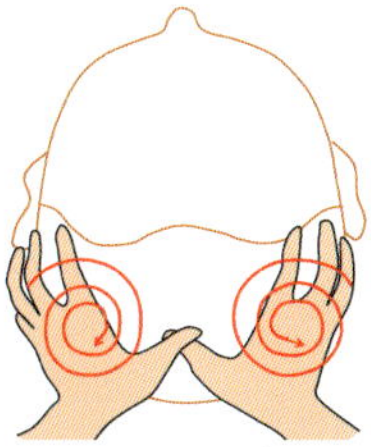

거품내기

거품내기 방향

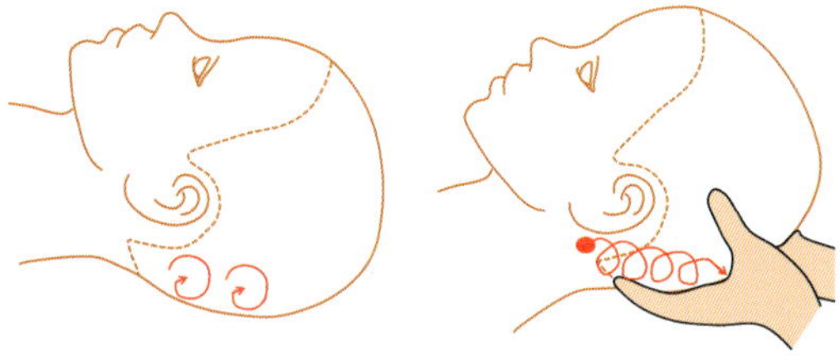

네이프 거품내기

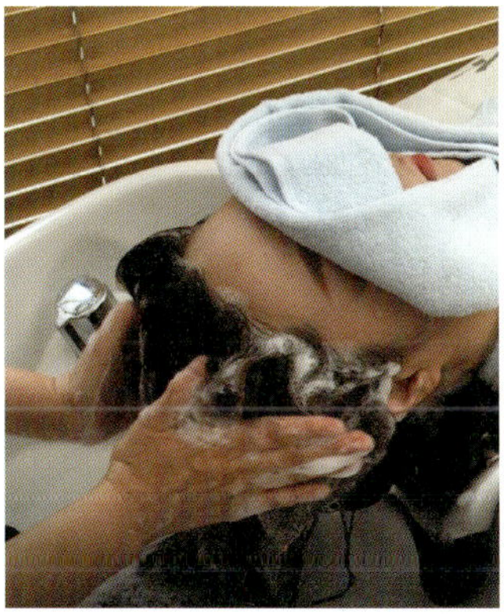

① 어플리케이터를 이용하여 샴푸제를 모발 및 두피에 도포한 후 손바닥을 이용하여 양손을 센터로 모아지는 원을 그리며 거품을 일으킨다.

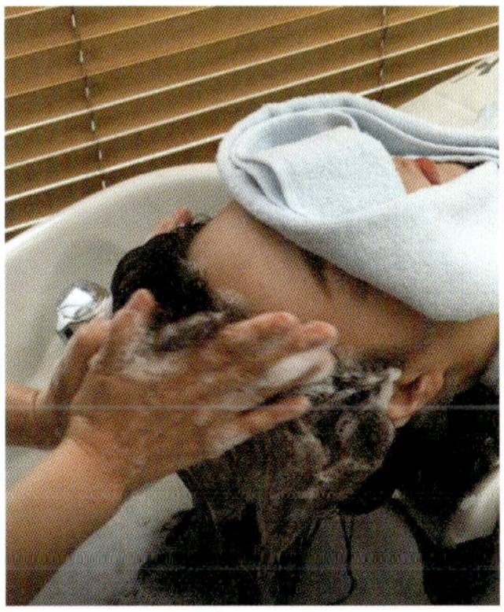

② ①과 같이 원을 그리며 손은 귀윗선에서 센터를 향하여 이동한다. (1선을 진행)

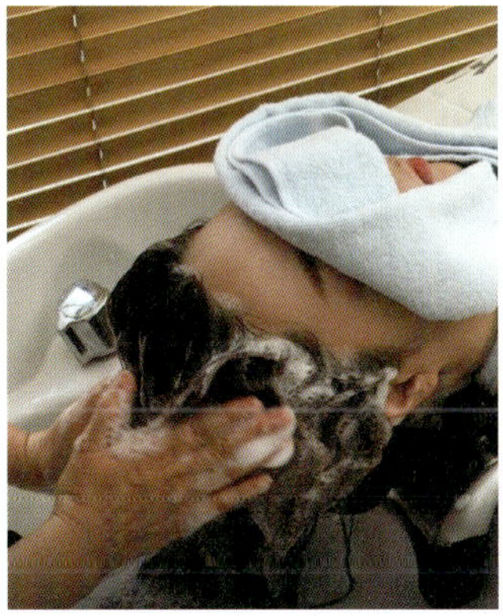

③ 1선 진행이 끝난 후 같은 방법으로 2선을 진행하며 거품을 일으키는 동작을 반복한다.(이때 손바닥의 힘을 빼야 한다.)

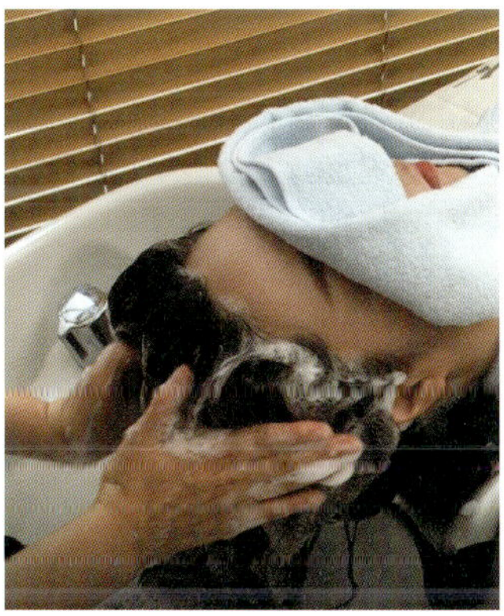

④ 손동작이 두상 전체에 꼼꼼히 닿을 수 있도록 주의한다.

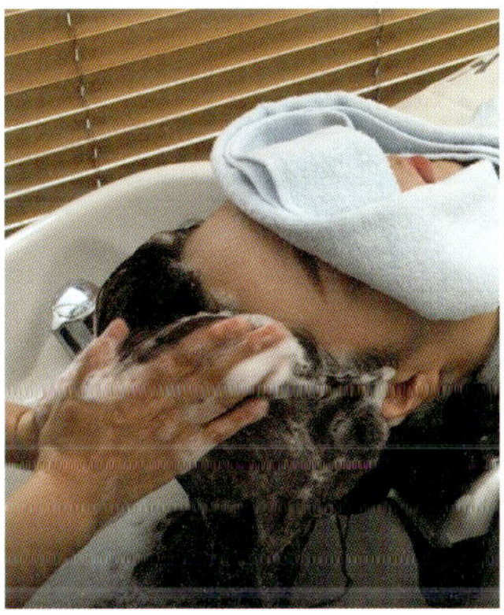

⑤ 페이스 라인 쪽으로 올 때는 얼굴로 거품이 튀지 않도록 주의한다.

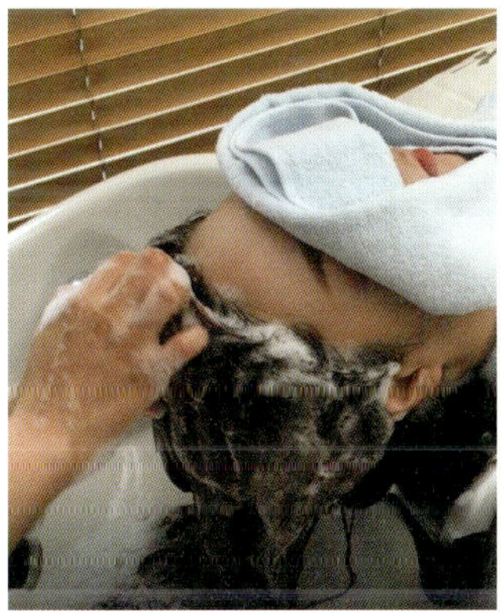

⑥ 톱의 모상 건막 부분(톱 부분)에는 손가락을 모아 탁구공을 쥔 손 모양으로 강찰법을 진행한다.

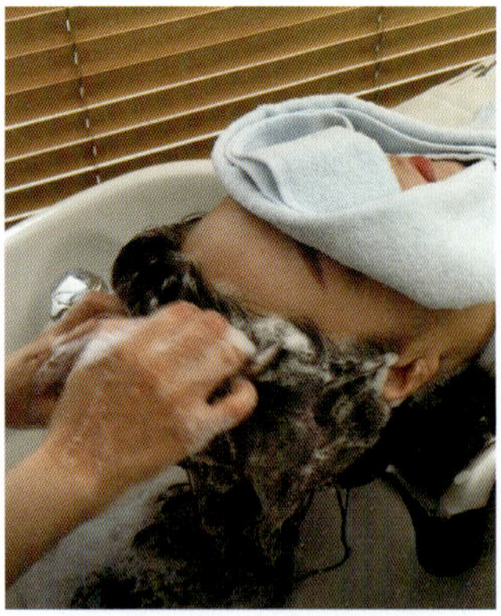

⑦ 강약을 부드럽게 진행하도록 주의한다.

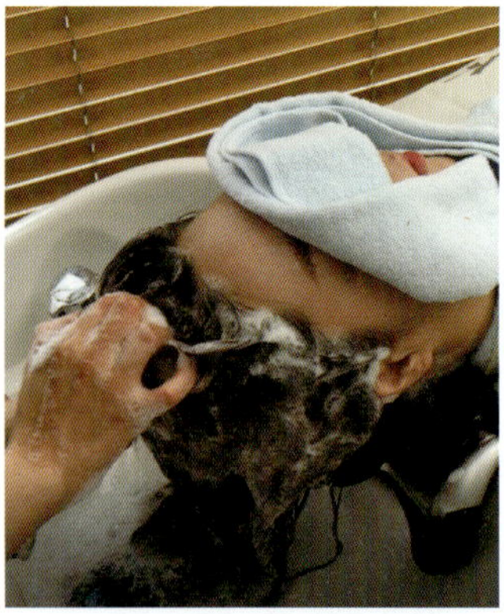

⑧ 전체 두상을 구석구석 손이 닿을 수 있도록 노력한다. (⑥~⑦번을 반복하여 거품을 낸다)

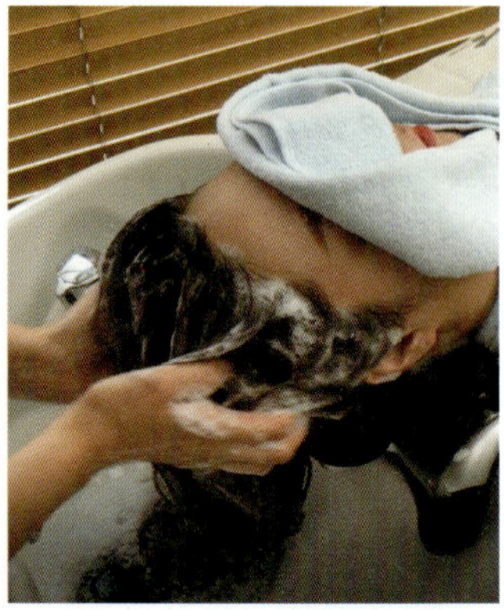

⑨ 3선의 거품은 귀 뒷부분부터 정수리까지 진행한다.

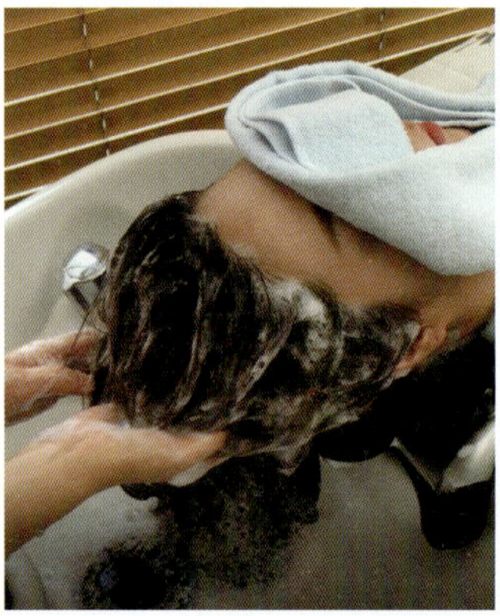

⑩ 풍부한 거품을 일으켜야 하는 부분은 정수리부분이다. (머니퓰레이션 시 모발의 뜯김 방지)

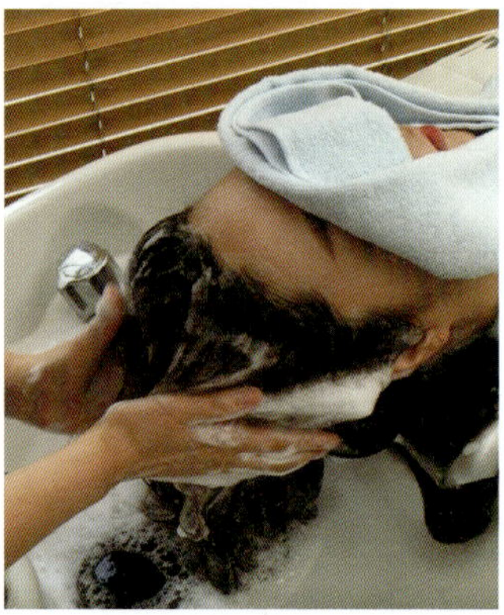

⑪ 풍부한 거품은 샴푸 머니퓰레이션을 진행할 때 손의 움직임에 의한 두피와 모발의 마찰을 줄일 수 있으며, 또한 거품은 두피, 모발의 세정에 큰 역할을 한다.

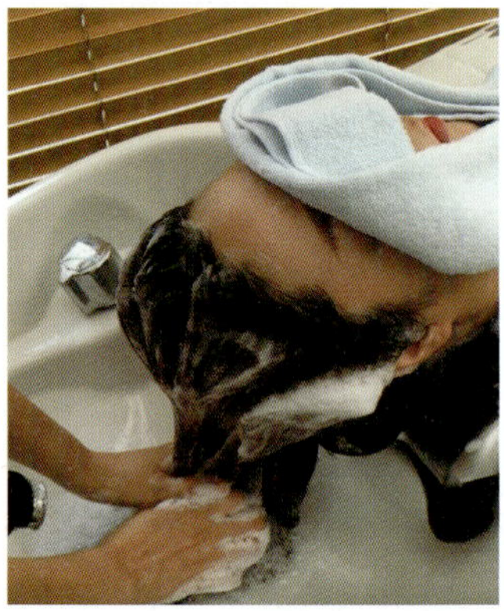

⑫ 거품 내기의 마무리는 페이스라인의 정돈으로, 얼굴 쪽으로 거품이 튀지 않도록 한다.
스파니스트는 새로운 동작이 들어가기 전에 준비 동작이 필요한데, 이때는 한 손씩 움직여 주도록 한다. (이 동작은 아름다워야 한다.)

(5) 샴푸 머니퓰레이션 (강찰법)

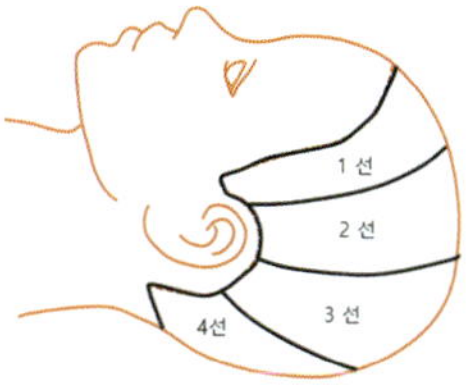

두상의 분할

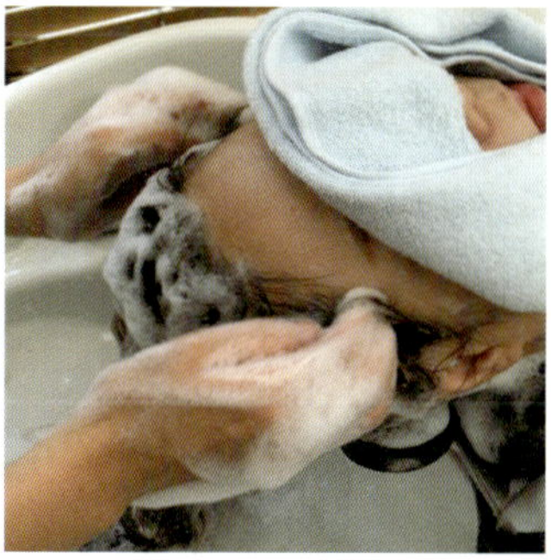

① 검지, 중지, 약지를 측두근막에 밀착하여 준비자세를 한다. (준비자세는 하나, 둘까지 센다.)

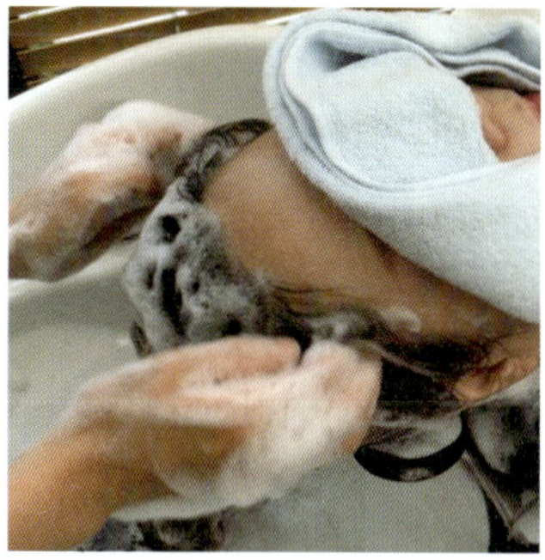

② ①번의 측두근막에 지문을 밀착하였다면 작은 지그재그를 그리며 3회 올린다.

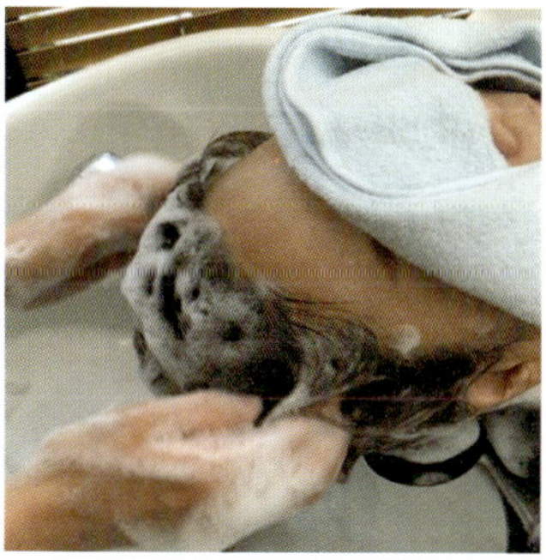

③ 다시 준비자세로 근막을 리프트업하듯 백회를 향하여 지그재그로 3회 올린다.

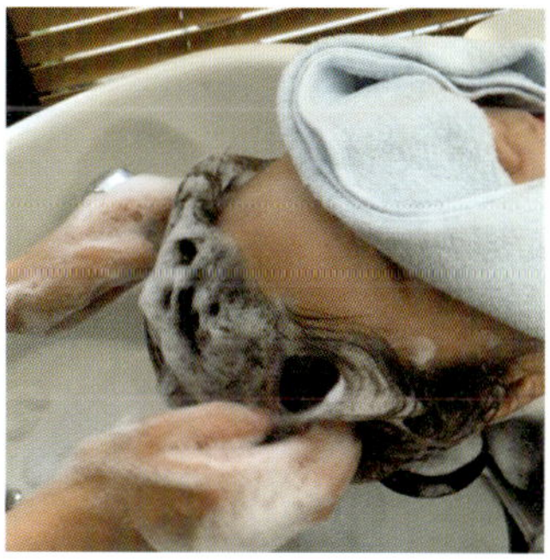

④ 샴푸 머니퓰레이션은 두상을 분할하여 진행하는 것이 효율적이다. (페이스 라인이 1선, 귀 위부터 백회까지 2선, 귀 뒤부터 백포인트가 3선, 네이프가 4선이다.)

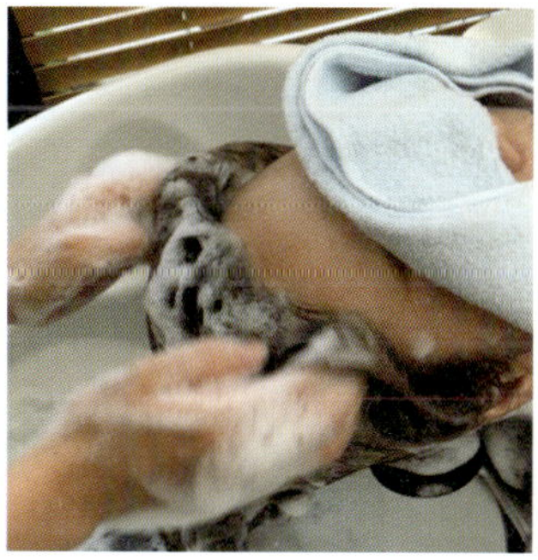

⑤ 1선을 촘촘히 진행한다.

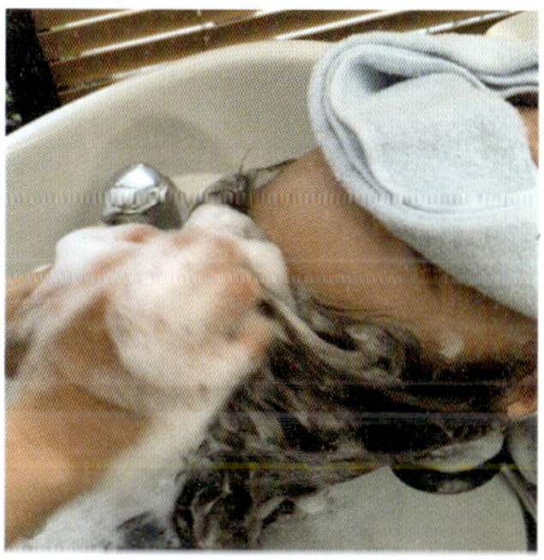

⑥ 톱의 백회부분은 건막으로 되어있는데, 이는 3 개의 손가락으로 양손을 귀에서 중심으로 모으듯 진행한다.

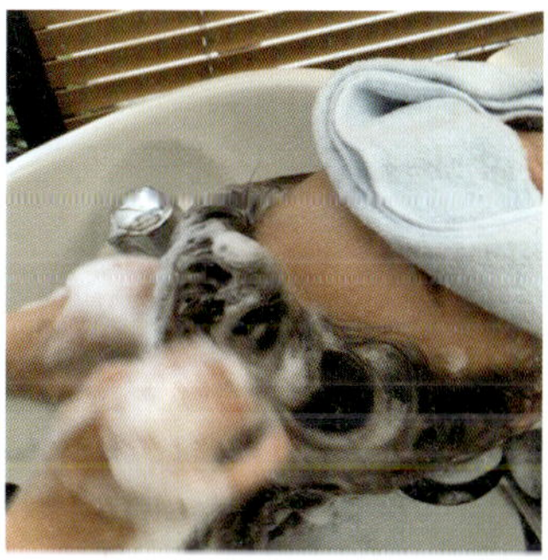

⑦ 백회의 건막은 톱포인트까지 내려온다.

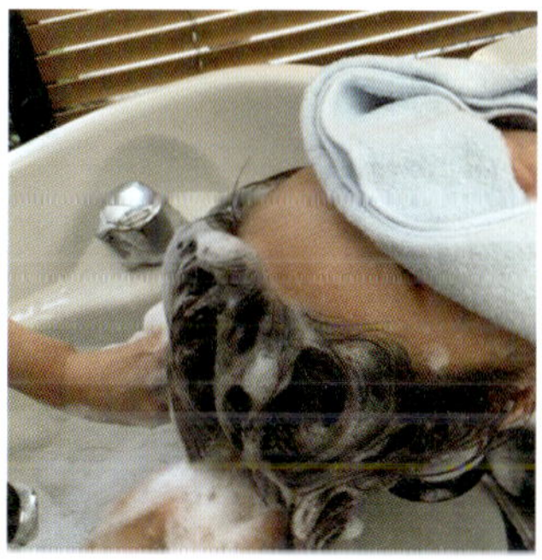

⑧ 2선까지 진행하고 톱을 진행하였다면 톱의 건막은 백포인트까지 지그재그로 내려온다.

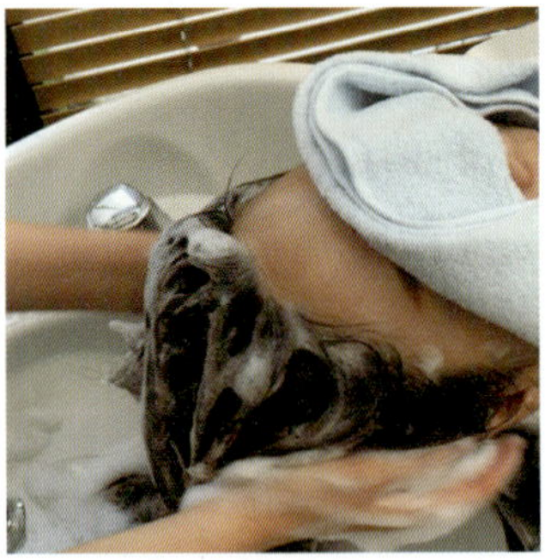

⑨ 3선에서 준비 자세 후 3 손가락으로 지그재그로 정수리(톱에서 3cm 내려간 부분)로 끌어올려 준다.

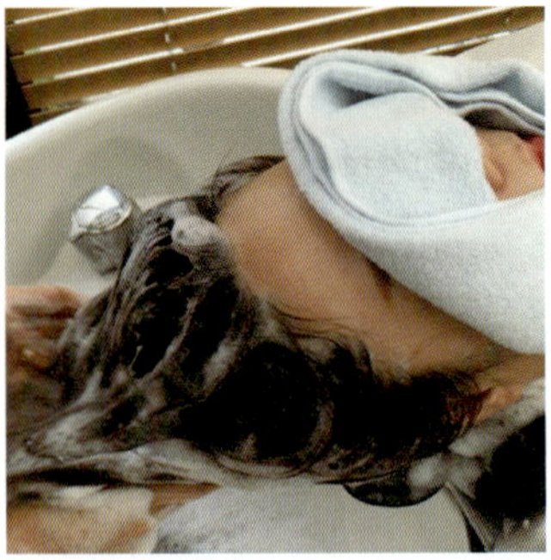

⑩ 고타법은 정수리의 주변을 3회에 걸쳐 진행한다.

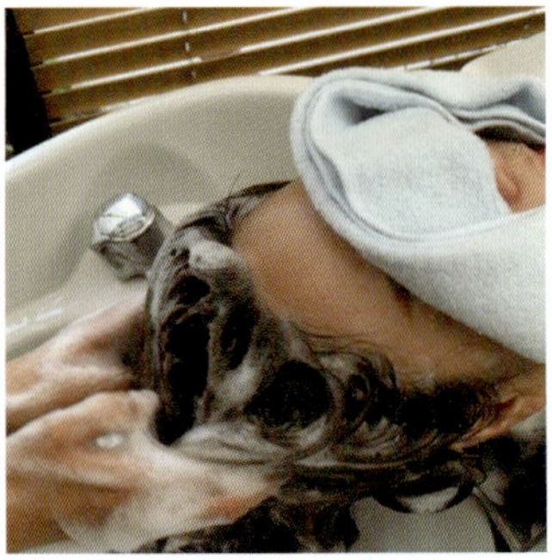

⑪ 3선까지 진행하였다면 톱의 건막을 경찰하여 4선의 위치로 갈 준비를 한다.

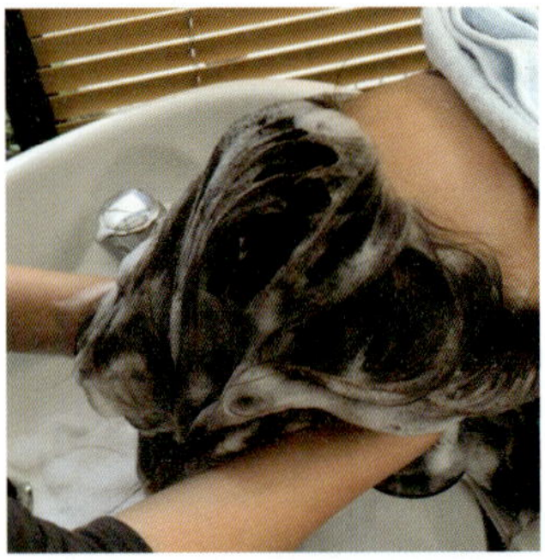

⑫ 4선의 위치는 왼손으로 두상을 지지하여 위로 살짝 들어올린 후 4선에 림프를 위로 올려준다.

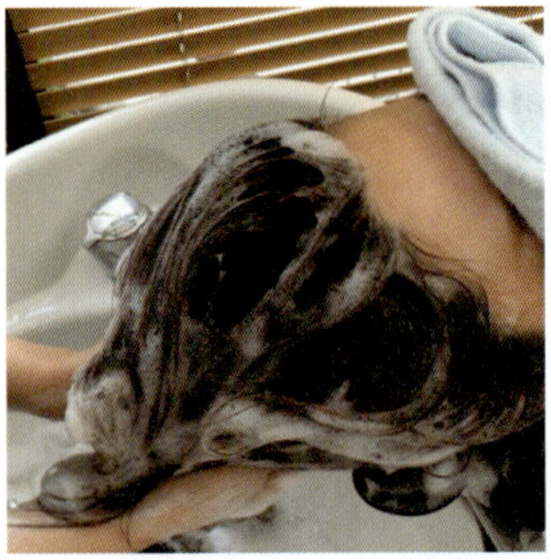

⑬ 4선을 들어가기 전에 후두부에 모발을 정리한다. 이유는 거품이 넥쿠션으로 넘어 가면 고객이 불편함을 느끼기 때문이다.

⑭ 4선을 진행할 때 좌우를 두 번에 걸쳐 모발 발취선에서 정수리를 향하도록 한다. 이는 림프 흐름을 고려한 방향이다.

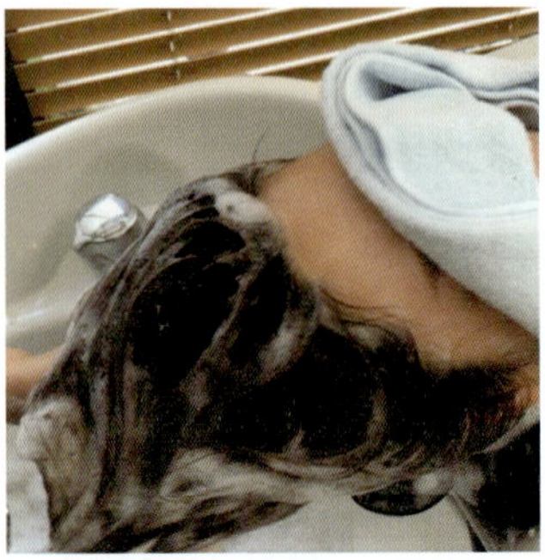

⑮ 마지막으로 모든 머니퓰레이션의 방향은 정수리를 향하고 있다. 이때 모아진 혈을 풀어주기 위해 고타법을 이용하여 마무리한다.

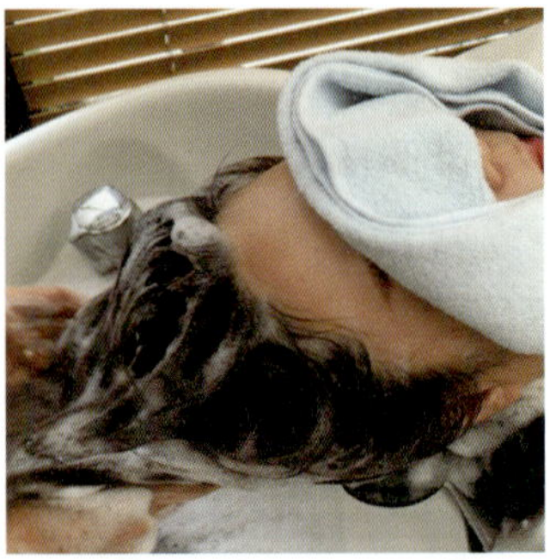

⑯ 고타법은 정수리의 주변을 3회에 걸쳐 진행한다.

(6) 두상의 혈점 누르기

① 지압법은 경락 혈점을 자극하는 방법으로 강약을 조절하여야 한다.

② 지압을 할 때 리듬을 맞추는 것이 고객을 릴랙제이션으로 이끌 수 있다.

③ 가장 효과적인 리듬은 하나, 둘, 셋으로 지압하며, 하나, 둘에 힘을 뺀다.

④ 손가락을 이동할 때 엄지손가락 한 마디 정도만큼 리듬감 있게 이동하며 반복한다.

⑤ 지압의 효과를 높이기 위해서는 스파니스트의 체간(등에 위치한 근육)의 힘을 이용하여야 하며 이는 스파니스트의 손목을 보호하기 위한 방법이기도 하다.

⑥ 지압법은 샴푸 머니퓰레이션 시 강찰법 후에 진행한다.

⑦ 귀 주변의 근막은 검지, 중지, 약지를 이용하여 굴리듯이 위쪽으로 이동하며 이때 고객에 맞는 압으로 진행한다.

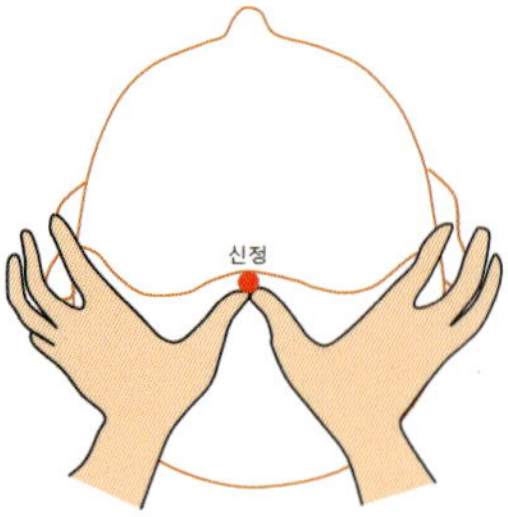

탑 지압점–신정

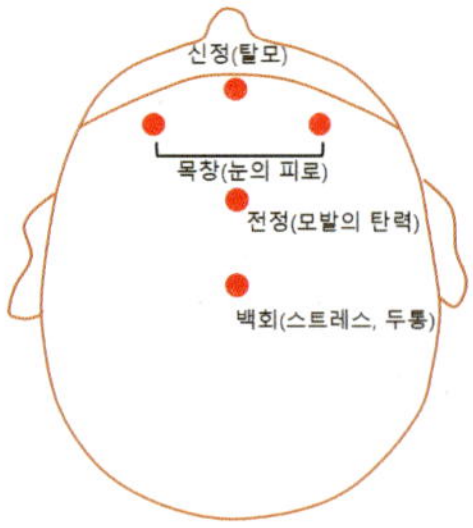

탑 지압점

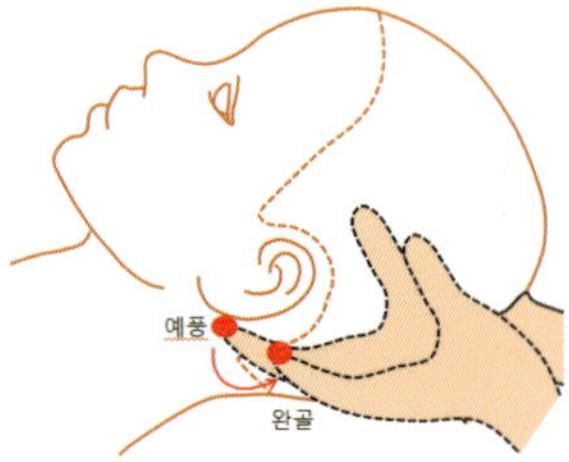

백 지압점

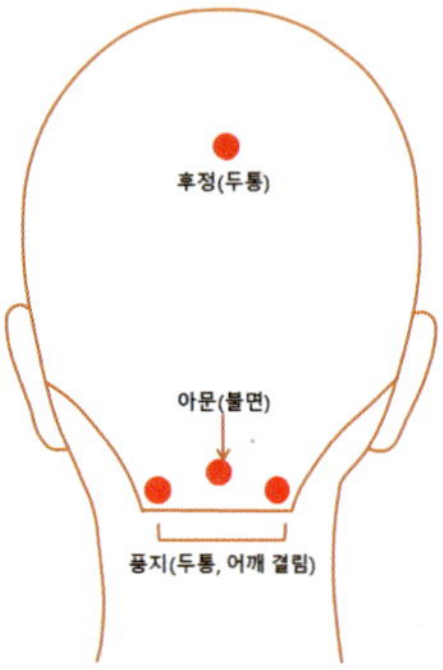

네이프–백 지압점

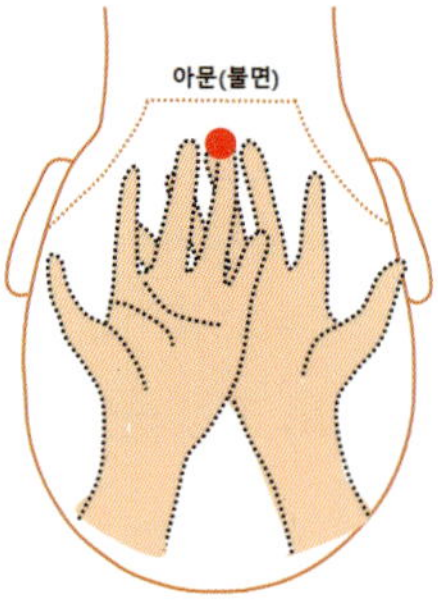

아문(불면)

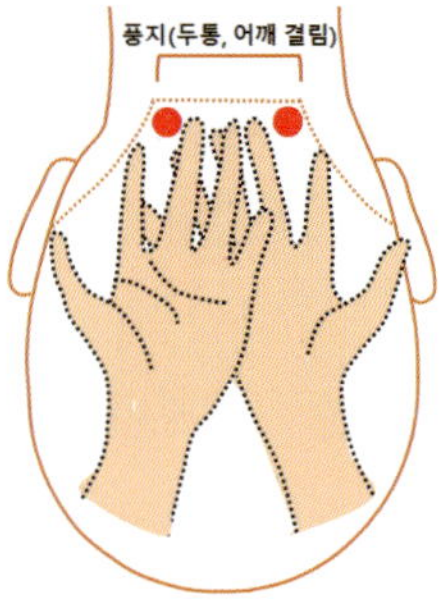

풍지(두통, 어깨 결림)

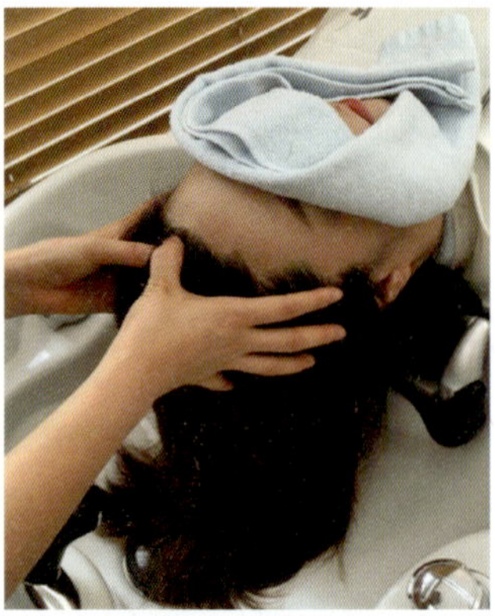

① 엄지손가락의 지문부분을 신정 부위에 대고 준비한다.

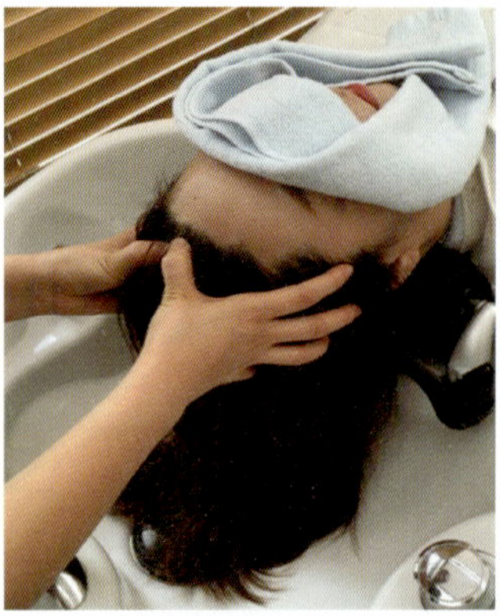

② 엄지손가락을 지그시 세박자로 눌러 지압한다.

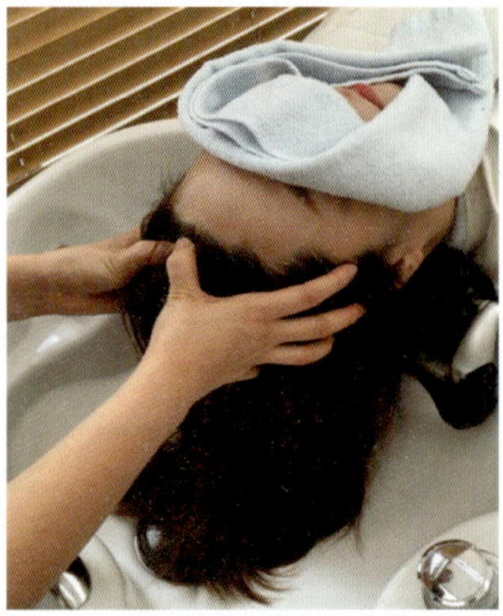

③ 엄지손가락의 힘을 두 박자로 서서히 뺀다.

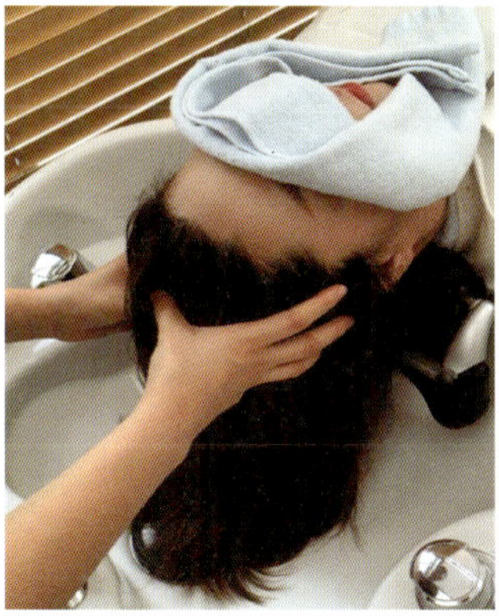

④ 신정에서 1촌(손가락 한마디) 정도 천정을 향하여 가볍게 이동한다.

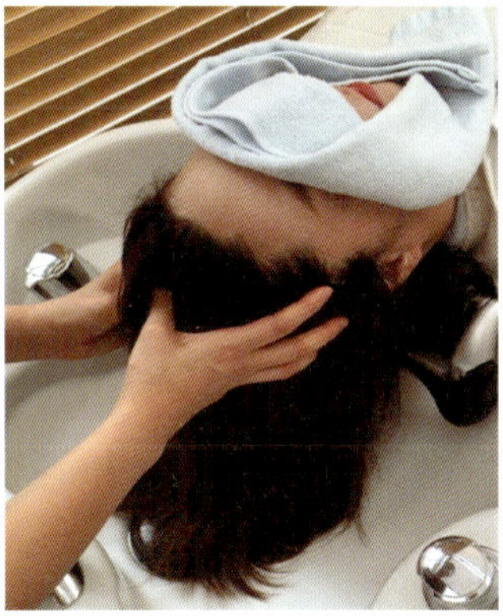

⑤ ②번과 같은 방법으로 눌러 지압한다.

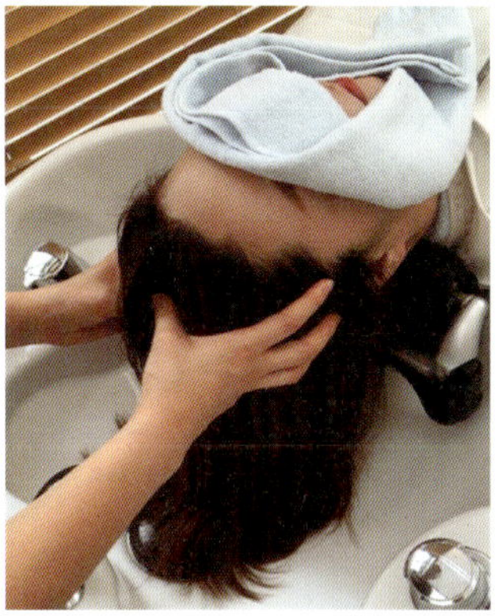

⑥ ③번과 같은 방법으로 힘을 빼 준다.

⑦ 1촌 정도 백회를 향하여 두상의 뒤쪽으로 이동한다.

⑧ ②번과 같은 방법으로 지압한다.

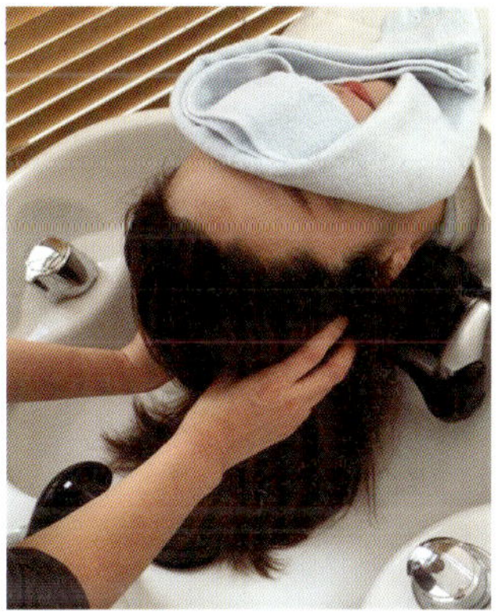

⑨ ③번과 같은 방법으로 힘을 빼 준다.

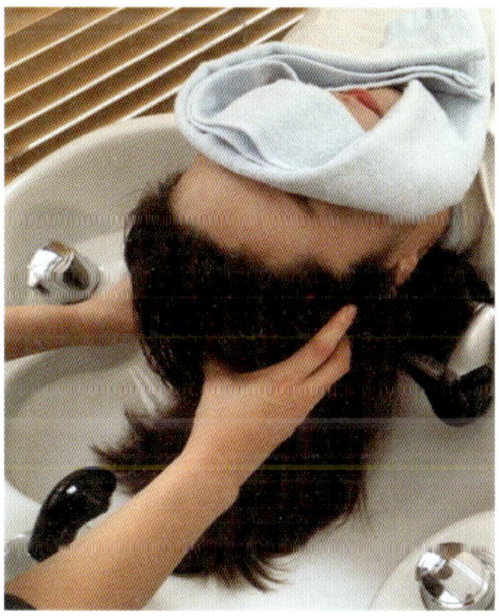

⑩ 정수리로 이동하여 지압을 준비한다.

⑪ 정수리 부위는 네 박자로 지압한다.

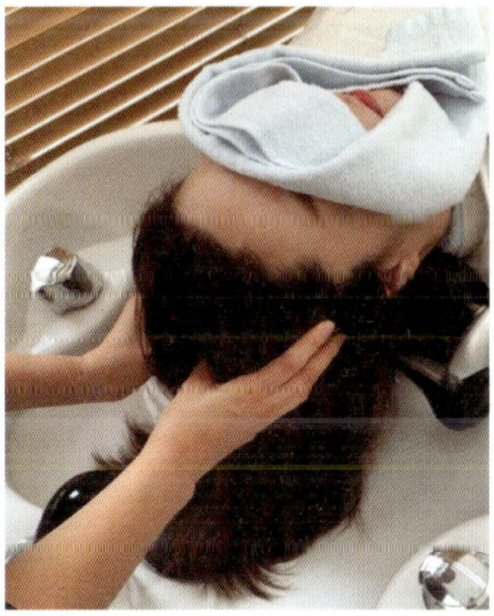

⑫ 세 박자로 힘을 빼 준다.

⑬ 모발부위를 쓸어 모아 정리한다.

⑭ 한손의 엄지 손가락을 두유에 댄다.

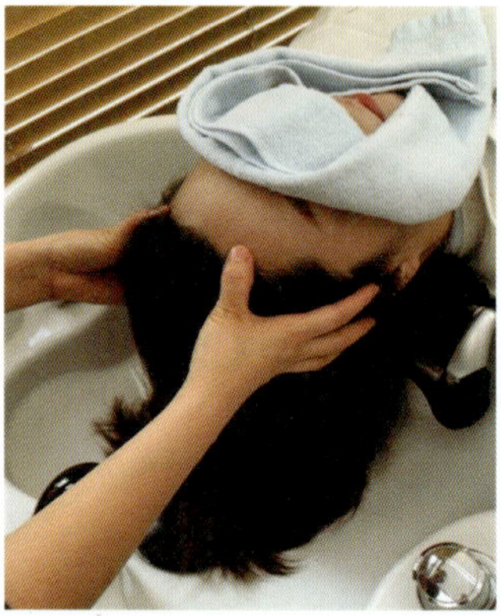

⑮ 다른 손의 엄지 손가락을 반대쪽 두유에 댄다. (양손이 대칭을 이루도록 한다.)

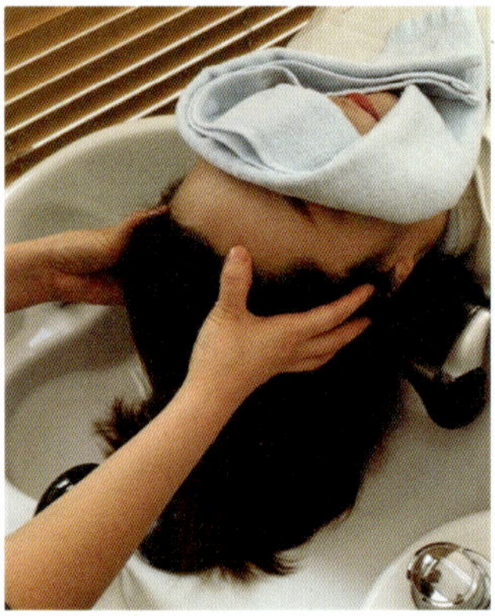

⑯ 양손의 엄지손가락을 세 박자로 눌러 지압한다.

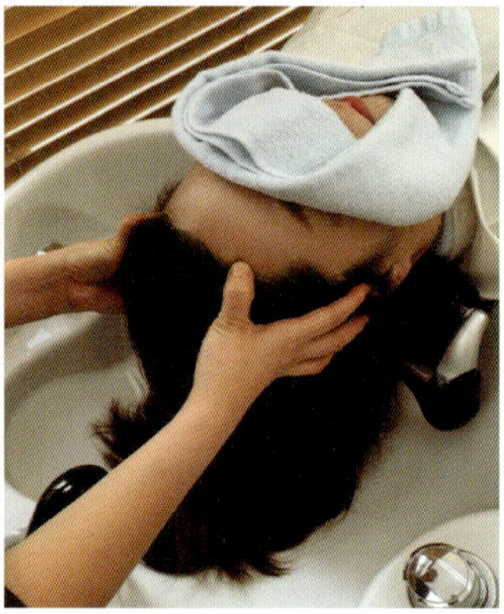

⑰ 두 박자로 힘을 뺀다.

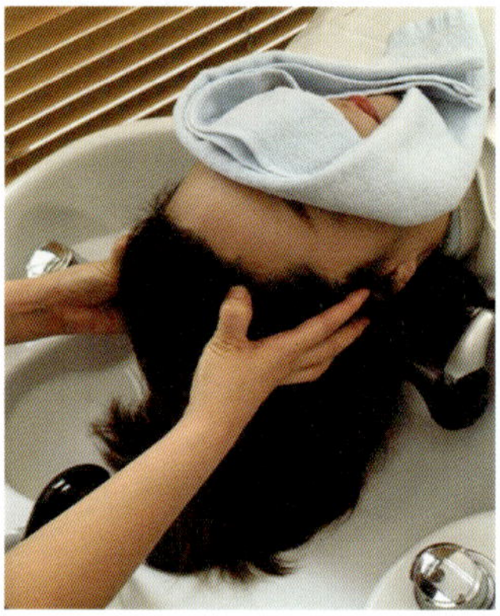

⑱ 관자놀이 옆 1cm지점으로 엄지손가락을 이동한다.

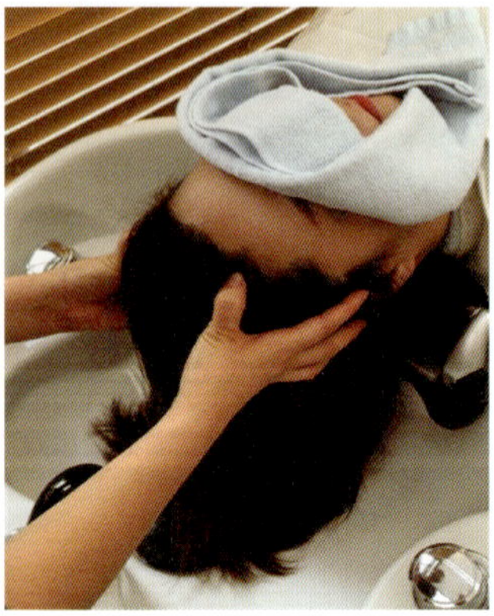

⑲ 세 박자로 눌러 지압한다.

⑳ 두 박자로 힘을 뺀다.

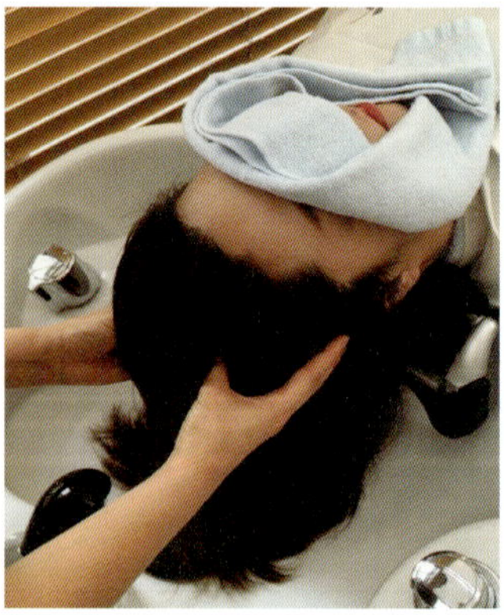

㉑ 정수리를 향하여 이동한다.

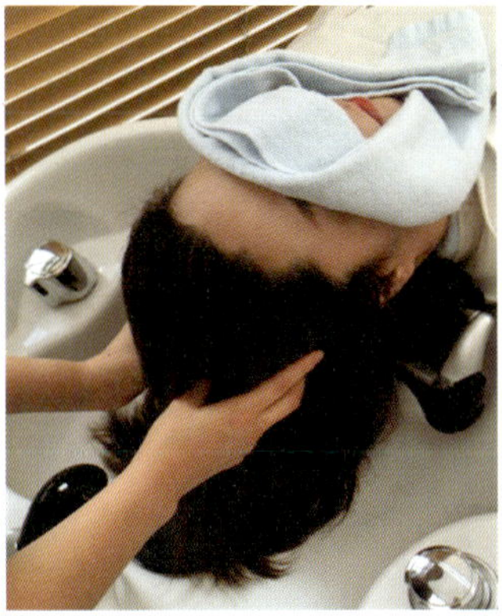

㉒ ⑬번과 같은 방법으로 모발을 정돈한다.

㉓ ⑭번과 같은 방법으로 한 손씩 이동한다.

㉔ 관자놀이 지압 준비 자세

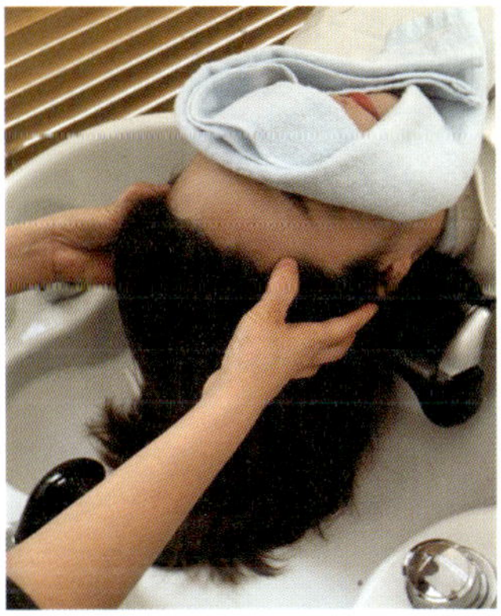

㉕ 하나, 둘, 셋(힘들어가기)/ 하나, 둘(힘 빼기)

㉖ 이동, 준비, 하나, 둘, 셋(힘들어가기)/하나, 둘(힘 빼기)

㉗ 이동, 준비, 하나, 둘, 셋(힘들어가기)/하나, 둘(힘 빼기)

㉘ 한 손씩 이동한다.

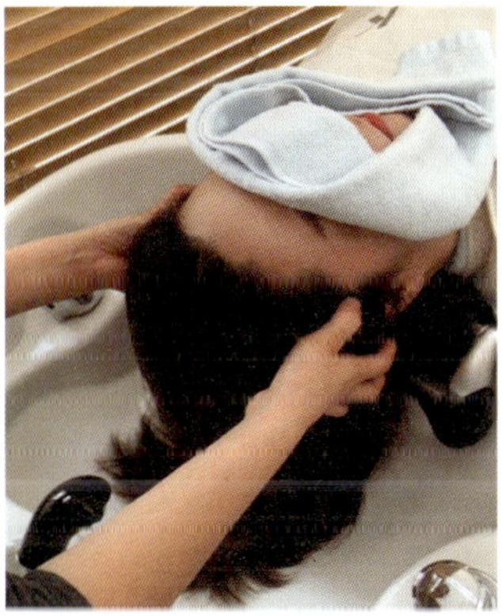

㉙ 이동, 준비, 하나, 둘, 셋(힘들어가기)/하나, 둘, 셋(힘빼기)

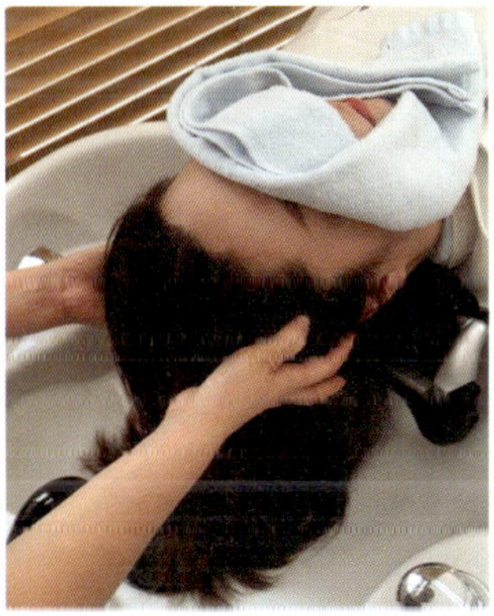

㉚ 이동, 준비, 하나, 둘, 셋(힘들어가기)/하나, 둘, 셋(힘빼기)

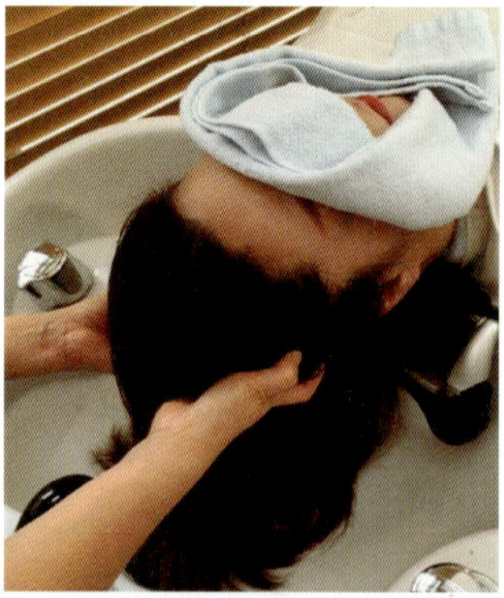

㉛ 이동, 준비, 하나, 둘, 셋(힘들어가기)/하나, 둘(힘 빼기)

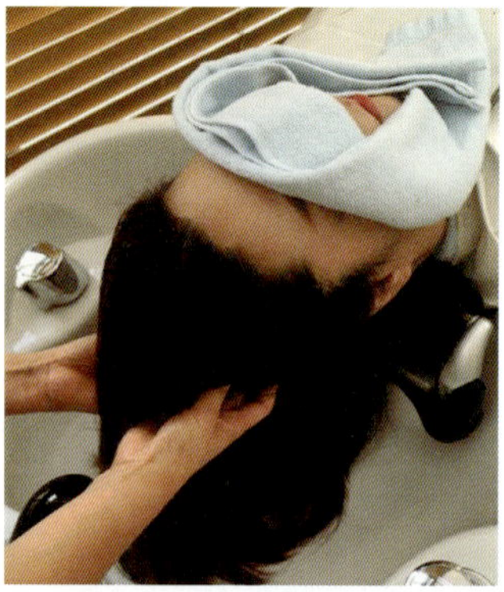

㉜ 이동, 준비, 하나, 둘, 셋(힘들어가기)/하나, 둘(힘 빼기)

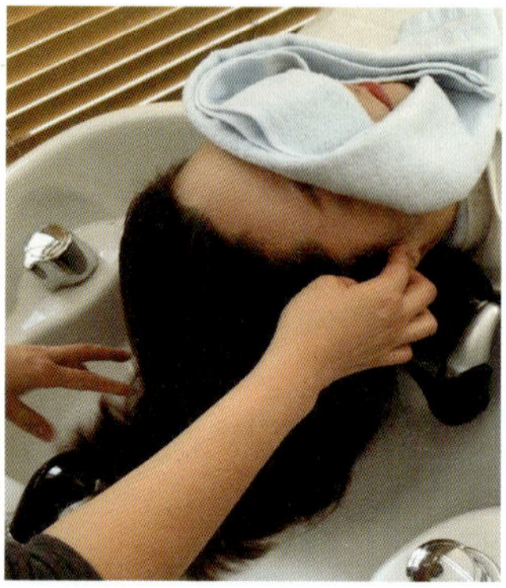

㉝ 한 손씩 이동한다.

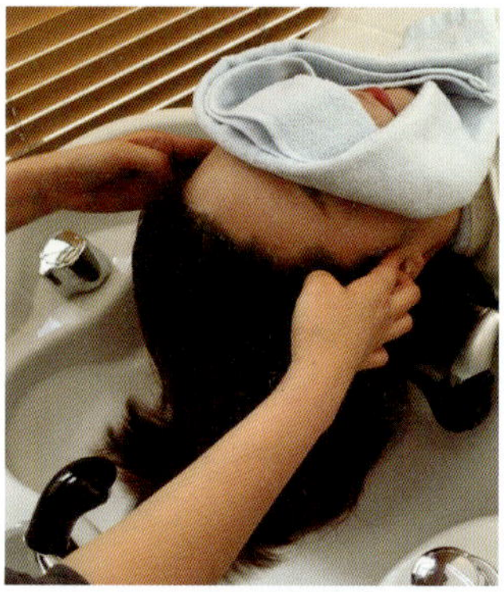

㉞ 귀 주변은 근막을 찾아 지압하는 것이 중요하며 리프트업 하듯이 검지, 중지를 이용하여 지압한다.

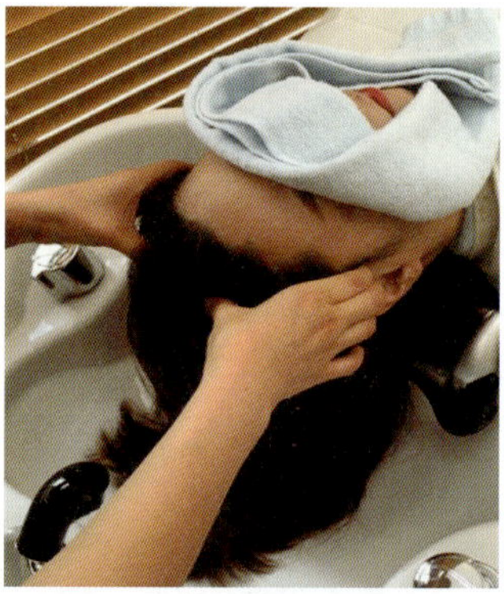

㉟ 이동, 준비, 하나, 둘, 셋(힘들어가기)/하나, 둘(힘 빼기) 이때 엄지손가락이 지지대가 된다.

㊱ 이동, 준비, 하나, 둘, 셋(힘들어가기)/하나, 둘(힘 빼기) 이때 엄지손가락이 지지대가 된다.

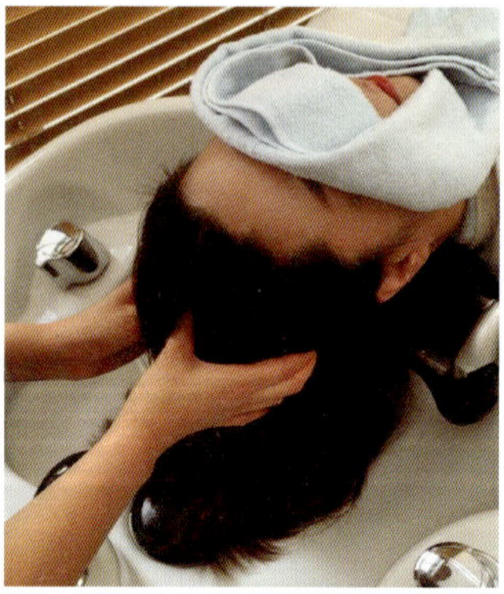

㊲ 측두부 지압 후 정수리 부위를 네 박자로 눌러 지압한다.

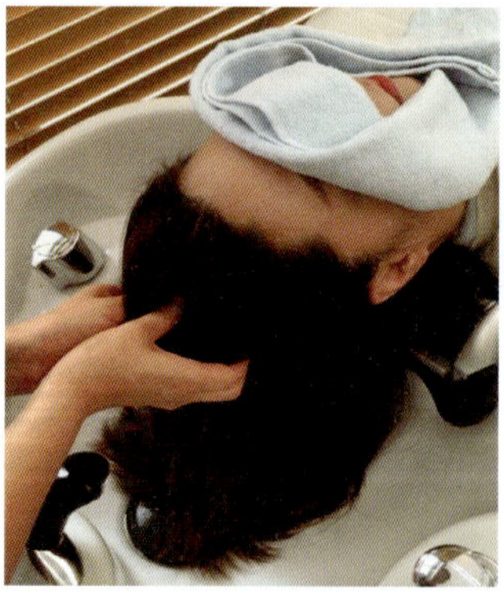

㊳ 이동, 준비, 하나, 둘, 셋(힘들어가기)/하나, 둘(힘 빼기) 이때 엄지손가락이 지지대가 된다.

㊴ 모발을 정돈하면서 한 손씩 이동한다.

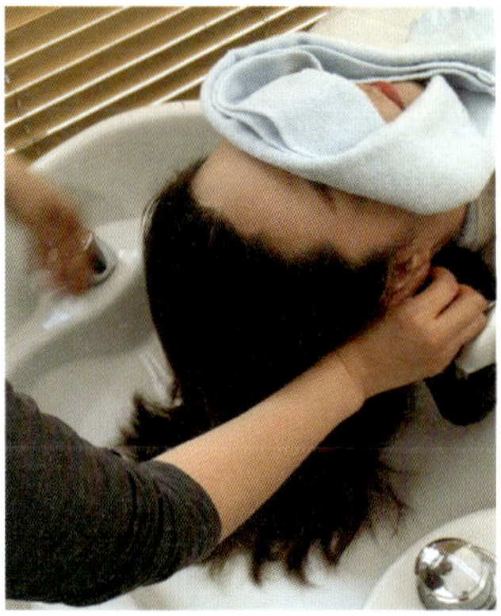

㊵ 네이프를 지압할 때는 귀 뒤로 한 손씩 이동한다.

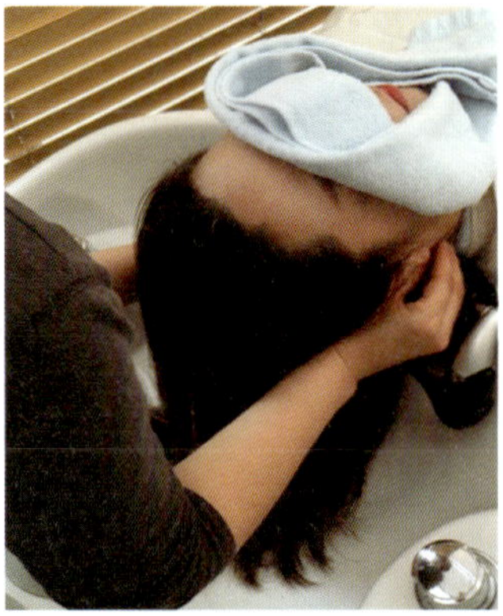

㊶ 두상을 들 때는 엄지손가락 측면과 손바닥 하단 부위를 이용하여 위로 들어 올린다.

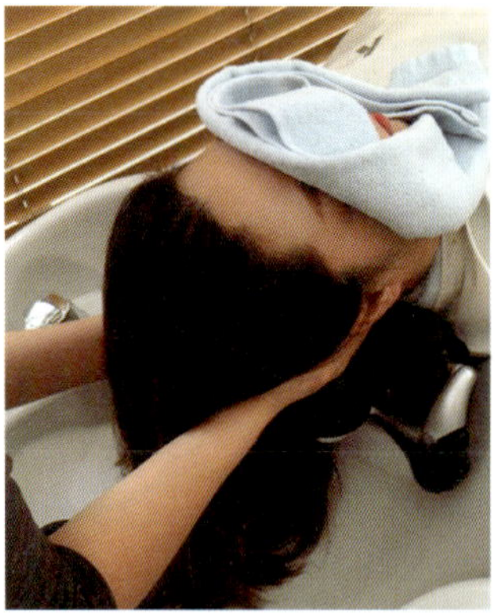

㊷ 들어올린 공간으로 양손 바닥을 넣어 네이프를 감싸듯이 얹는다.

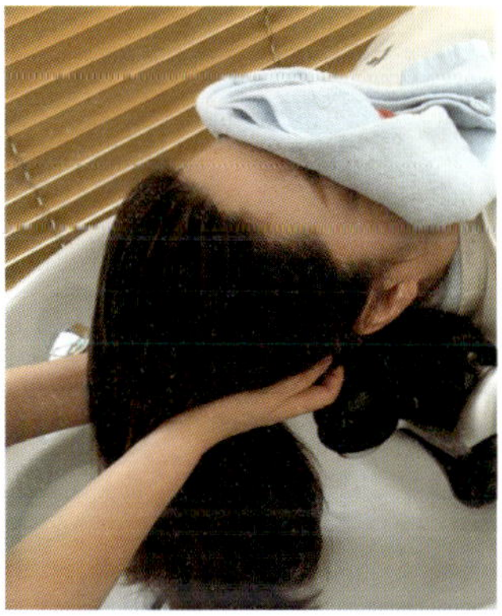

㊸ 검지, 중지, 약지, 소지를 세워서 지압하며, 손가락의 세우는 정도에 따라 지압의 세기를 조절 한다. 손톱이 두피를 자극하지 않도록 주의한다.

㊹ 네이프 지압이 끝난 후 부드럽게 한 손씩 뺀다.

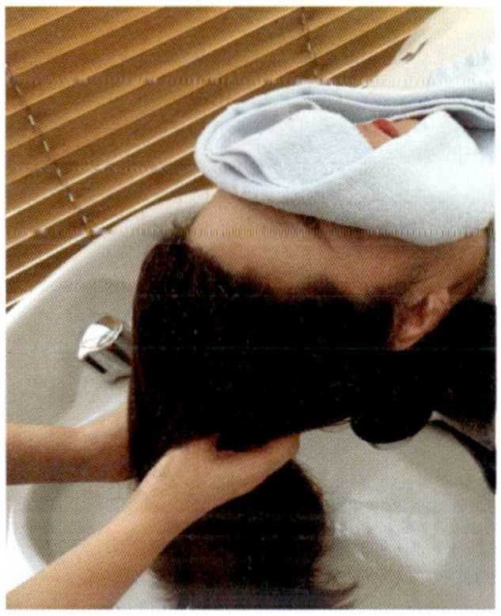

㊺ 손을 빼며 정수리를 한 번 더 지압함으로써 마무리임을 알린다.

(7) 노폐물 밀어내기 (목의 림프절)

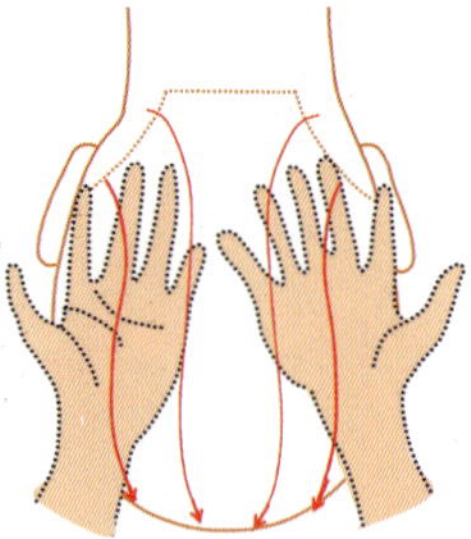
노폐물 밀어내기 방향

① 아문혈이 있는 후두부를 자극하면 혈액순환이 촉진되며 몸속의 노폐물을 배출하도록 도와준다.

② 체온이 상승하는 효과가 있다.

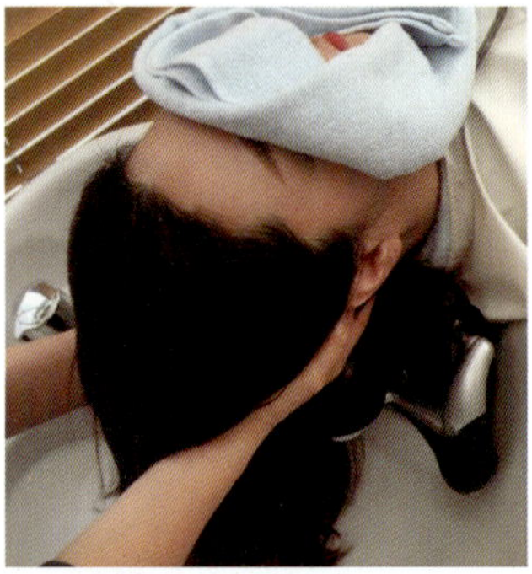
① 후두부를 양 손바닥으로 감싼 후 머무르며 준비자세를 취한다.

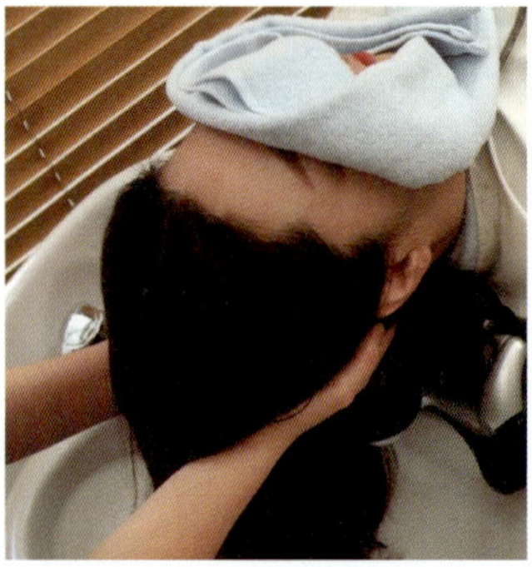
② ①번 후에 양 손의 엄지를 제외한 4개의 손가락 지문부위를 세워서 지압한다.(이때 리듬은 하나, 둘, 셋이 적당하다.)

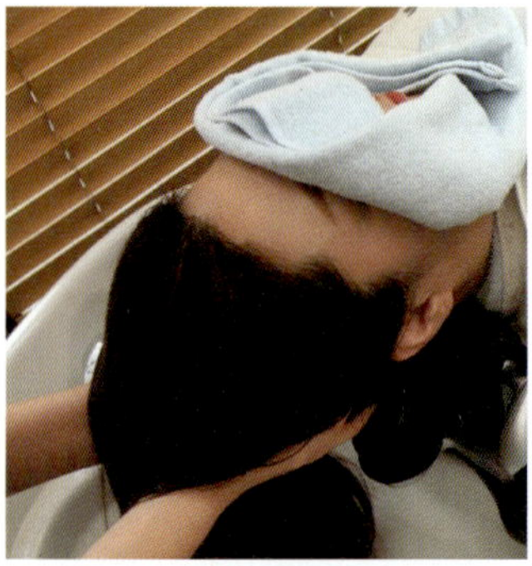
③ ②번의 위치에서 손가락 한마디만큼 정수리 방향으로 이동하고 잠시 멈춘 후, 같은 방법으로 3회 반복한다.

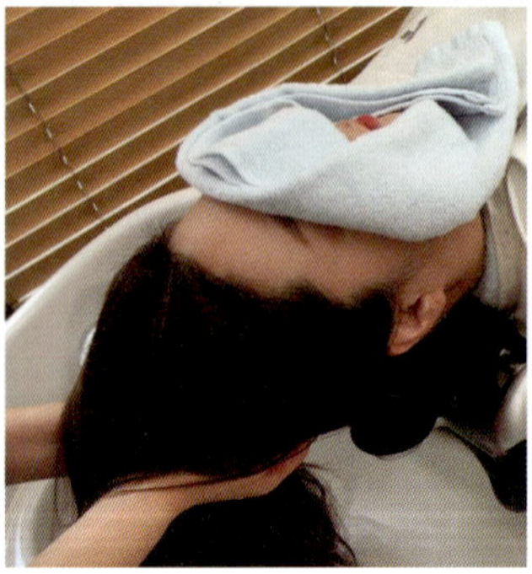
④ ①~③번을 다시 한 번 반복한다.

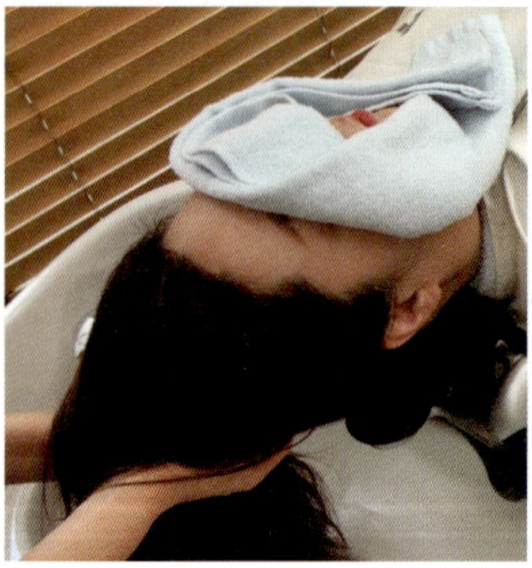
⑤ 한 손은 두상을 받친 후 나머지 손의 중지를 이용하여 아문혈을 지압한다. (이때 리듬은 하나, 둘, 셋이 적당하다.)

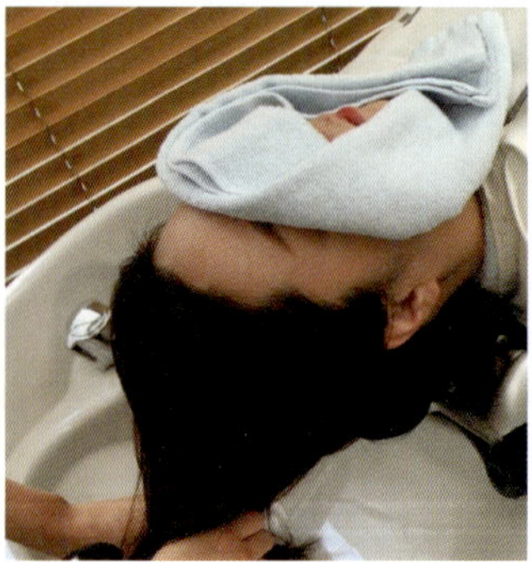
⑥ 한 손씩 순차적으로 두상에서 손을 뗀다.

(후두부를 손바닥으로 감싸듯이 멈춘 상태가 준비 자세이며 4선에 위치한 아문혈을 자극한다.)

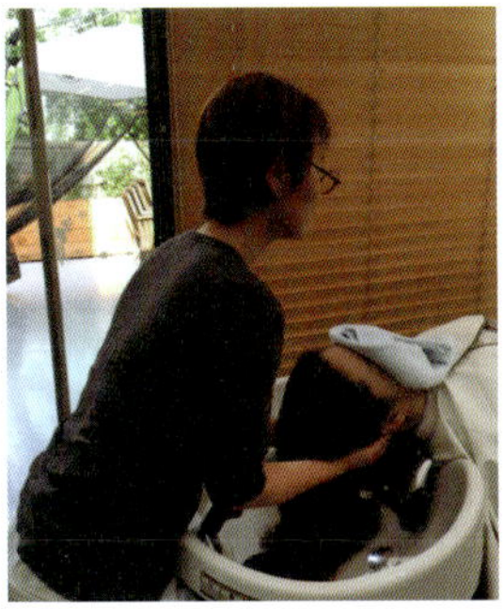

Tip

후두부의 지압에는 스파니스트의 자세가 중요하다. 스파니스트가 등을 구부리는 자세로 후두부를 지압할 경우 스파니스트 손목에 무리가 가며, 지압의 전달이 어려워진다.

(8) 후두부 주무르기(유념법)

① 후두부의 아문혈점을 주무르듯이 자극하여 노폐물을 밀어내는 방법이다.

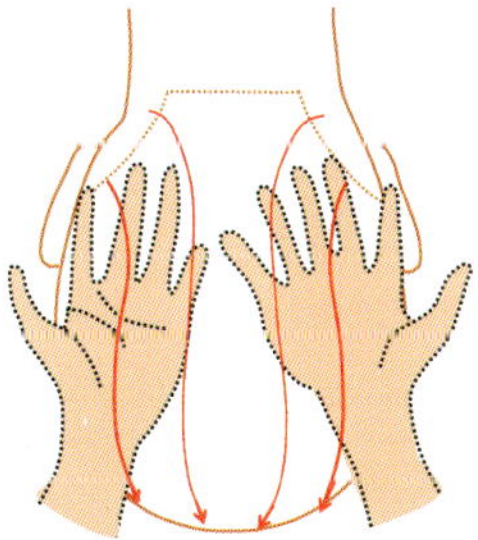

노폐물 밀어내기 방향

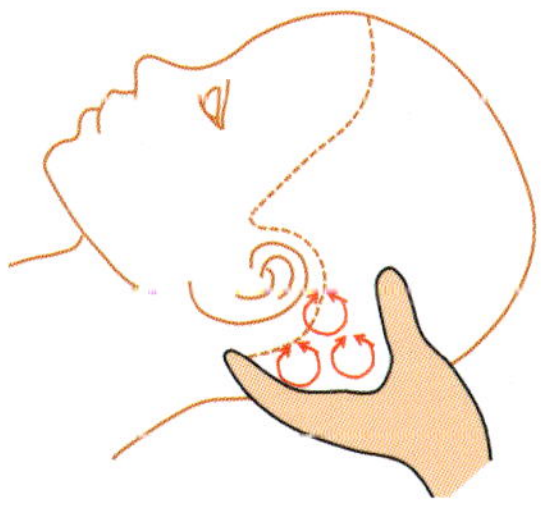

아문혈 주무르기

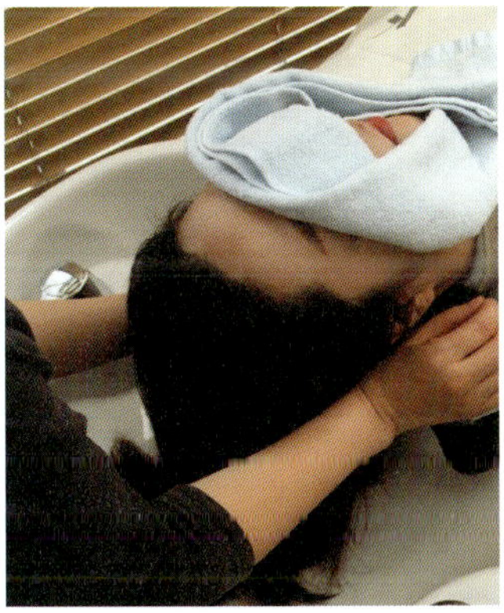

① 후두부에 손을 넣기 위한 준비동작으로 양손 엄지손바닥 측면과 손바닥 하단부를 이용하여 두상을 위로 가볍게 올린다. (올린 후에 공간을 확보가 중요하다.)

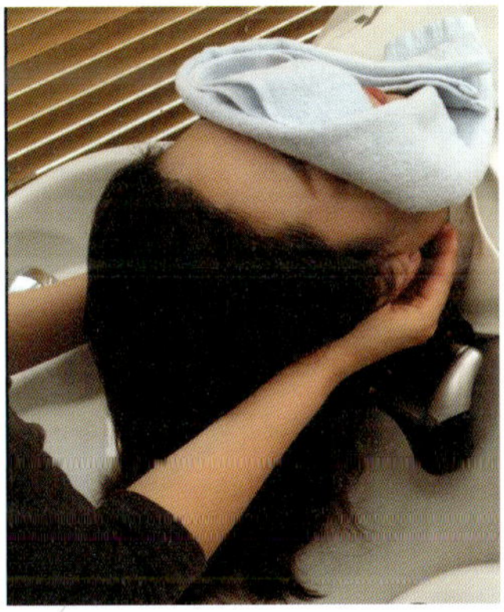

② 두상을 들어 공간 확보가 되었다면, 한 손으로는 모발과 두상을 받쳐준다.

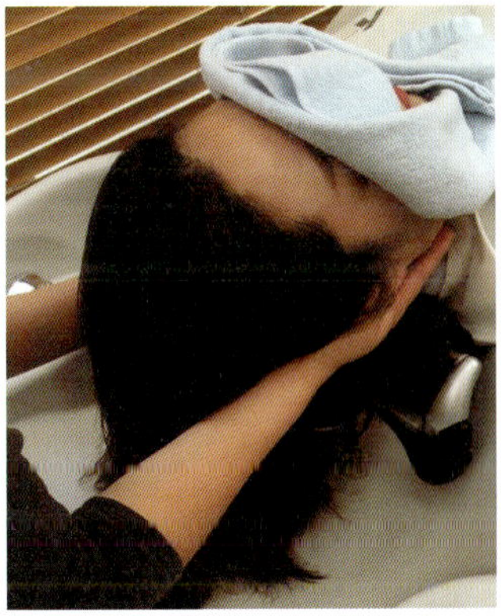

③ 다른 한 손의 엄지와 검지의 안쪽 측면을 이용하여 네이프 라인에 밀착시킨다.

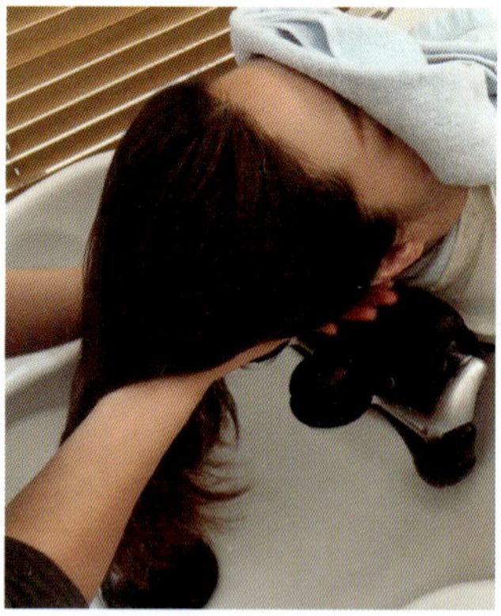

④ 받치고 있지 않은 나머지 손바닥과 손가락을 이용하여 후두부를 주무른다.

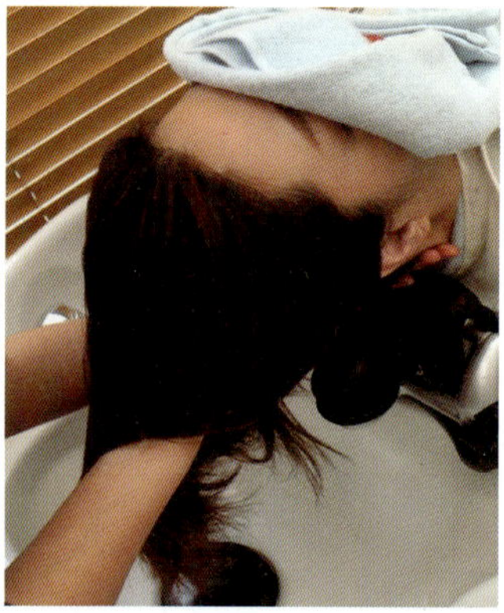

⑤ 주무르던 손을 두피에 밀착 시킨 상태로 정수리까지 이동하여 다섯 손가락의 지문부분으로 2~3회 튕겨준 후 정수리를 받치고 후두부를 받치고 있던 손을 뺌과 동시에 다른 한 손으로 목덜미를 지나 네이프를 받쳐 준다.

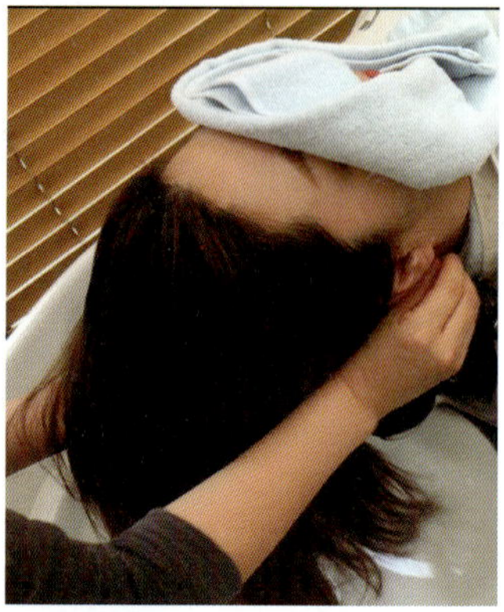

⑥ ⑤번을 1~2회 반복한 후 서서히 한 손씩 뺀다.

(4선 진행방법)

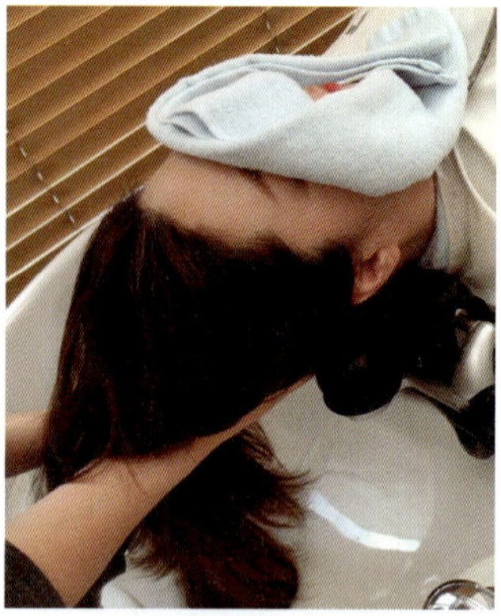

⑦ 네이프를 감쌌던 방법으로 측면을 지지한다.(이는 다른 손이 3선에 대한 유념법을 진행하기 위함이다.)

⑧ 3선을 다섯 손가락 모두를 이용하여 주무르듯이 유념법으로 진행한다.

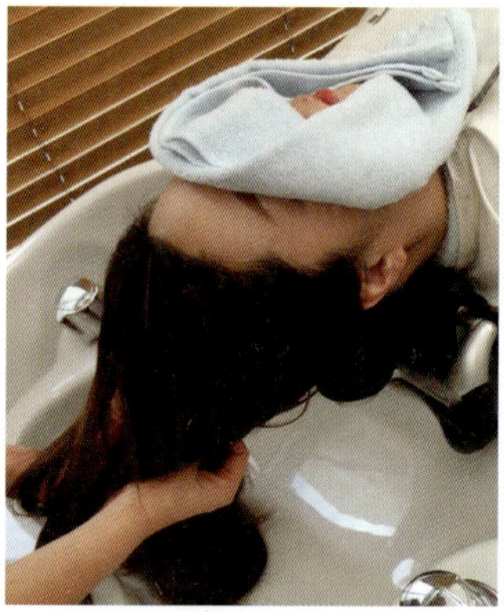

⑨ ⑤번과 같은 방법으로 정수리 지점에서 강하게 유념하여 마무리한다.

Tip

후두부에서 노폐물 제거 동작을 많이 하는 이유는 혈액 순환을 도와 독소를 제거하기에 좋기 때문이다.

(9) 귀 주변의 림프의 흐름

① 현대인들의 스트레스와 피로는 얼굴 주변의 근육을 뭉치게 한다. 이로 인하여 주름이 생기며 얼굴의 인상에도 영향을 준다.

② 림프의 흐름과 혈행 촉진을 위하여 작은 원을 그리면서 페이스 라인을 지나 귀 주변으로 진행한다.

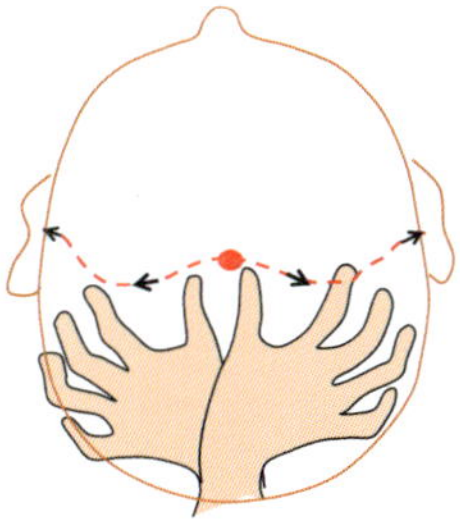

페이스 라인따라 진행

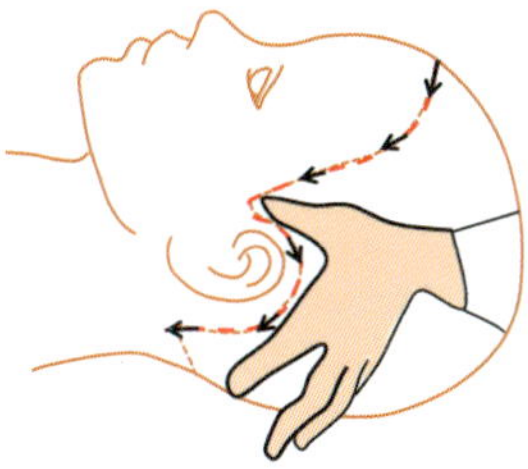

림프의 흐름

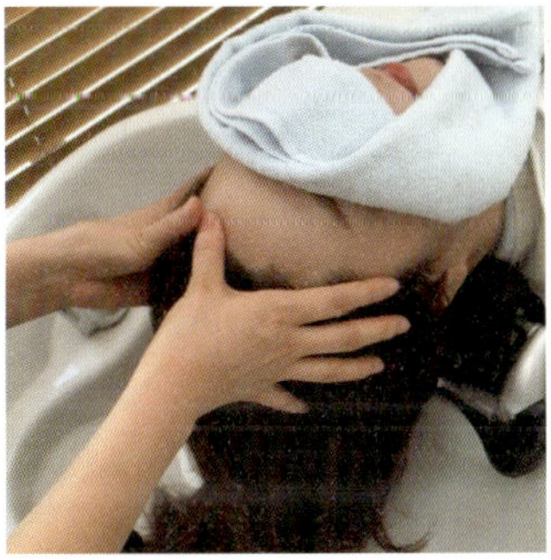

① 양손의 엄지를 신정 부위에 얹고 나머지 손가락으로 측두부를 감싼다.

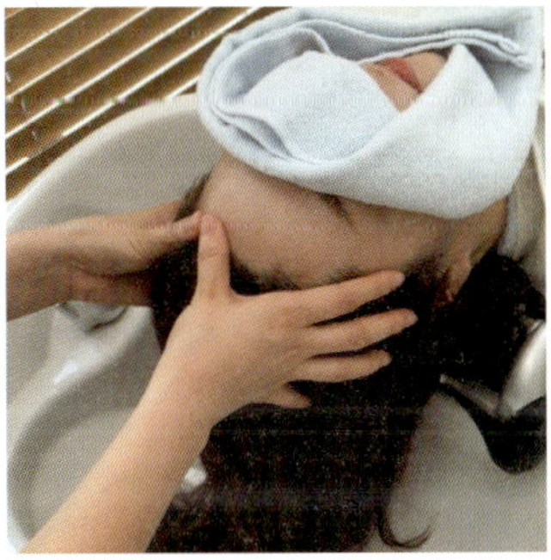

② 4손가락은 지지대의 역할이며 엄지손가락으로 진행한다.

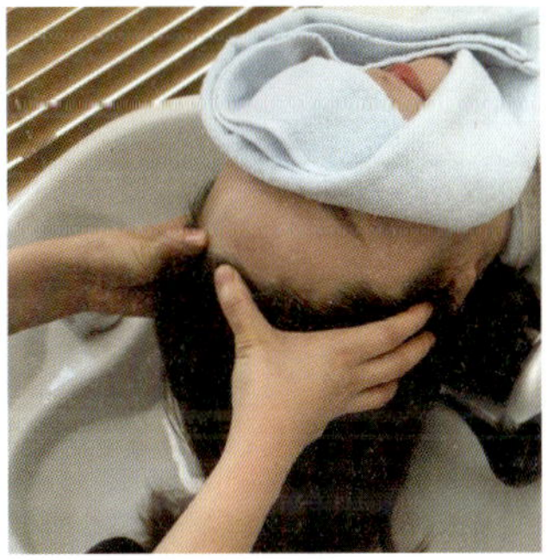

③ 페이스 라인을 따라 작은원을 그리며 신정에서 귀 밑부분으로 진행한다.

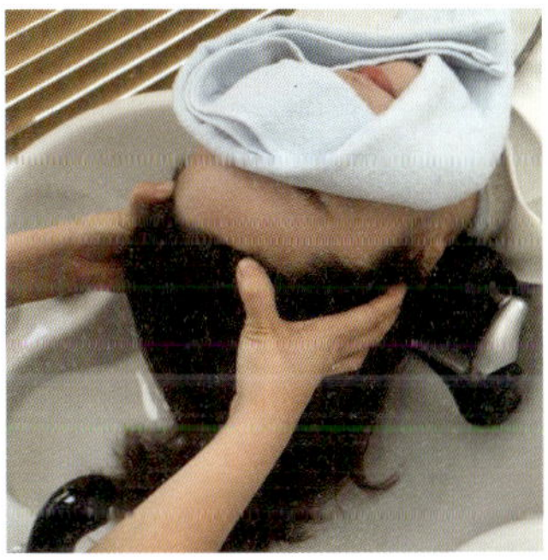

④ 신정에서 관자놀이 부분으로 이동하는 자세

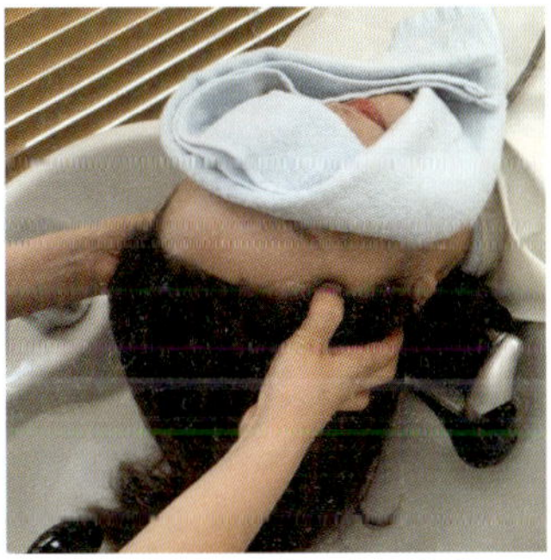

⑤ 관자놀이에서 얼굴방향으로 1cm 위치에 움푹 들어간 포인트가 있다. 이곳을 자극했을 때 림프 흐름에 도움이 된다.

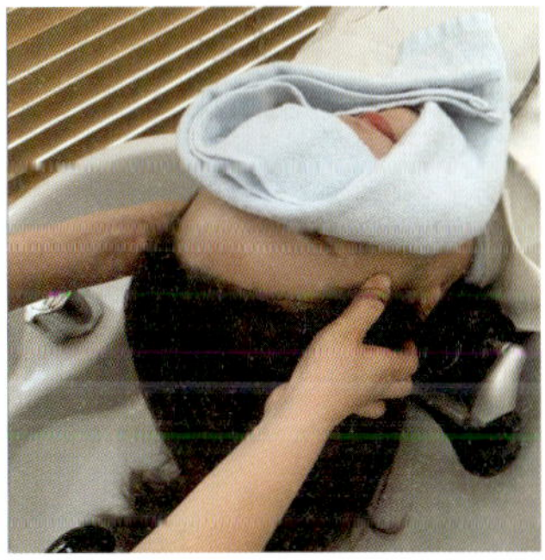

⑥ 페이스 라인을 따라 엄지손가락을 이동하며 이때 엄지손가락의 힘을 살짝 뺀다.

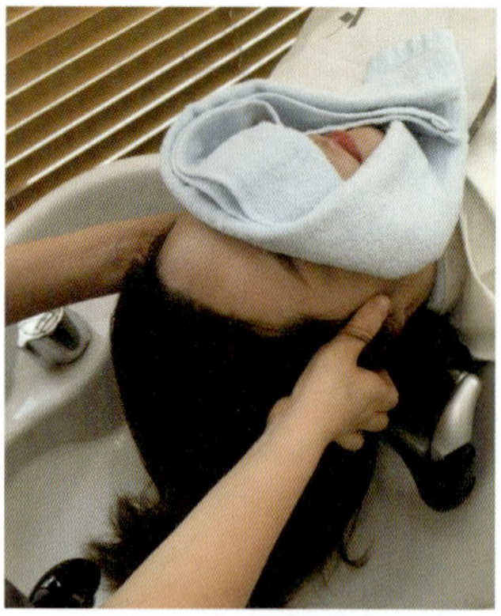

⑦ 엄지손가락 지문부위를 이용하여 이동하며, 귀 앞을 지압한다.

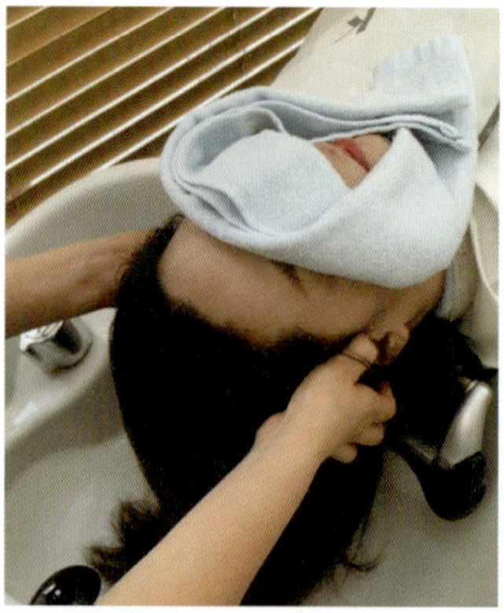

⑧ 엄지손가락의 이동은 귀 주변을 따라 귀 앞을 지나 귀 위를 지압한다.

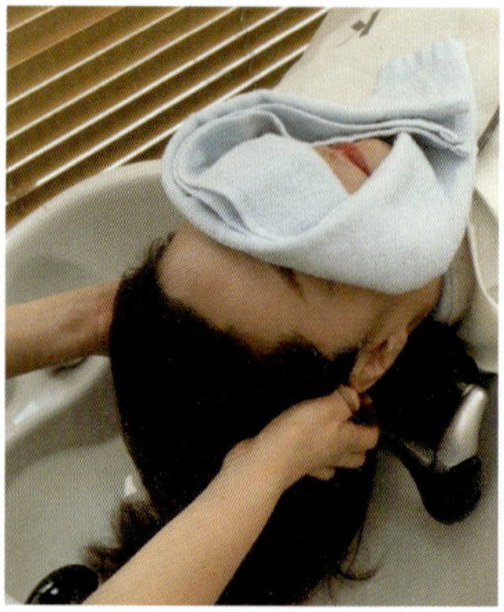

⑨ 귀 위를 지압하였다면 귀 주변을 따라 귀 뒤를 지압한다.

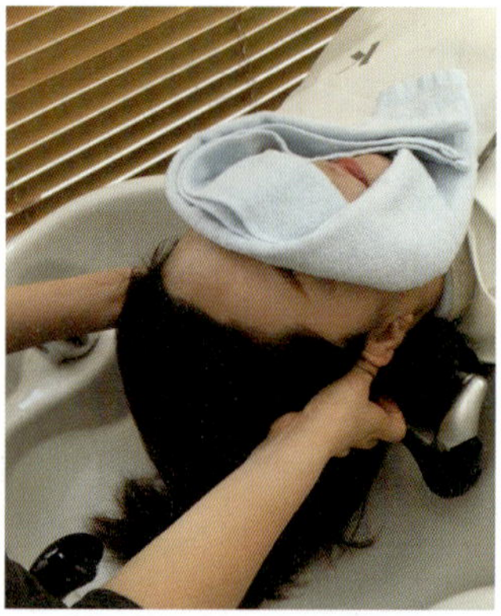

⑩ 귀 뒤를 지나서 귀 밑을 지압한다.(림프의 흐름을 도와주는 지압점은 신정, 관자놀이에서 얼굴로 1cm 위치한 곳, 귀 앞, 귀 위, 귀 뒤, 귀 밑이다.)

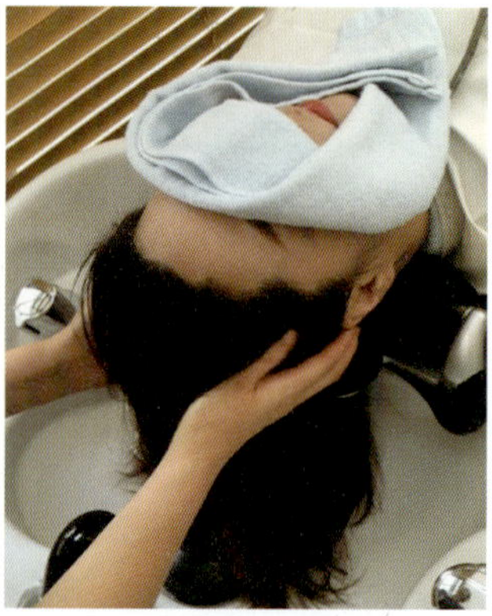

⑪ 엄지손가락을 이용하여 귀 밑을 지나 후두부로 림프를 흘려주듯이 이동한다.

(10) 거품제거

① 물의 사용량을 줄이며 샴푸의 거품을 빠르게 제거하는 방법이다.

② 거품을 내는 것보다 노폐물을 포함한 거품을 다 제거하는 것이 더 중요하다.

③ 헹굼 시간이 단축된다면 절수의 효과도 기대할 수 있다.

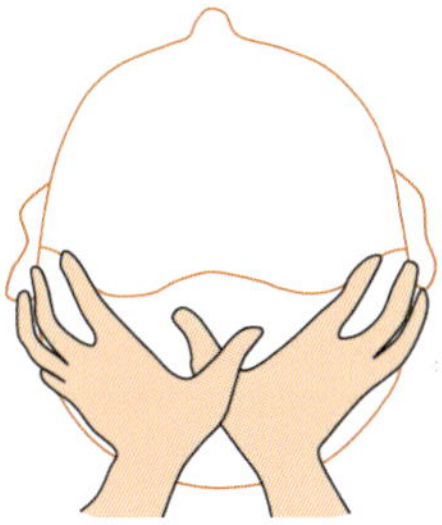

거품 걷어내기

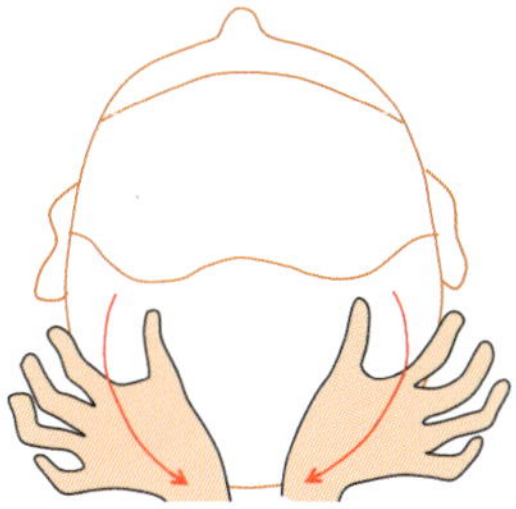

거품 걷어내기 방향

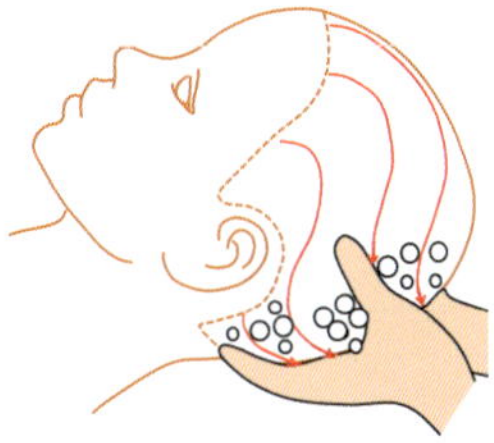

네이프 거품 걷어내기

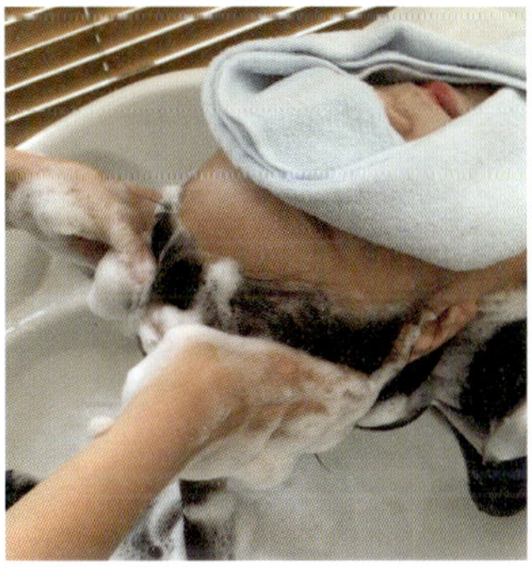

① 페이스 라인을 엄지와 검지 사이의 손가락 측면을 이용하여 거품을 제거한다.

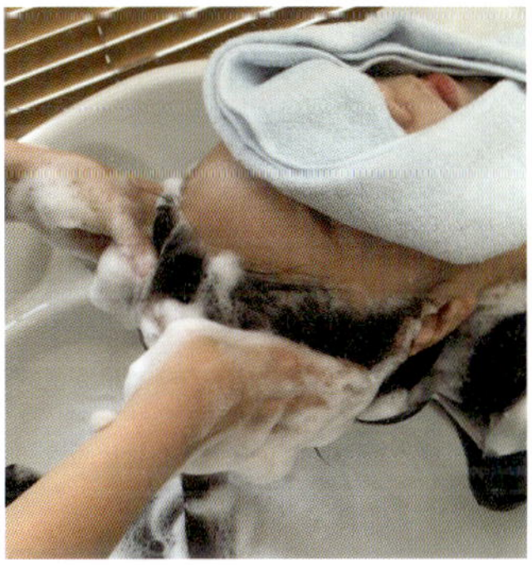

② 불쾌하지 않도록 모발을 너무 잡아당기거나 두상을 압박하는 느낌을 주지 않도록 한다.

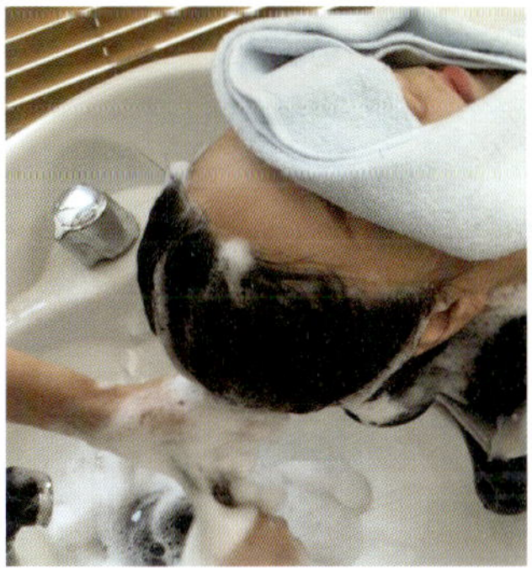

③ 모발 끝 부분의 거품을 제거한다.

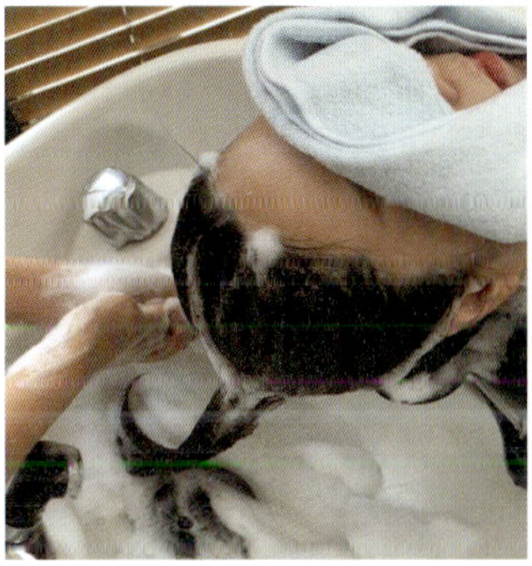

④ 손에 묻은 거품을 깔끔하게 제거한다.

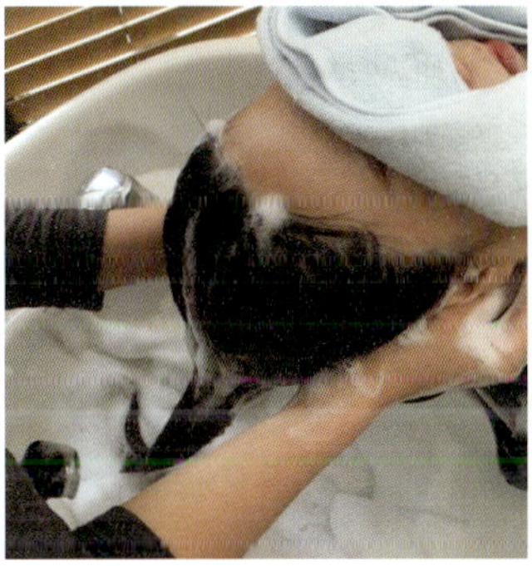

⑤ 네이프에도 양손을 넣어 거품을 제거한다.

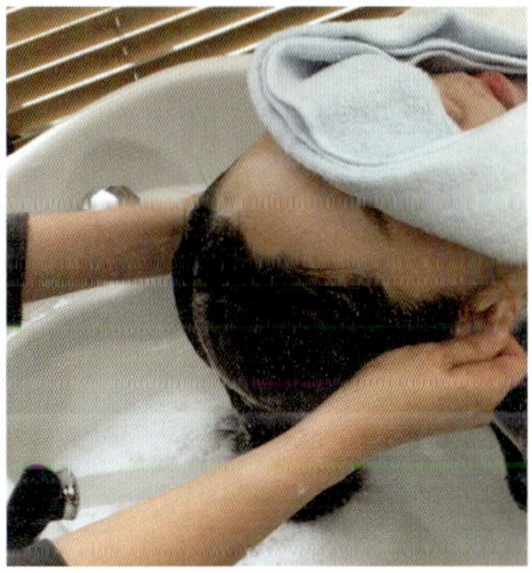

⑥ 귀 주변을 깨끗하게 정돈한다.

(11) 물로 씻어내기

① 먼저 물의 온도를 체크하는 것이 중요하다.

② 물의 온도는 손목을 이용하여 확인한다.(38℃가 적당하다)

③ 샤워헤드(shower head)를 이용하여 두피와 모발에 충분한 수분이 흡수될 수 있도록 충분히 적신다.

④ 샤워헤드는 두상으로부터 수직(90°)을 유지한다.

⑤ 릴랙스를 위하여 샤워기의 수압은 서서히 키우도록 한다.(헤드스파는 릴렉스가 목적이며 큰 소리가 난다면 편안함을 이끄는 데 방해가 될 수 있다.)

⑥ 고객의 목 부위 옷이 젖지 않도록 주의한다.

※ (3) 물로 씻어내기와 같은 방법으로 진행한다.

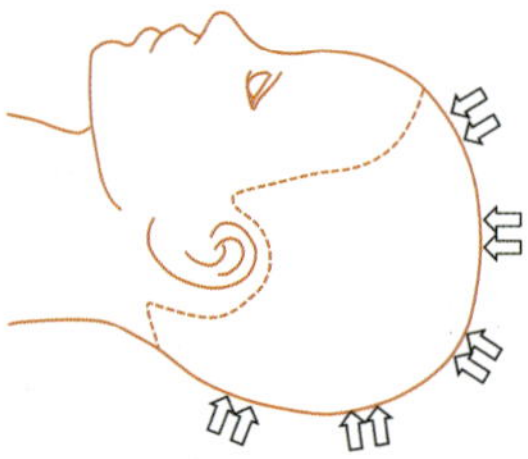

샤워 헤드 방향

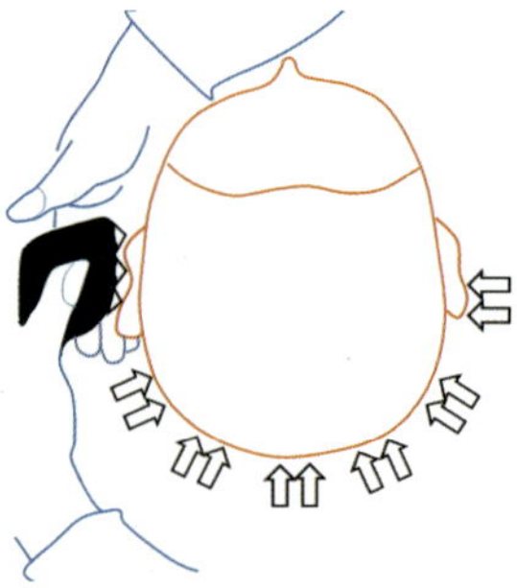

페이스 라인 방어

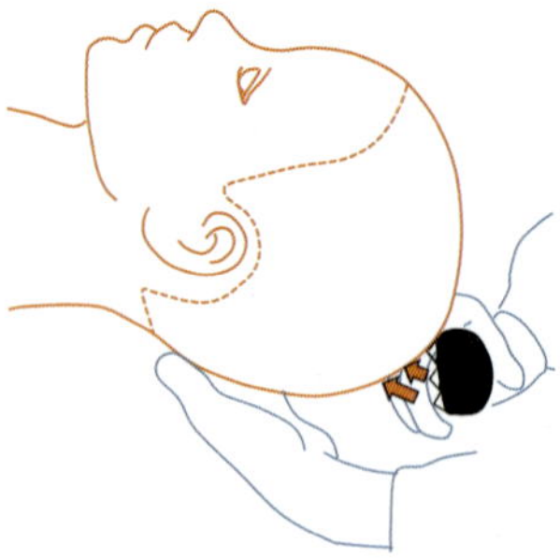

네이프 헹구기

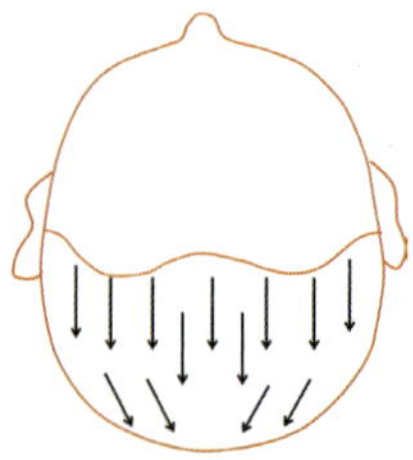

씻어내기 방향

(12) 리페어링

① 모발에 영양을 주기 위한 머니퓰레이션의 방법이다.

② 모발 영양을 위한 트리트먼트제의 성분에는 실리콘 등 두피에 부적합한 성분이 포함되어 있으므로 두피에 닿지 않도록 주의한다.

③ 적당량의 제품을 손바닥에 덜어 믹싱한 후 모발에 도포한다.

① 모발을 적당한 다발로 잡아 모발 끝에서 모근 쪽을 향하여 가볍게 도포한다.

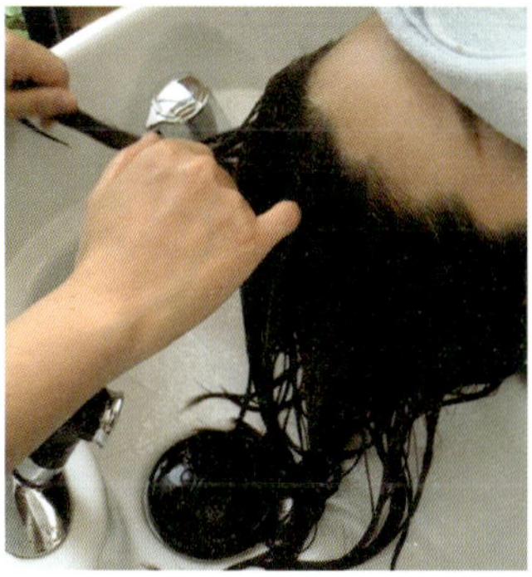

② 새끼손가락을 이용하여 적당량 섹셔닝한다. (이런 방법으로 모발 전체를 도포한다.)

③ 모표피 정리를 위하여 제품의 도포 후 손가락을 이용하여 두피 쪽에서 모발 끝쪽으로 빗질하듯 정돈한다.

④ 모발의 부드러움과 윤기를 확인한 후 부족한 부분에 제품을 재도포하며 머니퓰레이션한다.

⑤ 모발 깊이까지 제품을 투입하기 위하여 모발을 둥글게 모아서 손바닥에 얹고 가볍게 주물주물 하듯이 반복한다.

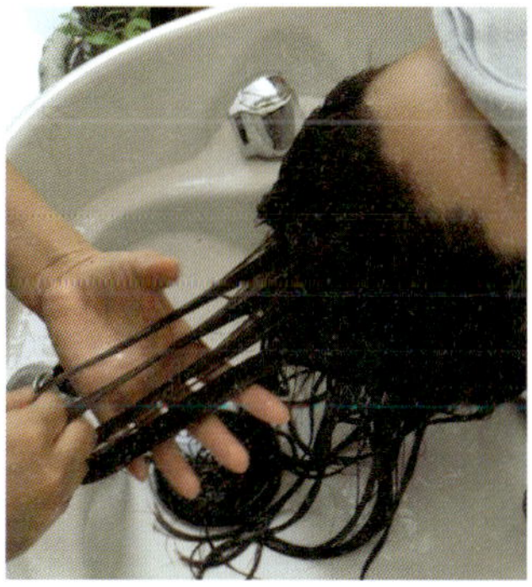

⑥ ④번과 같은 방법으로 진행한다.

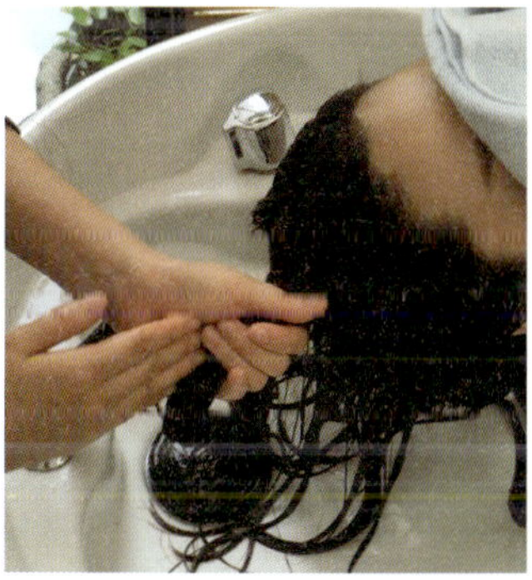

⑦ 모근에서 모발 끝으로 훑어 내리는 모습이다.

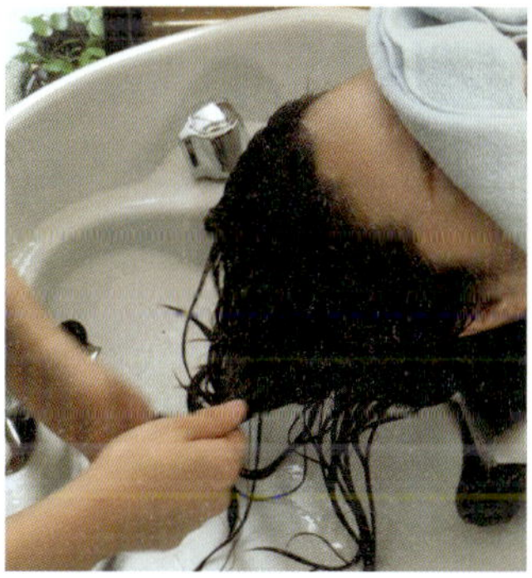

⑧ 모발 끝에서 모근으로 도포하는 모습이다.

⑨ 윤기와 부드러움을 체크하는 모습이다.

(13) 두피 주무르기(유념법)

① 뭉치기 쉬운 페이스 라인을 주무르듯이 유념법으로 풀어 준다.

② 리프트업, 피로감소, 림프의 흐름을 촉진시키는 데 도움이 된다.

③ 리프트업 동작은 강약을 조절하여 진행한다.

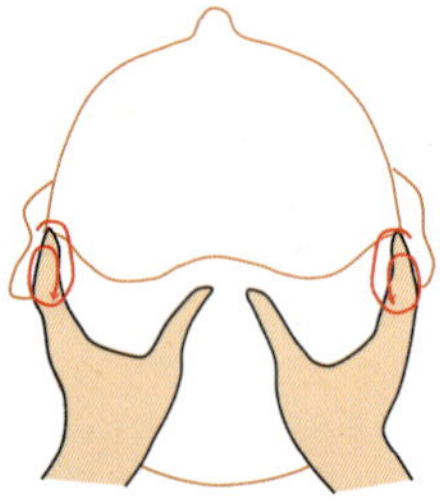

굴리듯 주무르기

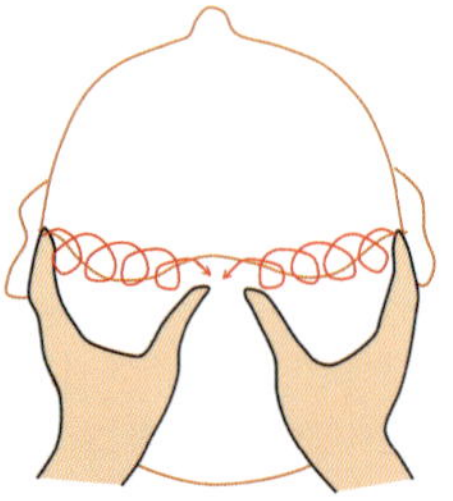

리프트업 유념

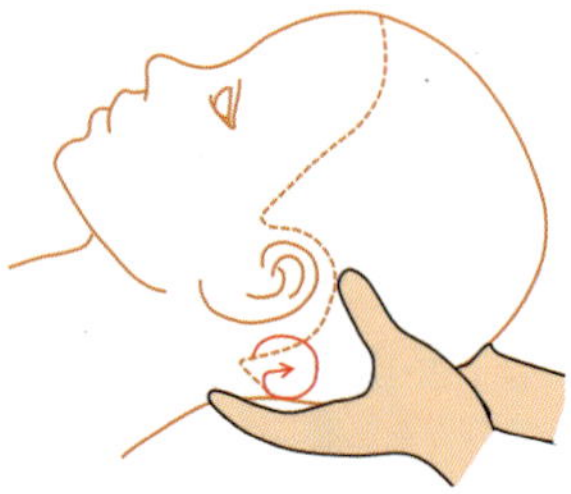

네이프 유념

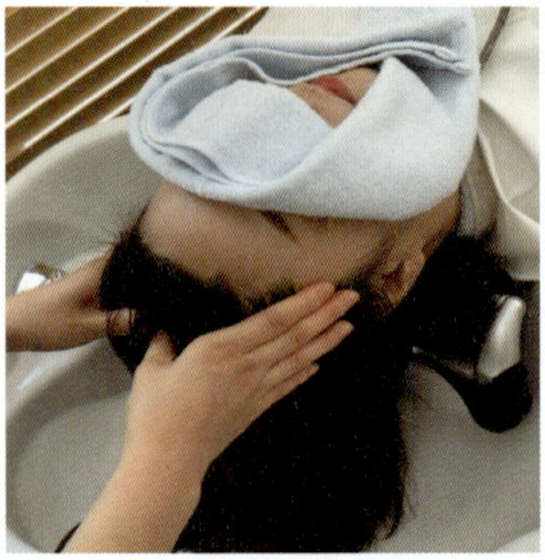

① 엄지손가락은 백회 지점을 지지한 후 나머지 손가락 전체를 측두근의 근막에 밀착시키며 1선을 준비한다.

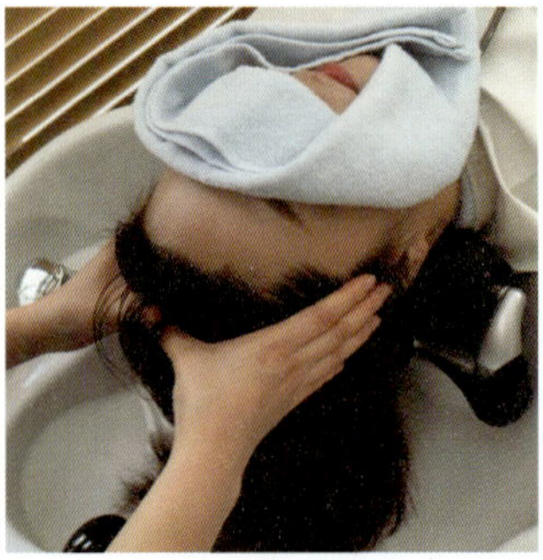

② 엄지손가락을 제외한 나머지 손가락의 지문부분을 굴리듯 백회 쪽으로 이동한다.

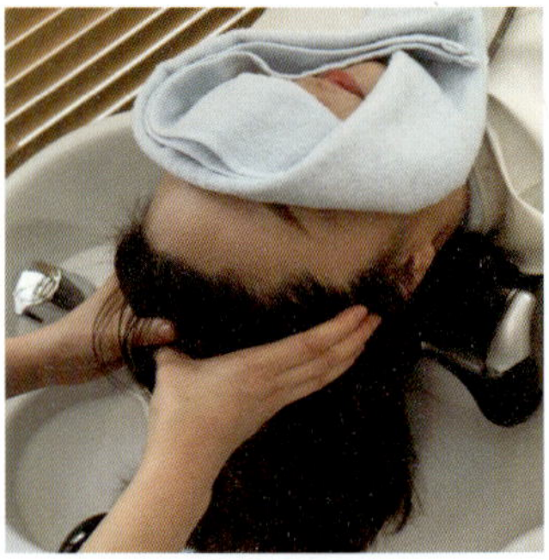

③ ②번과 같은 방법으로 2~3회에 걸쳐 진행한다.

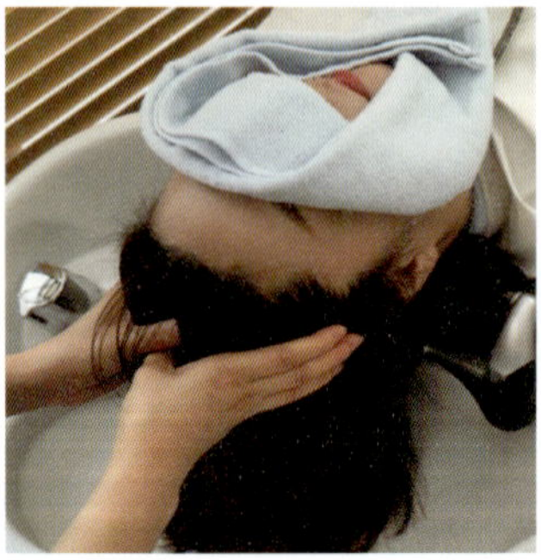

④ 측두근 부위는 2~3cm 간격으로 진행한다.

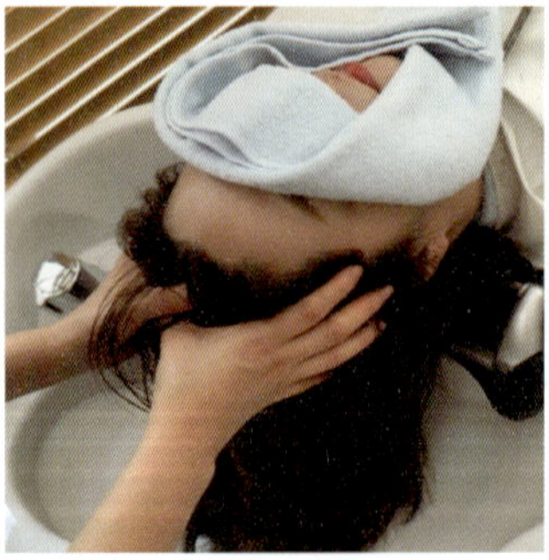

⑤ ④번까지 진행 후 손가락을 넓게 벌려 측두근 전체를 감싼 후 ④번과 같은 방법으로 진행한다.

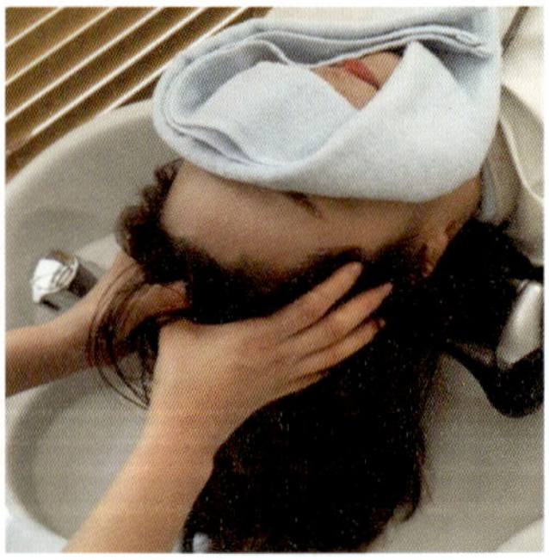

⑥ 같은 방법으로 2회 진행한다.

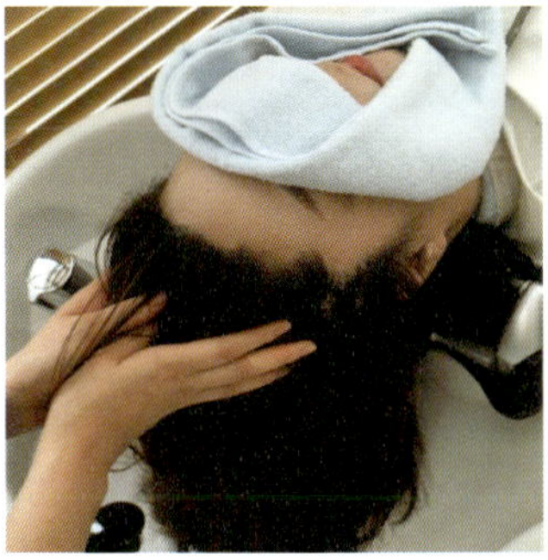

⑦ 2선의 시작점은 귀 윗부분으로 엄지손가락을 백회 부위에 지지한다.

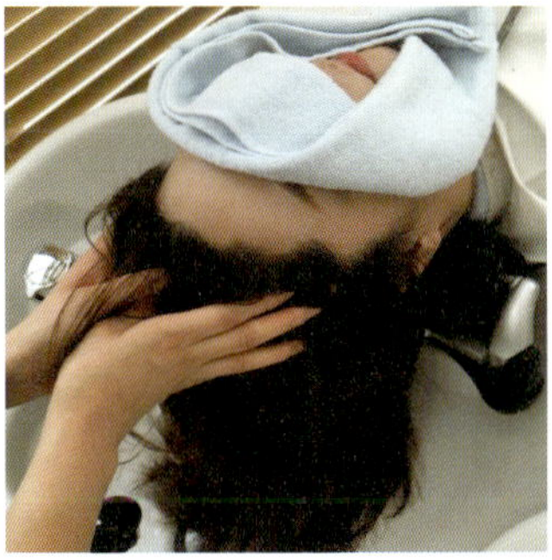

⑧ 2선도 1선과 같은 방법으로 진행한다.

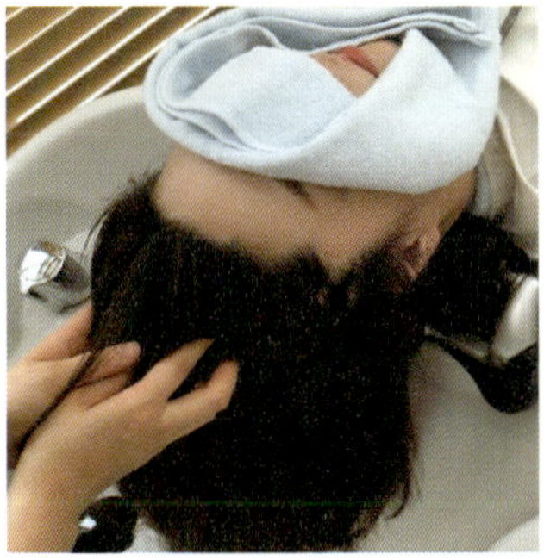

⑨ 속도가 느리면 모발이 당겨질 수 있으므로 너무 느려지지 않도록 주의하며 양손을 서서히 백회를 향하여 끌어 올려 주듯이 리프트업한다.

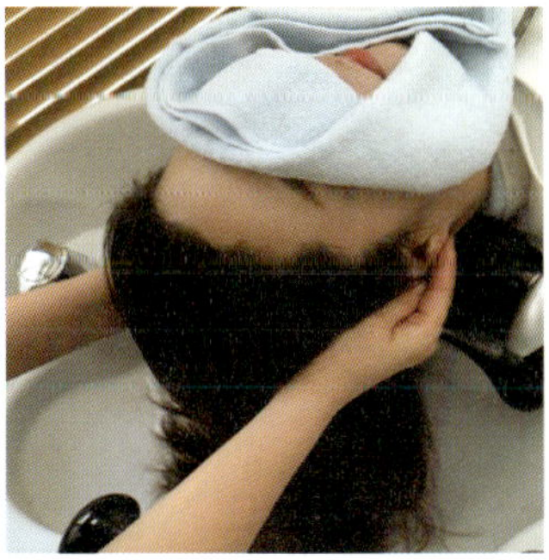

⑩ 3선의 진행을 위하여 귀를 살짝 접어 손이 들어갈 수 있는 공간을 만든다.

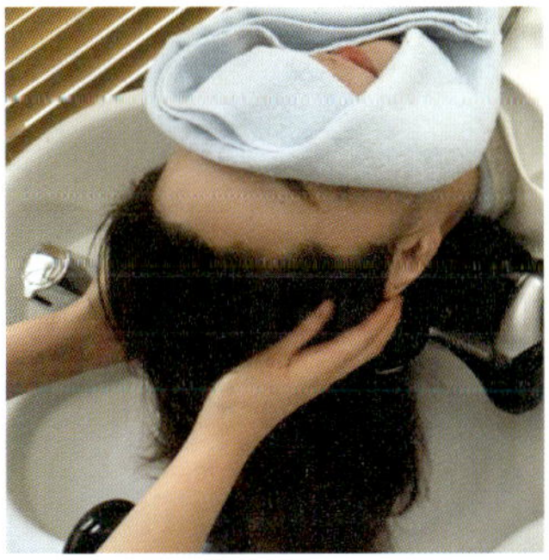

⑪ 3선의 시작점은 귀 뒤이며 엄지손가락을 제외한 나머지 손가락 네 개를 모은다.

⑫ 엄지손가락은 백회를 지지하고 양손의 손가락 네 개를 모은 후 작은 원을 그리며 정수리를 향하여 리프트업한다.

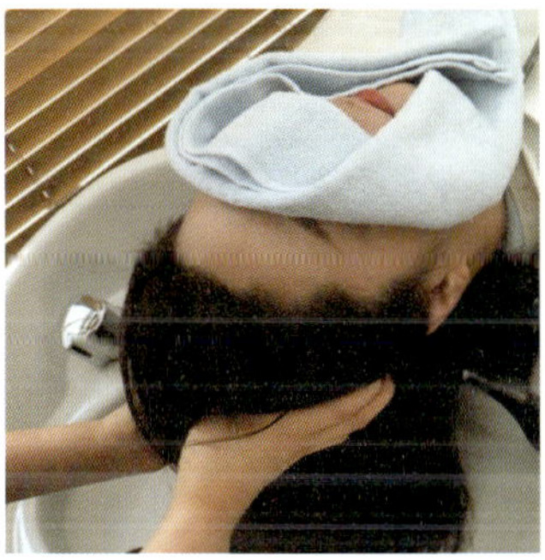

⑬ 네 손가락을 정수리로 진행하여 엄지손가락을 포함한 모든 손가락이 정수리에서 만나도록 한다.

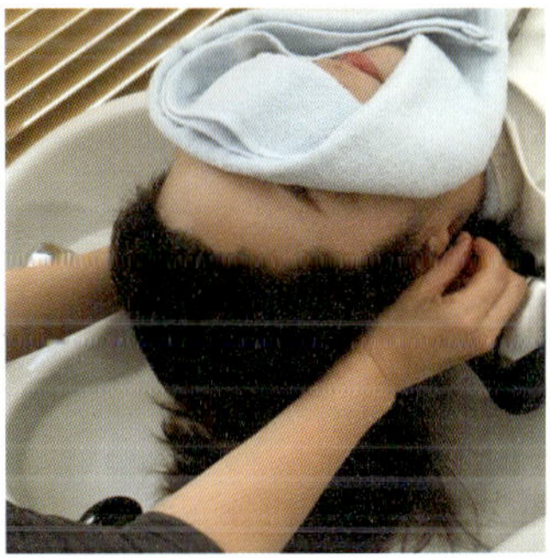

⑭ 4선 준비동작

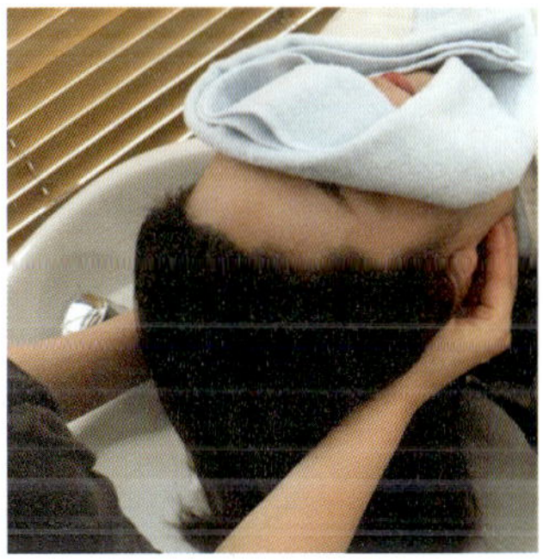

⑮ 엄지손바닥 측면을 이용하여 살짝 두상을 위로 들어 올려 양손을 놓는다.

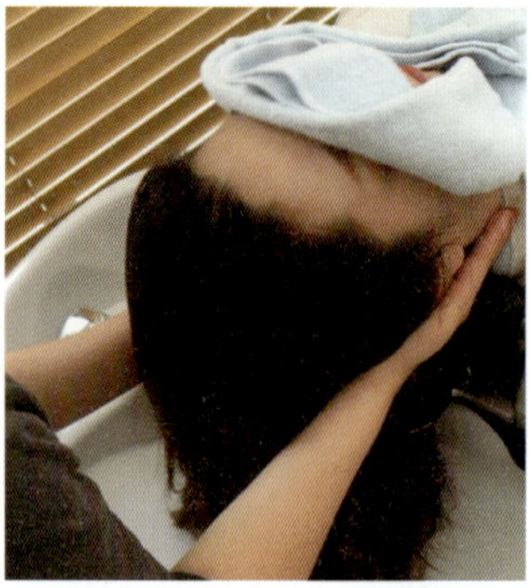

⑯ 측두부 근육의 방향을 고려하여 모은 양손 위에 두상을 얹는다.

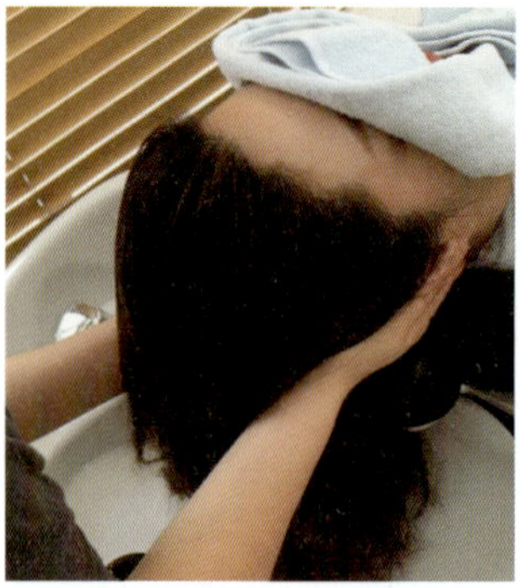

⑰ 4선의 준비 동작은 엄지 손가락을 제외한 나머지 손가락을 네이프선에 세로로 위치하고 손가락과 손바닥을 네이프에 밀착시킨다.

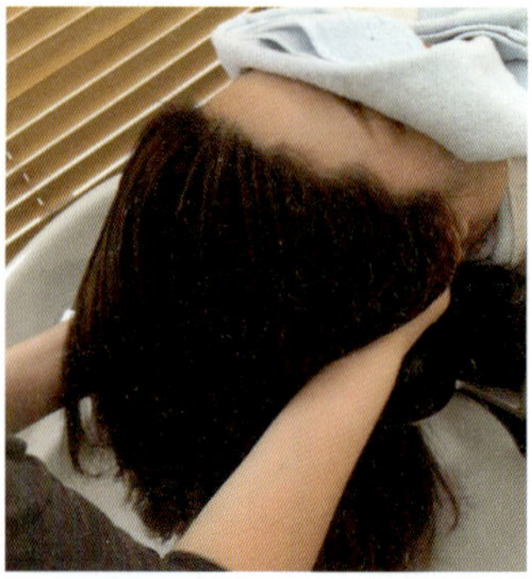

⑱ 손가락으로 원을 그리듯이 압을 주면서 양손을 스파니스트를 향하여 뺀다.

⑲ 한 손으로는 두상을 받치고 한 손으로 목 부분을 주물러 준다.

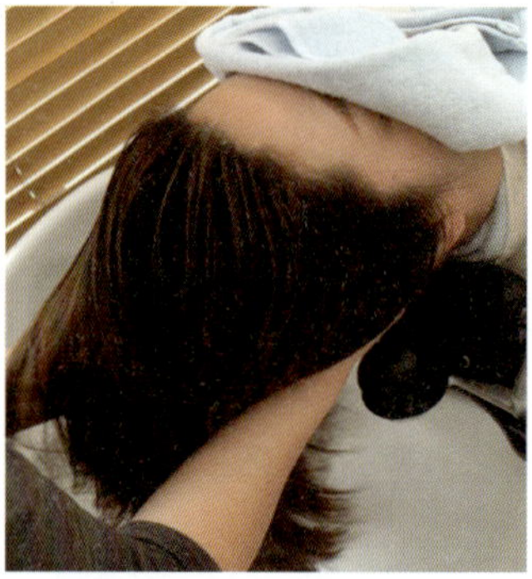

⑳ 목 부분을 주무른 후 정수리 쪽으로 향한다.

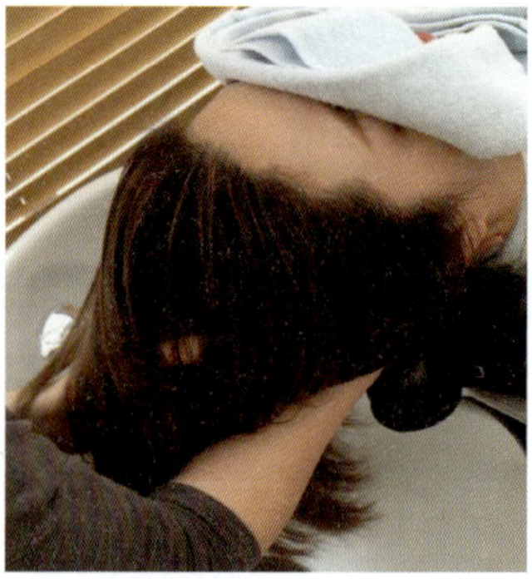

㉑ 천천히 손을 빼 준다.

㉒ 모발을 가지런하게 정리한다.

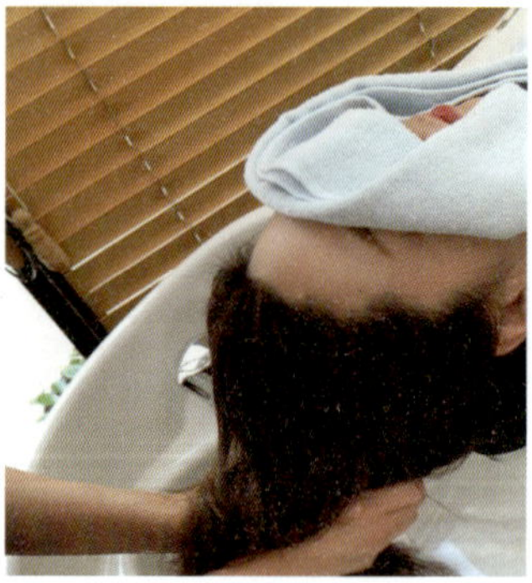

㉓ 모발이 당겨지지 않도록 정돈하며 손을 천천히 뺀다.

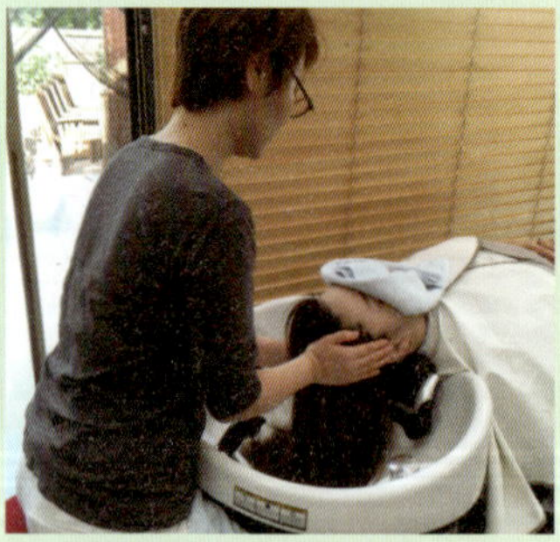

Tip

허리를 펴고 상체를 바르게 한 후 손을 뻗는 유념법 자세

(14) 두상의 혈점 누르기

① 지압법은 경락 혈점을 자극하는 방법으로 강약을 조절하여야 한다.
② 지압을 할 때 리듬을 맞추는 것이 고객을 릴랙제이션으로 이끌 수 있다.
③ 가장 효과적인 리듬은 하나, 둘, 셋으로 지압하며, 하나, 둘에 힘을 뺀다.
④ 손가락을 이동할 때 엄지손가락 한 마디 정도만큼 리듬감 있게 이동하며 반복한다.
⑤ 지압의 효과를 높이기 위해서는 스파니스트의 체간(등에 위치한 근육)의 힘을 이용하여야 하며 이는 스파니스트의 손목을 보호하기 위한 방법이기도 하다.
⑥ 지압법은 샴푸 머니퓰레이션 시 강찰법 후에 진행한다.
⑦ 귀 주변의 근막은 검지, 중지, 약지를 이용하여 굴리듯이 위쪽으로 이동하며 이때 고객에 맞는 압으로 진행한다.

※ (6) 두상의 혈점 누르기와 같은 방법으로 진행한다.

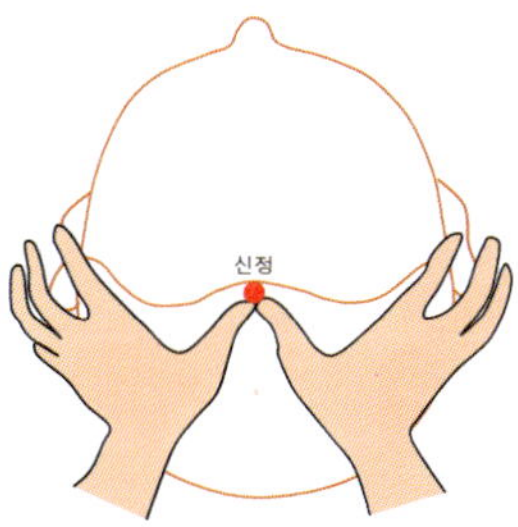

톱 지압점–신정

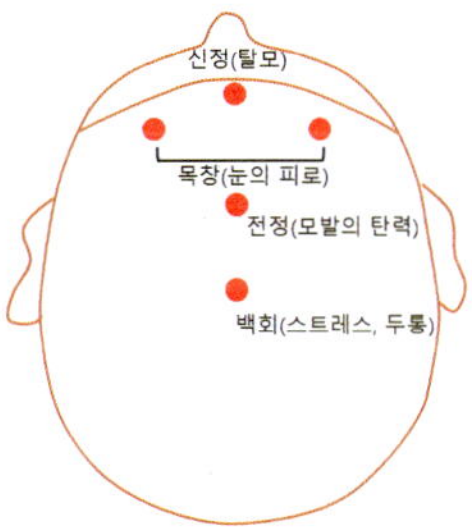

톱 지압점

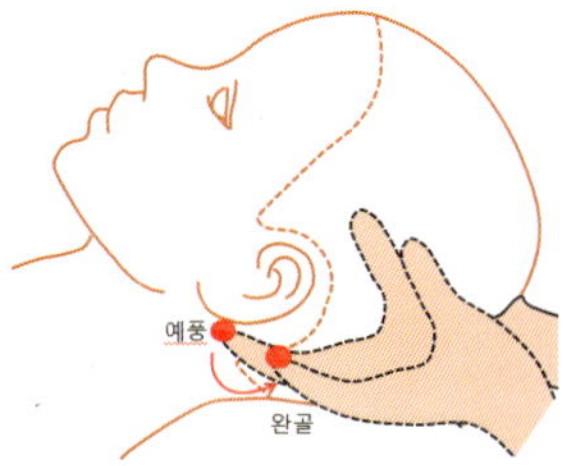

백 지압점

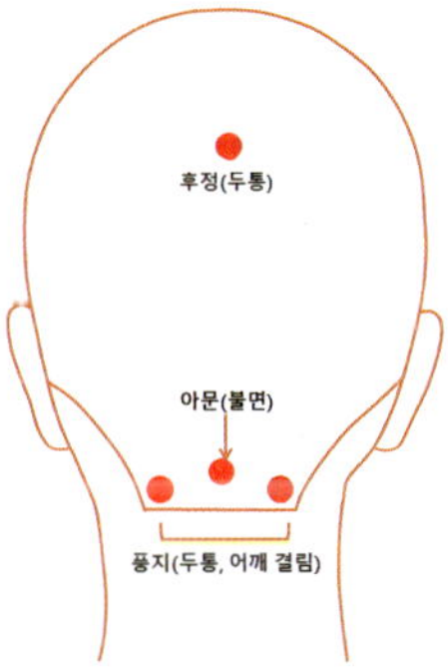

네이프–백 지압점

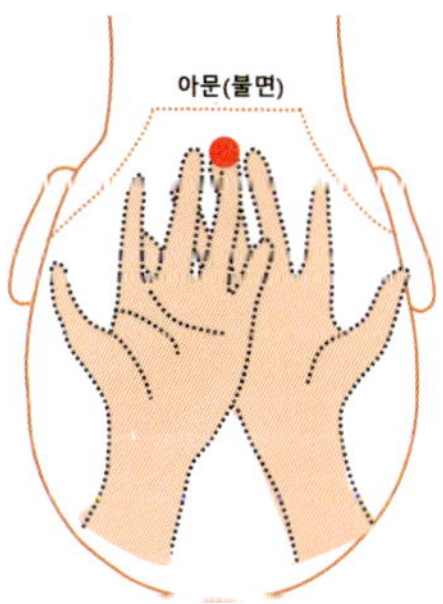

아문(불면)

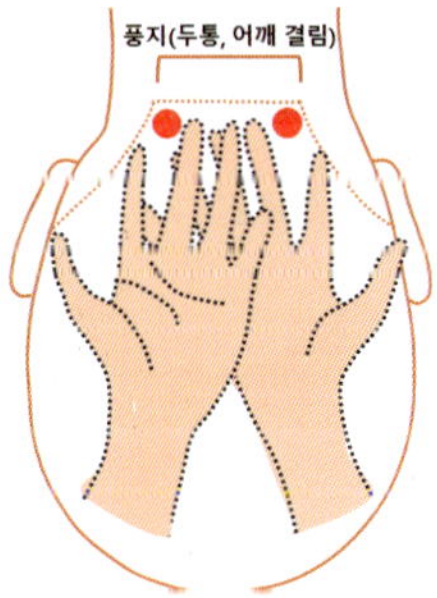

풍지(두통, 어깨 결림)

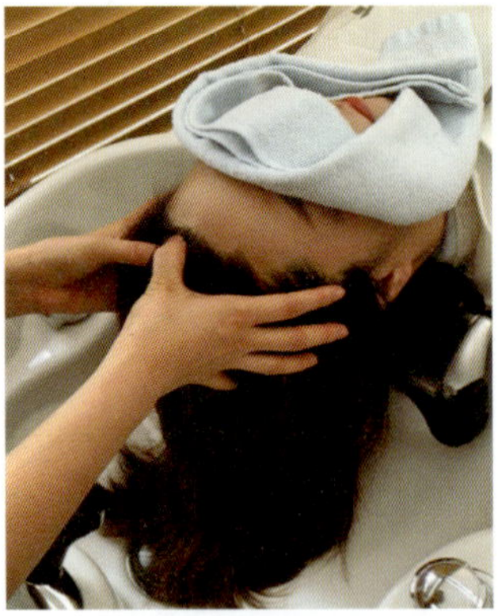

① 엄지손가락의 지문부분을 신정 부위에 대고 준비한다.

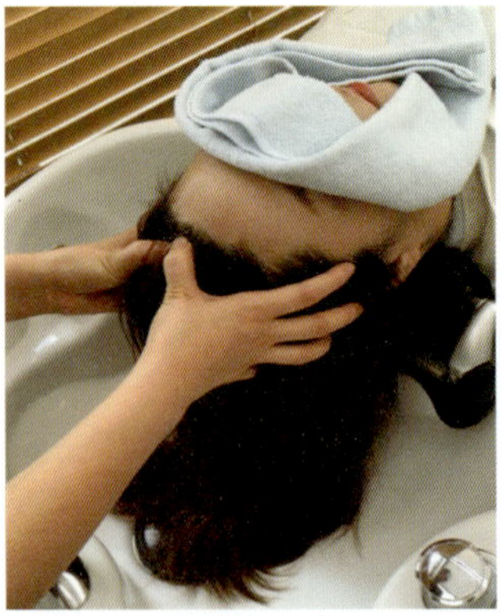

② 엄지손가락을 지그시 세박자로 눌러 지압한다.

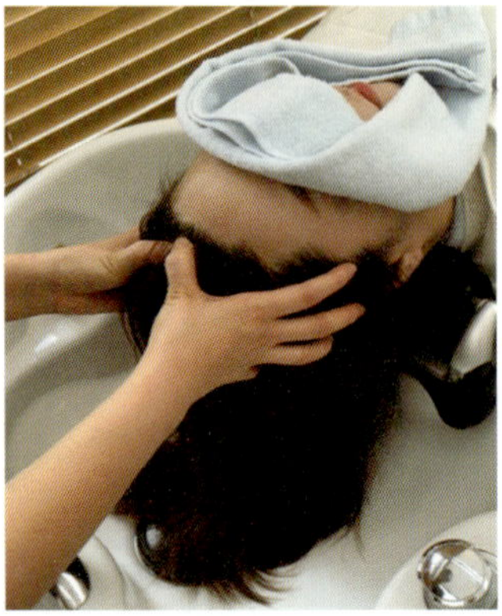

③ 엄지손가락의 힘을 두 박자로 서서히 뺀다.

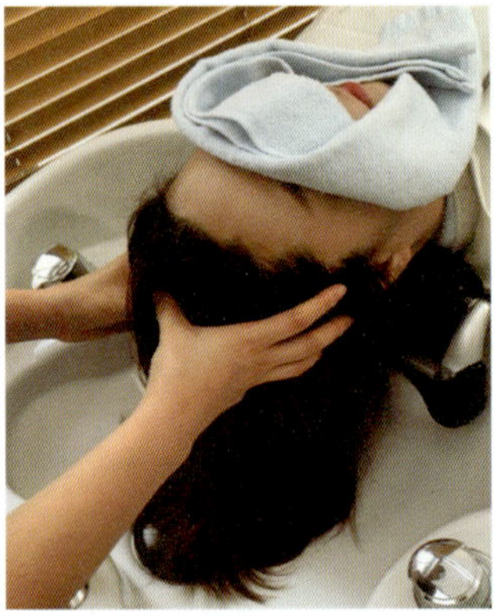

④ 신정에서 1촌(손가락 한마디) 정도 천정을 향하여 가볍게 이동한다.

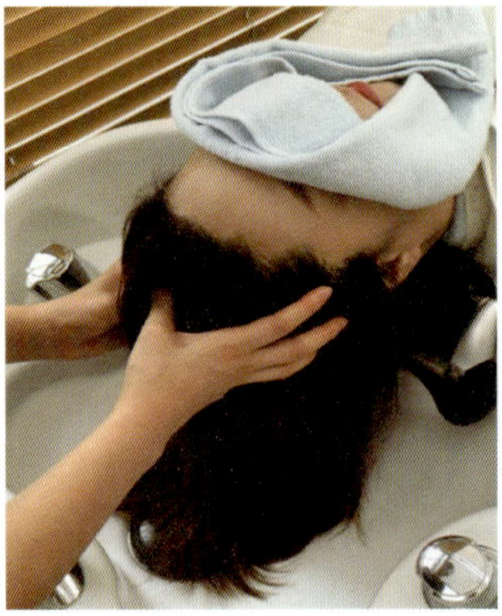

⑤ ②번과 같은 방법으로 눌러 지압한다.

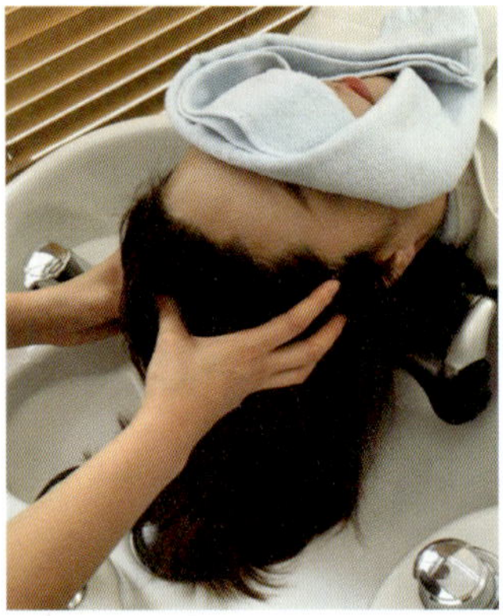

⑥ ③번과 같은 방법으로 힘을 빼 준다.

⑦ 1촌 정도 백회를 향하여 두상의 뒤쪽으로 이동한다.

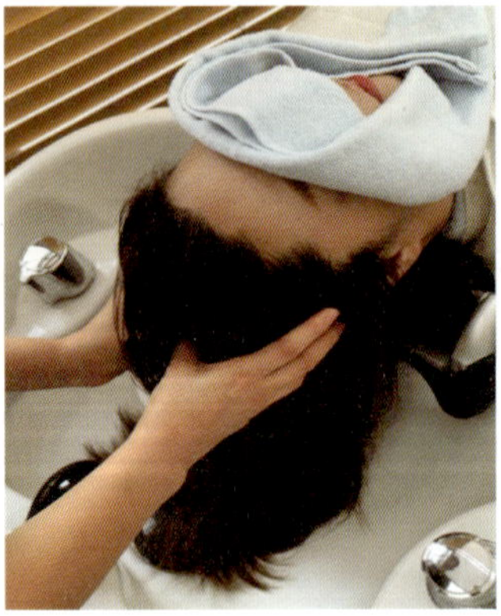

⑧ ②번과 같은 방법으로 지압한다.

⑨ ③번과 같은 방법으로 힘을 빼 준다.

⑩ 정수리로 이동하여 지압을 준비한다.

⑪ 정수리 부위는 네 박자로 지압한다.

⑫ 세 박자로 힘을 빼 준다.

⑬ 모발부위를 쓸어 모아 정리한다.

⑭ 한손의 엄지 손가락을 두유에 댄다.

⑮ 다른 손의 엄지 손가락을 반대쪽 두유에 댄다. (양손이 대칭을 이루도록 한다.)

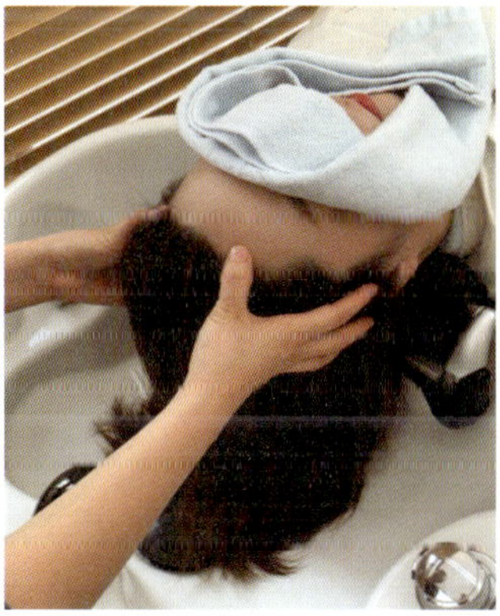

⑯ 양손의 엄지손가락을 세 박자로 눌러 지압한다.

⑰ 두 박자로 힘을 뺀다.

⑱ 관자놀이 옆 1cm지점으로 엄지손가락을 이동한다.

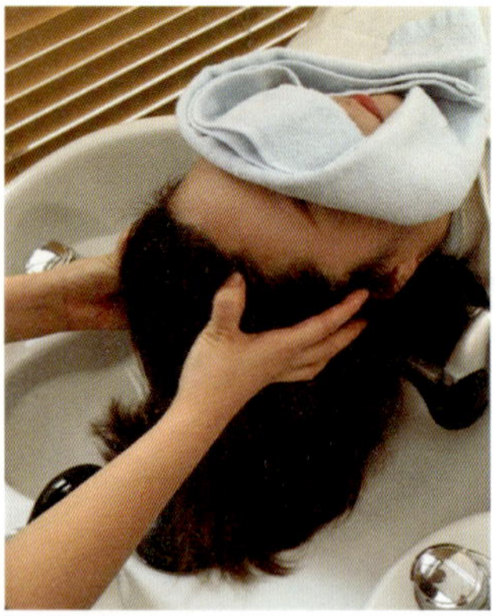

⑲ 세 박자로 눌러 지압한다.

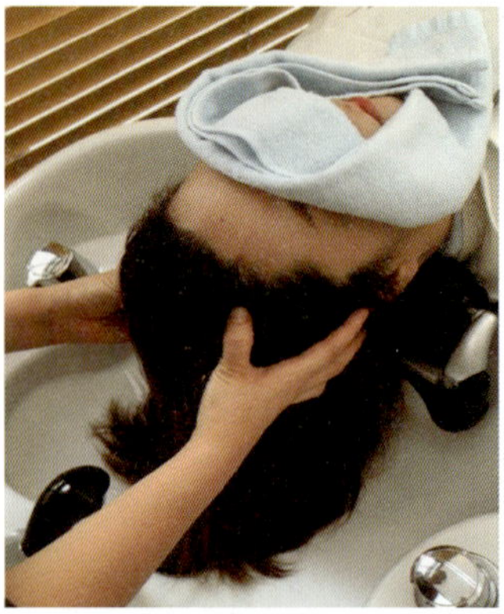

⑳ 두 박자로 힘을 뺀다.

㉑ 정수리를 향하여 이동한다.

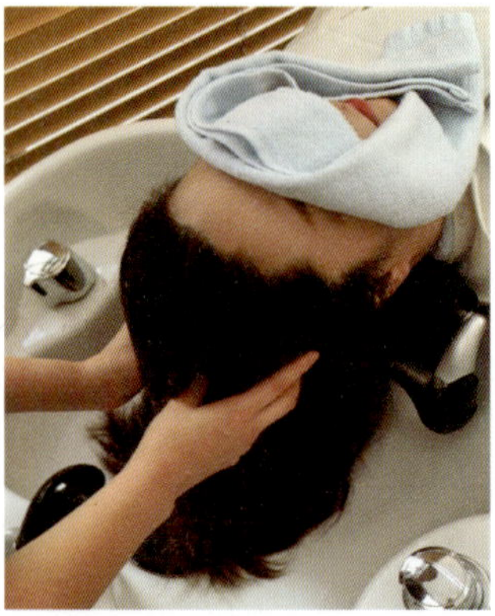

㉒ ⑬번과 같은 방법으로 모발을 정돈한다.

㉓ ⑭번과 같은 방법으로 한 손씩 이동한다.

㉔ 관자놀이 지압 준비 자세

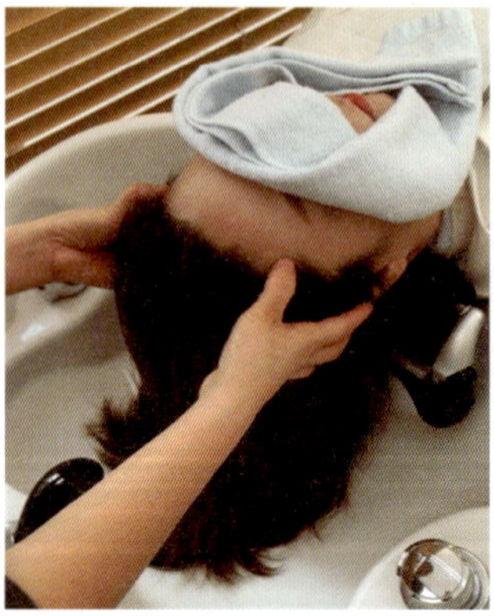

㉕ 하나, 둘, 셋(힘들어가기)/ 하나, 둘(힘 빼기)

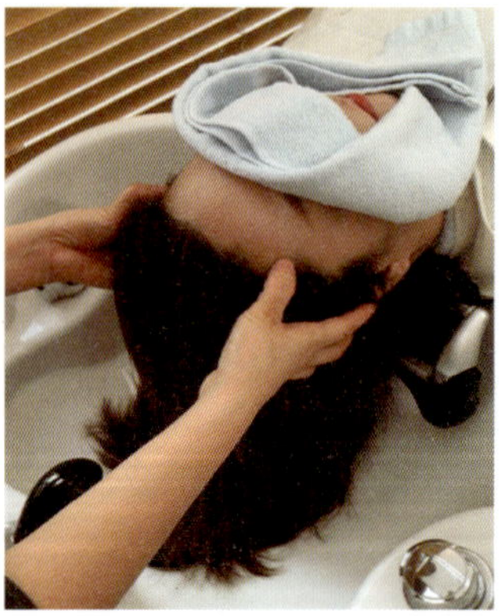

㉖ 이동, 준비, 하나, 둘, 셋(힘들어가기)/하나, 둘(힘 빼기)

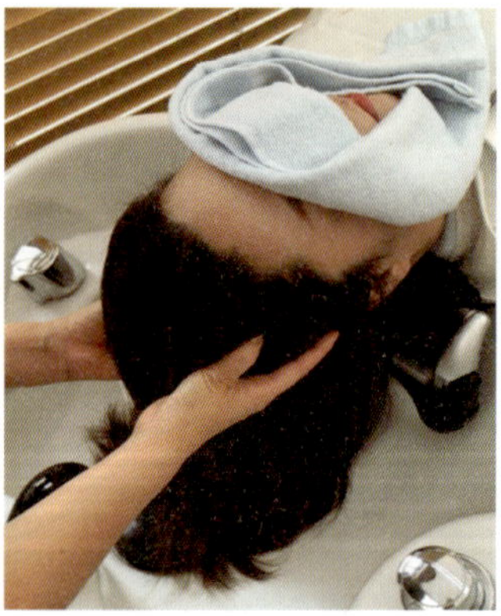

㉗ 이동, 준비, 하나, 둘, 셋(힘들어가기)/하나, 둘(힘 빼기)

㉘ 한 손씩 이동한다.

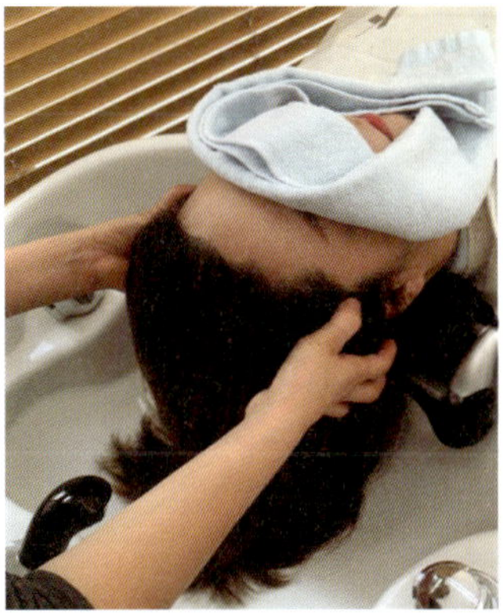

㉙ 이동, 준비, 하나, 둘, 셋(힘들어가기)/하나, 둘, 셋(힘빼기)

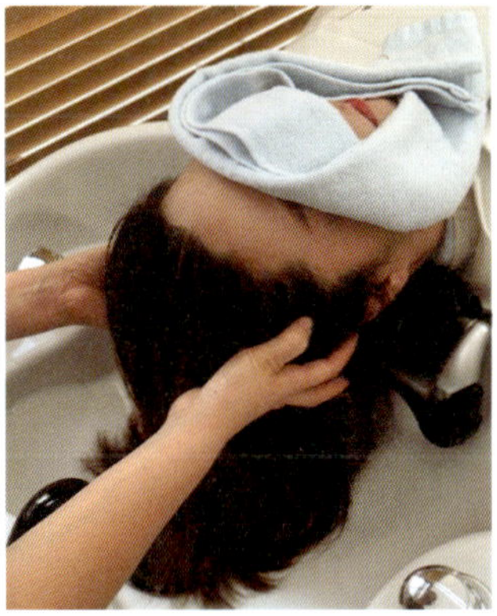

㉚ 이동, 준비, 하나, 둘, 셋(힘들어가기)/하나, 둘, 셋(힘빼기)

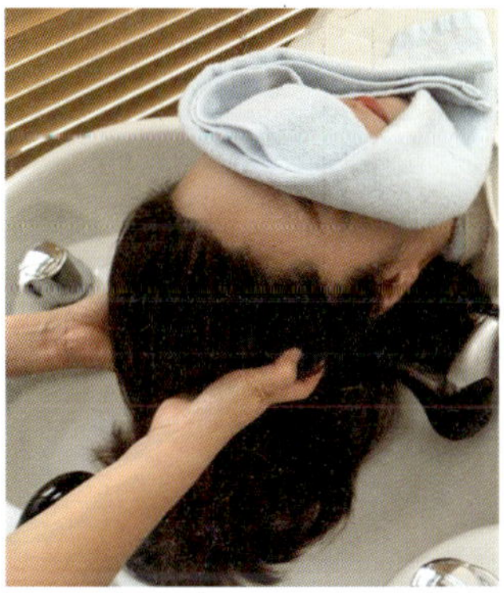

㉛ 이동, 준비, 하나, 둘, 셋(힘들어가기)/하나, 둘(힘 빼기)

㉜ 이동, 준비, 하나, 둘, 셋(힘들어가기)/하나, 둘(힘 빼기)

㉝ 한 손씩 이동한다.

㉞ 귀 주변은 근막을 찾아 지압하는 것이 중요하며 리프트업 하듯이 검지, 중지를 이용하여 지압한다.

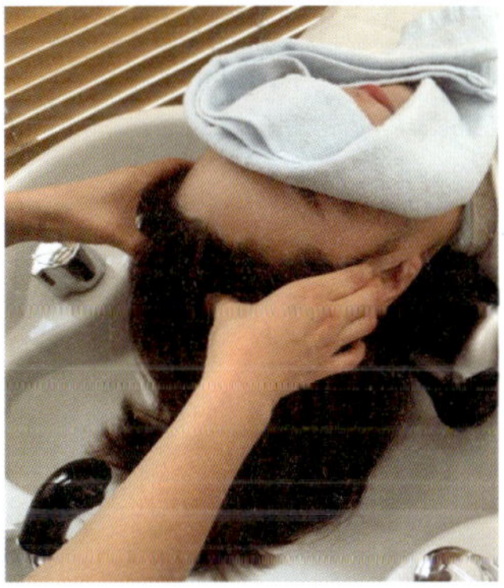

㉟ 이동, 준비, 하나, 둘, 셋(힘들어가기)/하나, 둘(힘 빼기) 이때 엄지손가락이 지지대가 된다.

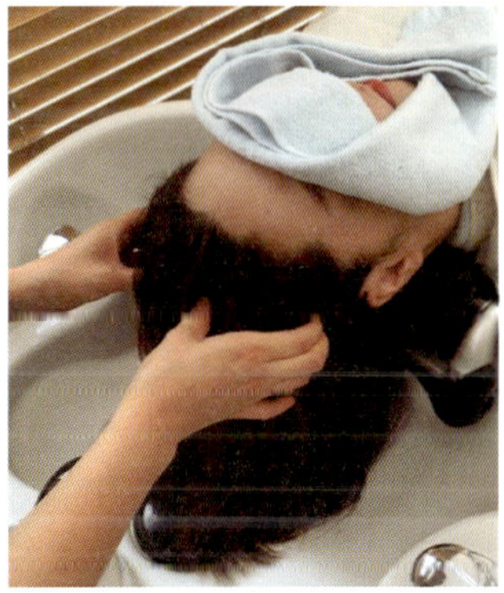

㊱ 이동, 준비, 하나, 둘, 셋(힘들어가기)/하나, 둘(힘 빼기)이때 엄지손가락이 지지대가 된다.

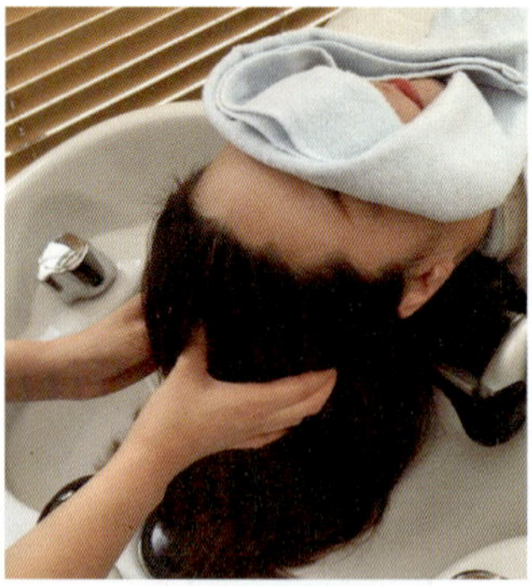

㊲ 측두부 지압 후 정수리 부위를 네 박자로 눌러 지압한다.

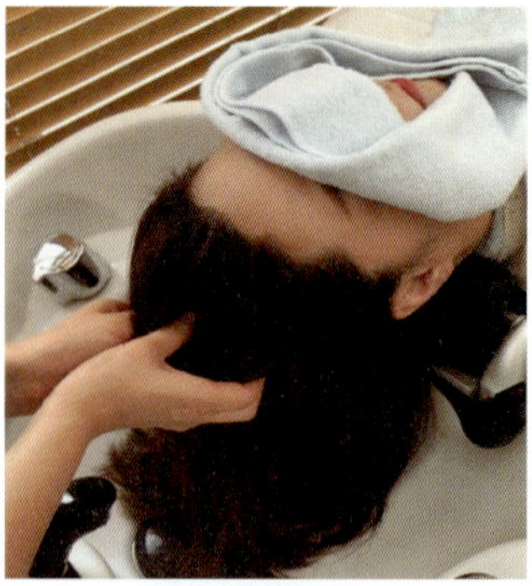

㊳ 이동, 준비, 하나, 둘, 셋(힘들어가기)/하나, 둘(힘 빼기) 이때 엄지손가락이 지지대가 된다.

㊴ 모발을 정돈하면서 한 손씩 이동한다.

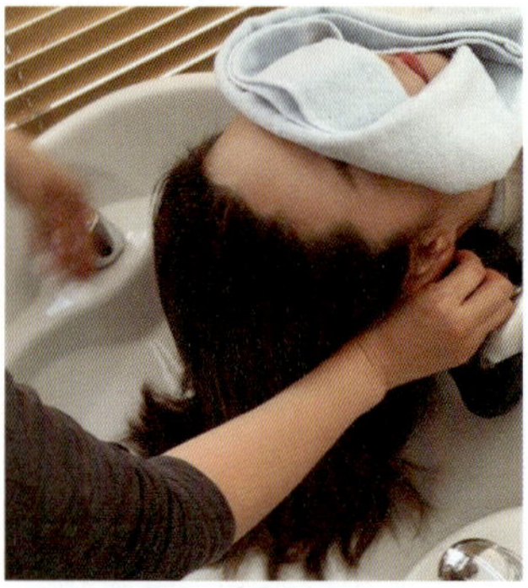

㊵ 네이프를 지압할 때는 귀 뒤로 한 손씩 이동한다.

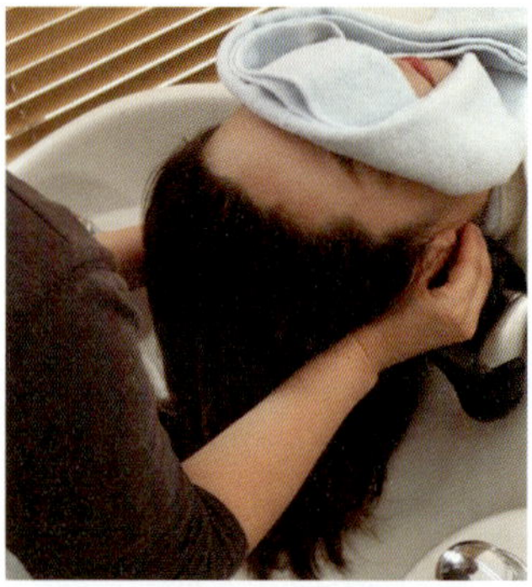

㊶ 두상을 들 때는 엄지손가락 측면과 손바닥 하단 부위를 이용하여 위로 들어 올린다.

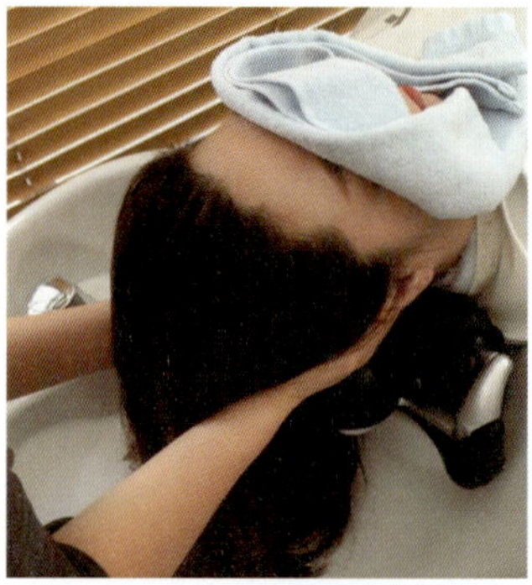

㊷ 들어올린 공간으로 양손 바닥을 넣어 네이프를 감싸듯이 얹는다.

㊸ 검지, 중지, 약지, 소지를 세워서 지압하며, 손가락의 세우는 정도에 따라 지압의 세기를 조절 한다. 손톱이 두피를 자극하지 않도록 주의한다.

㊹ 네이프 지압이 끝난 후 부드럽게 한 손씩 뺀다.

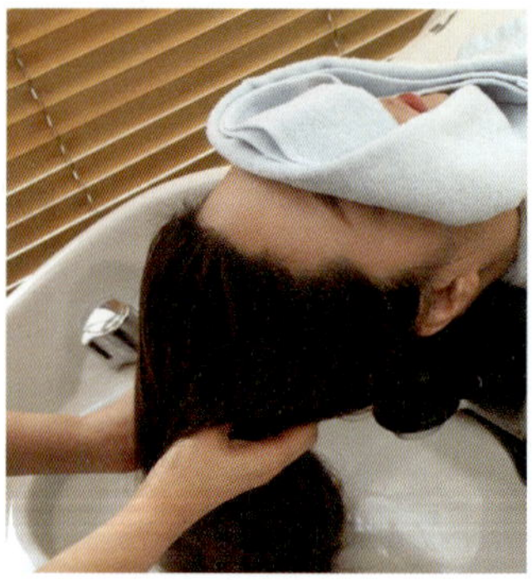

㊺ 손을 빼며 정수리를 한 번더 지압함으로써 마무리임을 알린다.

(15) 노폐물 밀어내기

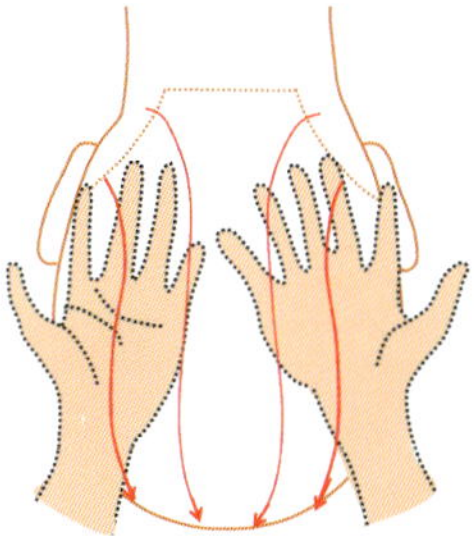

노폐물 밀어내기 방향

① 아문혈이 있는 후두부를 자극하면 혈액순환이 촉진되며 몸속의 노폐물을 배출하도록 도와준다.

② 체온이 상승하는 효과가 있다.

※ (7) 노폐물 밀어내기(목의 림프절)와 같은 방법으로 진행한다.

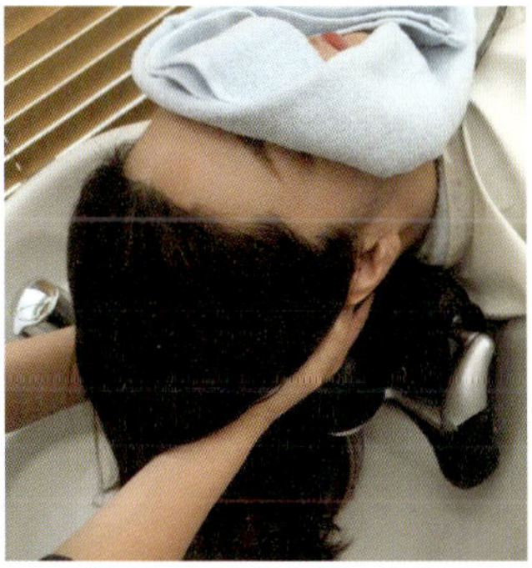

① 후두부를 양 손바닥으로 감싼 후 머무르며 준비자세를 취한다.

② ①번 후에 양 손의 엄지를 제외한 4개의 손가락 지문부위를 세워서 지압한다.(이때 리듬은 하나, 둘, 셋이 적당하다.)

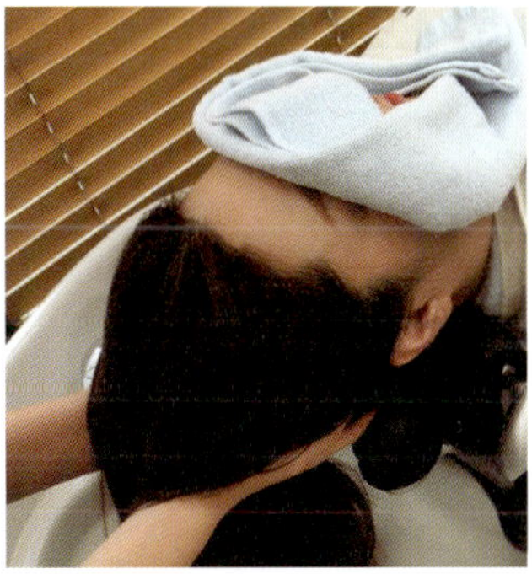

③ ②번의 위치에서 손가락 한마디만큼 정수리 방향으로 이동하고 잠시 멈춘 후, 같은 방법으로 3회 반복한다.

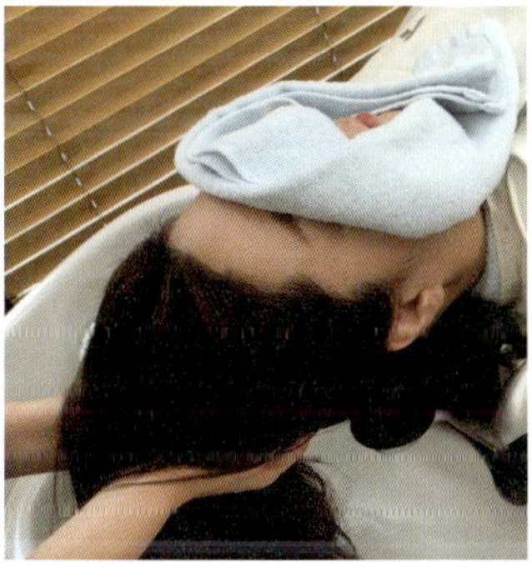

④ ①~③번을 다시 한 번 반복한다.

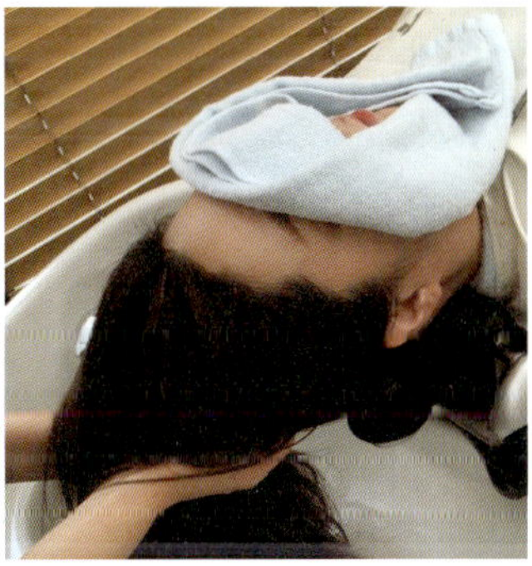

⑤ 한 손은 두상을 받친 후 나머지 손의 중지를 이용하여 아문혈을 지압한다. (이때 리듬은 하나, 둘, 셋이 적당하다.)

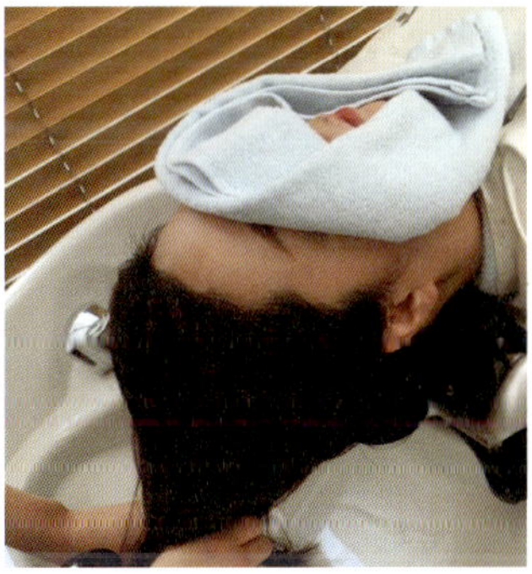

⑥ 한손씩 순차적으로 두상에서 손을 뗀다.

(후두부를 손바닥으로 감싸듯이 멈춘 상태가 준비 자세이며 4선에 위치한 아문혈을 자극한다.)

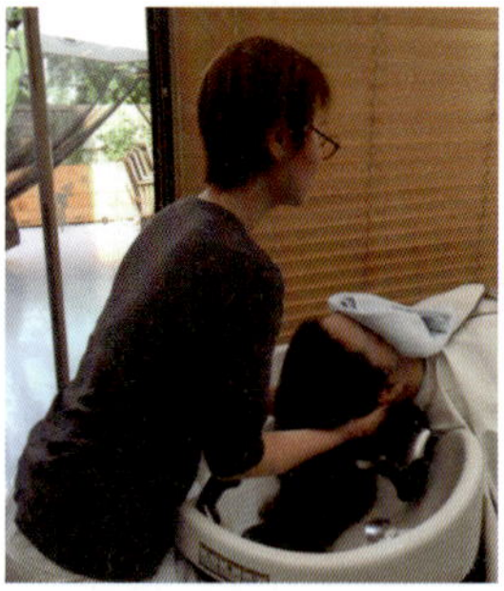

Tip

후두부의 지압에는 스파니스트의 자세가 중요하다. 스파니스트가 등을 구부리는 자세로 후두부를 지압할 경우 스파니스트 손목에 무리가 가며, 지압의 전달이 어려워진다.

(16) 귀 주변의 림프의 흐름

① 현대인들의 스트레스와 피로는 얼굴 주변의 근육을 뭉치게 한다. 이로 인하여 주름이 생기며 얼굴의 인상에도 영향을 준다.

② 림프의 흐름과 혈행 촉진을 위하여 작은 원을 그리면서 페이스 라인을 지나 귀 주변으로 진행한다.

※ (9) 귀 주변의 림프의 흐름과 동일한 방법으로 진행한다.

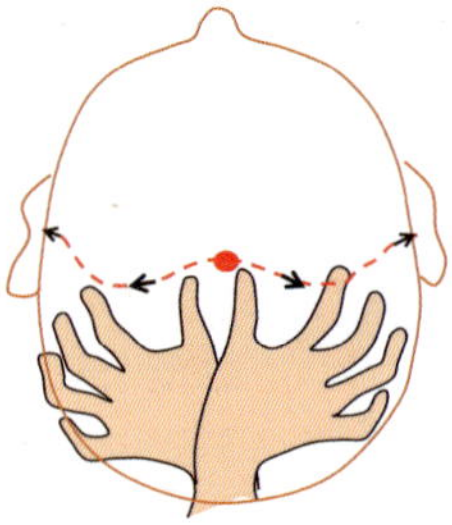

페이스 라인따라 진행

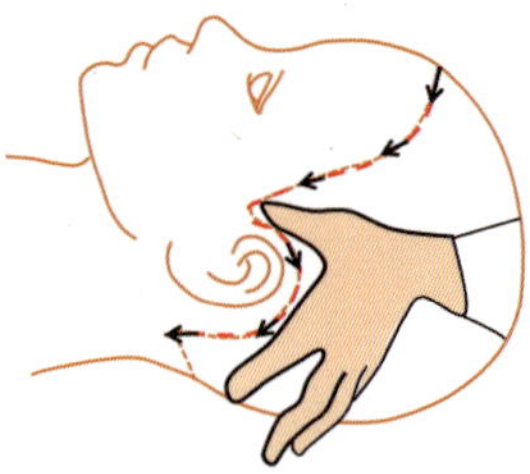

림프의 흐름

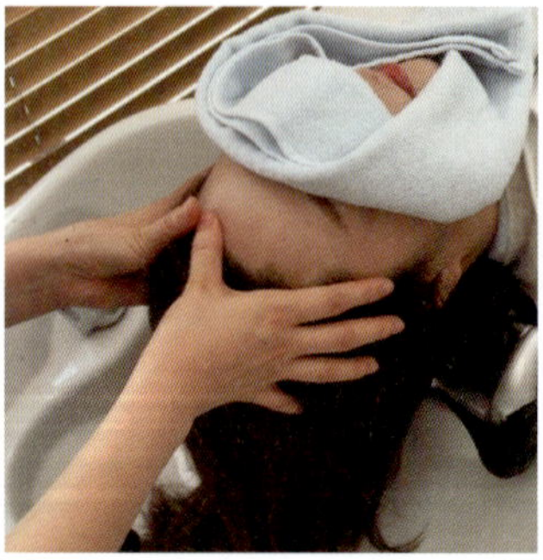

① 양손의 엄지를 신정 부위에 얹고 나머지 손가락으로 측두부를 감싼다.

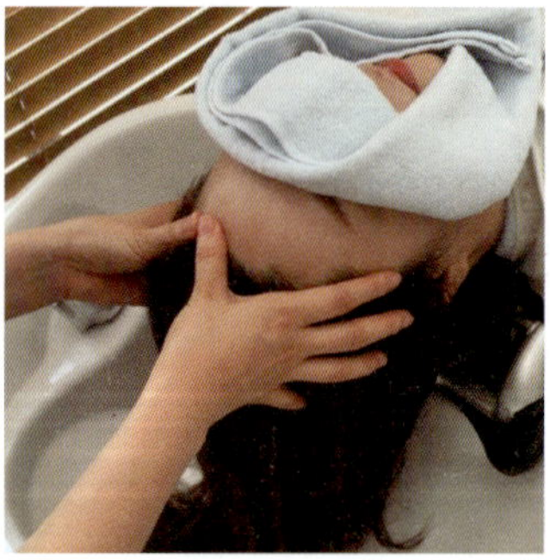

② 4손가락은 지지대의 역할이며 엄지손가락으로 진행한다.

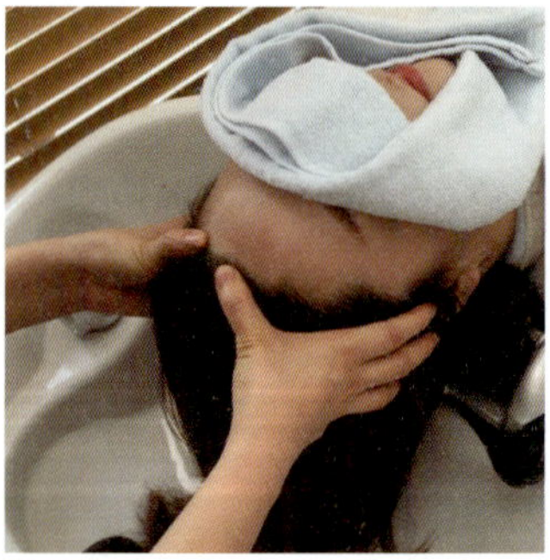

③ 페이스 라인을 따라 작은 원을 그리며 신정에서 귀 밑부분으로 진행한다.

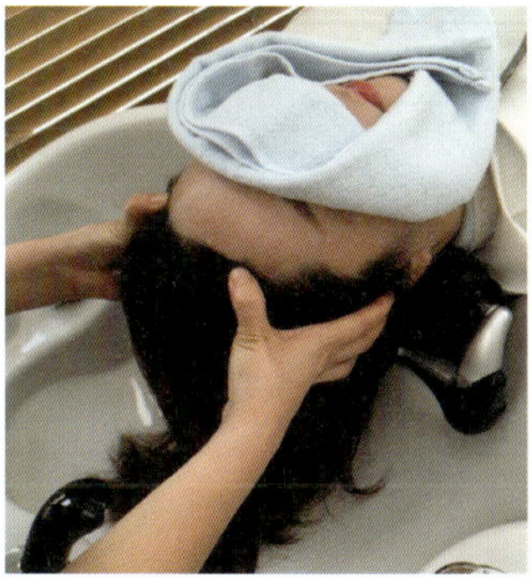

④ 신정에서 관자놀이 부분으로 이동하는 자세

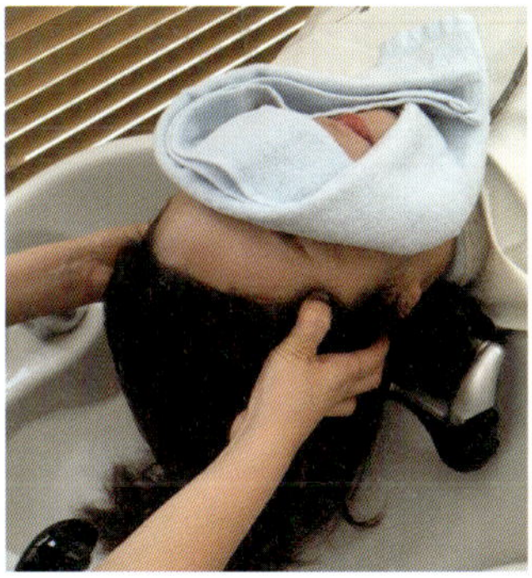

⑤ 관자놀이에서 얼굴방향으로 1cm 위치에 움푹 들어간 포인트가 있다. 이곳을 자극했을 때 림프 흐름에 도움이 된다.

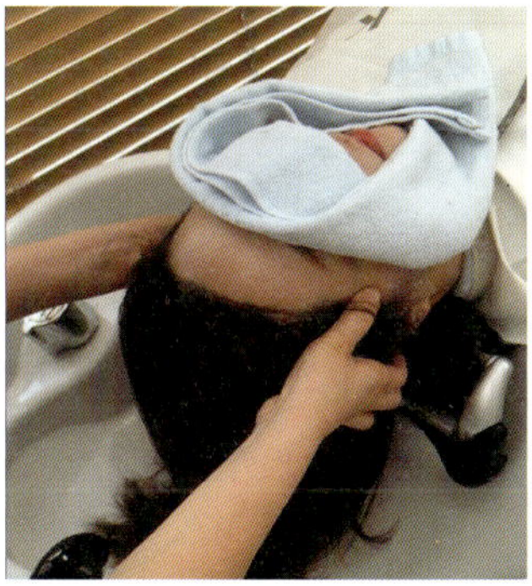

⑥ 페이스 라인을 따라 엄지손가락을 이동하며 이때 엄지손가락의 힘을 살짝 뺀다.

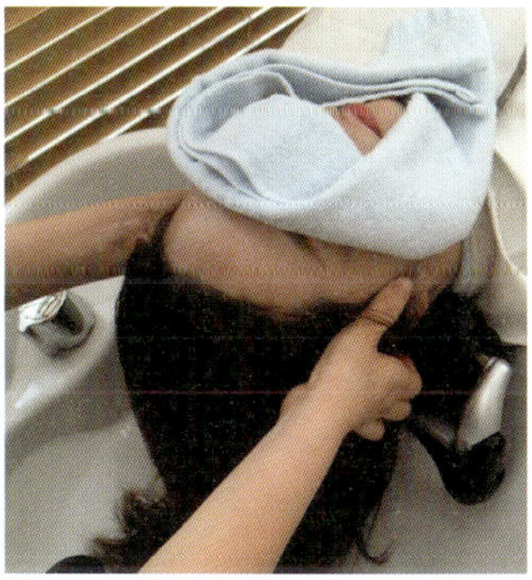

⑦ 엄지손가락 지문부위를 이용하여 이동하며, 귀 앞을 지압한다.

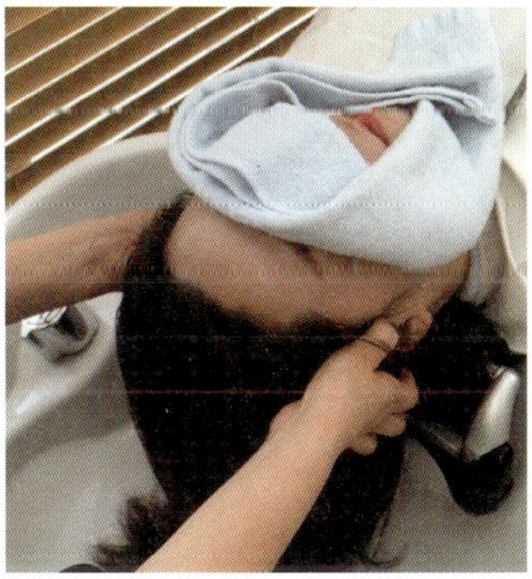

⑧ 엄지손가락의 이동은 귀 주변을 따라 귀 앞을 지나 귀 위를 지압한다.

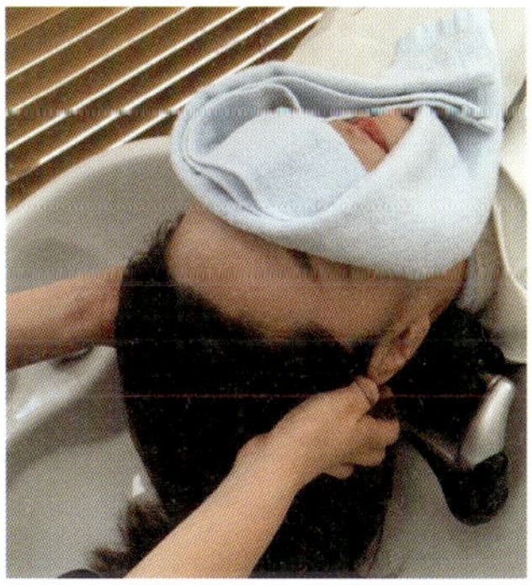

⑨ 귀 위를 지압하였다면 귀 주변을 따라 귀 뒤를 지압한다.

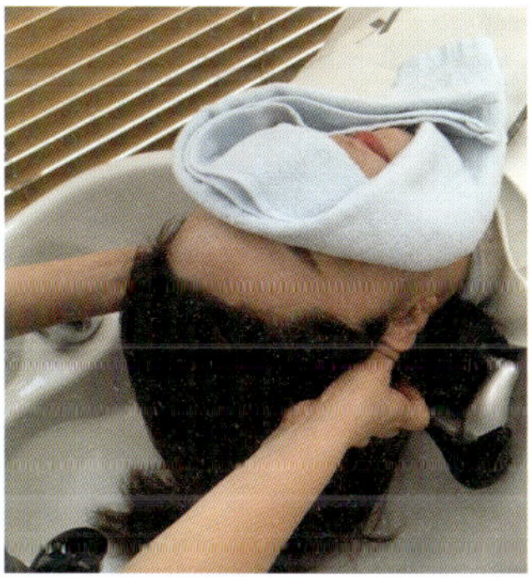

⑩ 귀 뒤를 지나서 귀 밑을 지압한다.(림프의 흐름을 도와주는 지압점은 신정, 관자놀이에서 얼굴로 1cm 위치한 곳, 귀 앞, 귀 위, 귀 뒤, 귀 밑이다.)

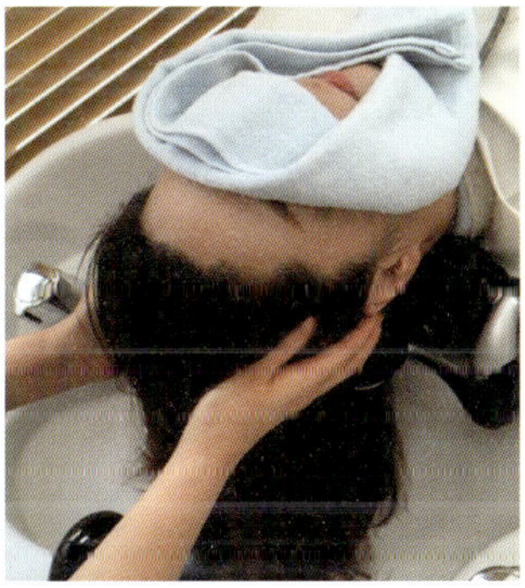

⑪ 엄지손가락을 이용하여 귀 밑을 지나 후두부로 림프를 흘려주듯이 이동한다.

(17) 손바닥으로 두상 누르기(압박법)

① 근육이나 신경의 흥분을 가라앉혀 줄 수 있다.

② 페이스 라인쪽의 리프팅 효과를 볼 수 있다.

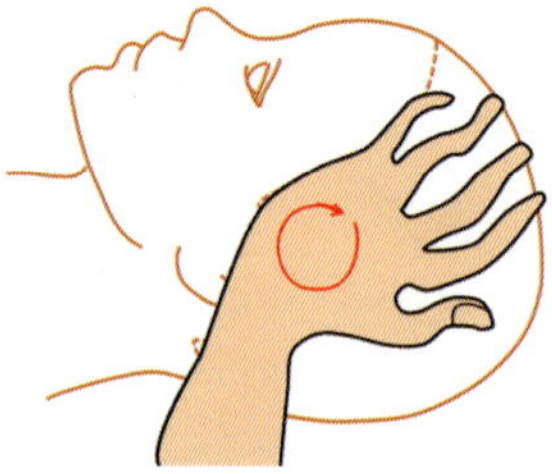

손바닥 이용하여 압박

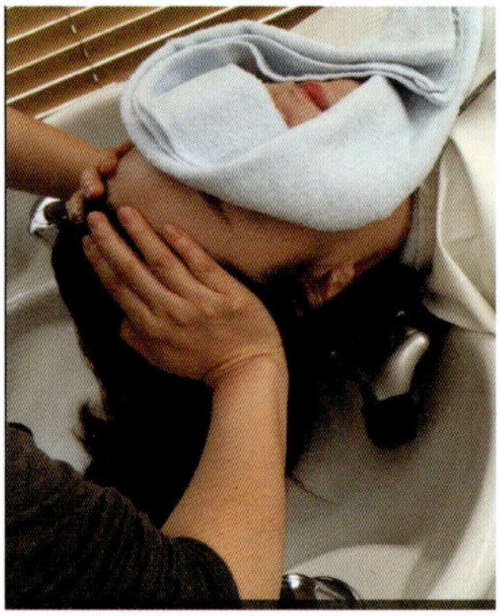

① 새끼손가락을 페이스 라인에 대고 관자놀이의 패인 곳을 손바닥으로 감싼다.

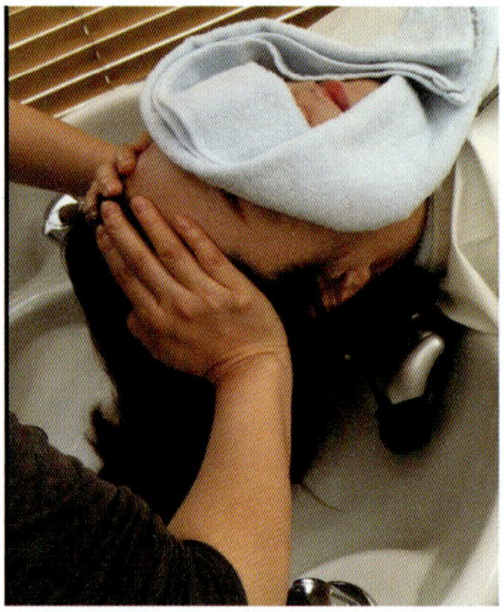

② 손바닥으로 두상에 적당한 압을 주며 반원을 그리는 모양으로 절도 있게 진행한다.

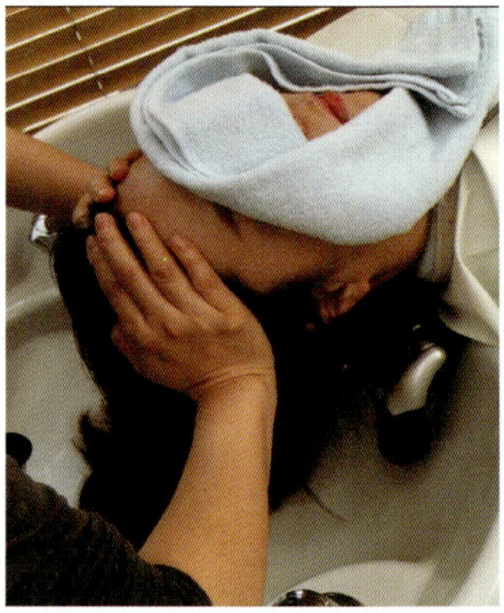

③ 압박후 하나, 둘, 셋 후 서서히 힘을 빼고 같은 동작을 2~3회 반복한다.

(18) 타월 스파

① 타월 싸기 방법은 헤드스파의 마무리 단계와 고객을 일으키는 단계에서 사용된다.

② 이 시간은 물의 소리를 이용하여 청량감을 주며 심신의 안정을 유지시키는 데 도움이 된다.

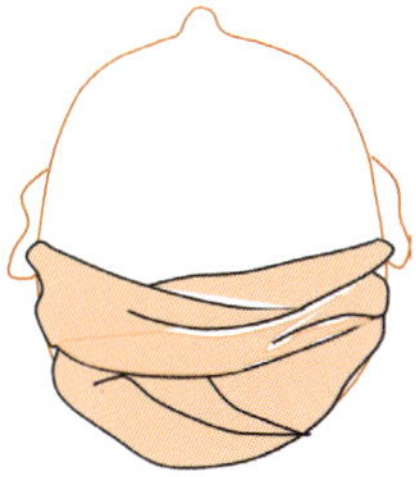

타월 감싸기

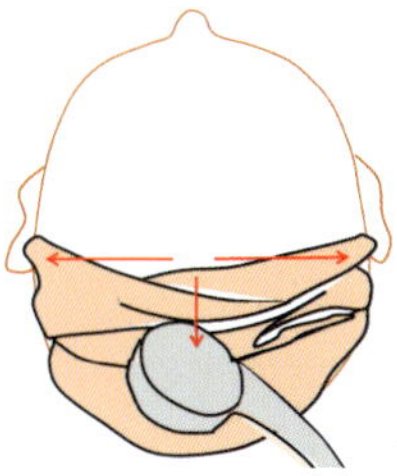

온수 도포

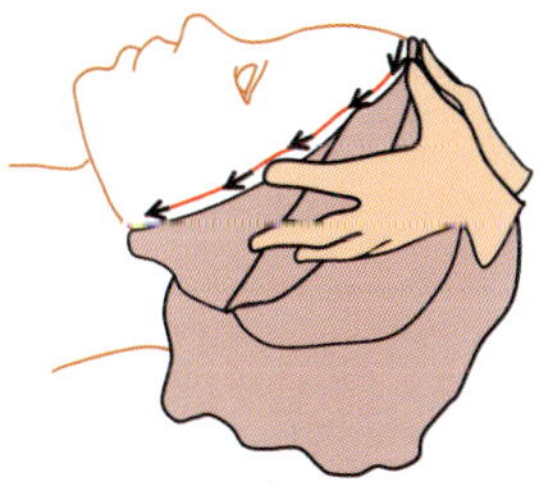

타월 위에서 지압

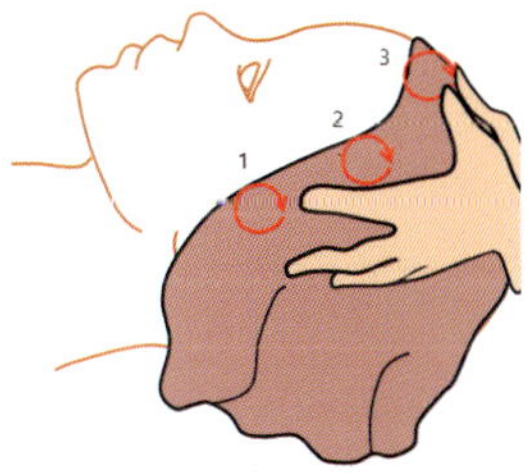

타월 위 지압하기

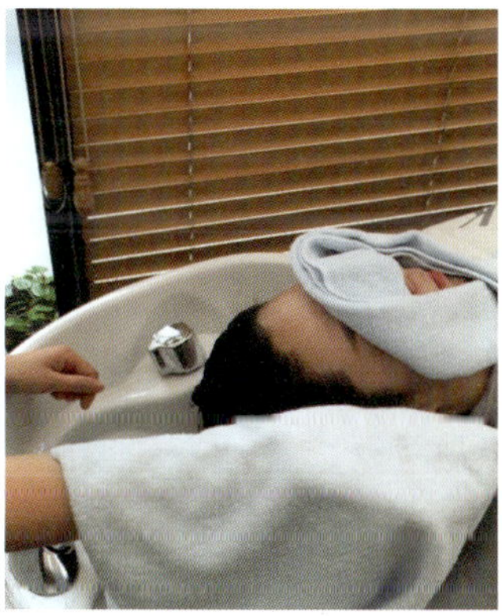

① 타월의 중간 부분에 한 손의 손바닥을 얹는다.

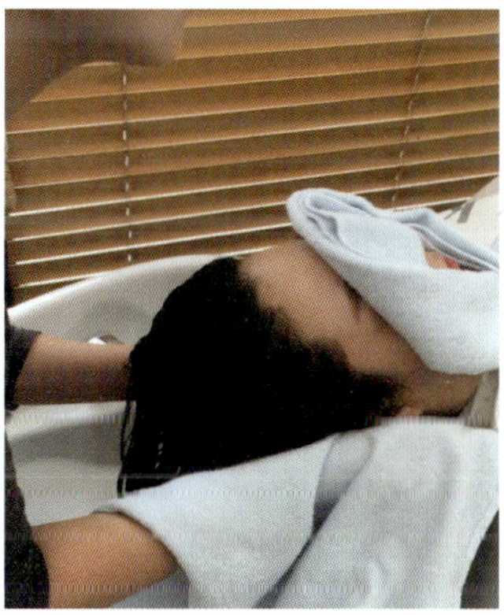

② 엄지손바닥 측면을 이용하여 두상을 위로 들고 타월을 후두부에 넣는다.

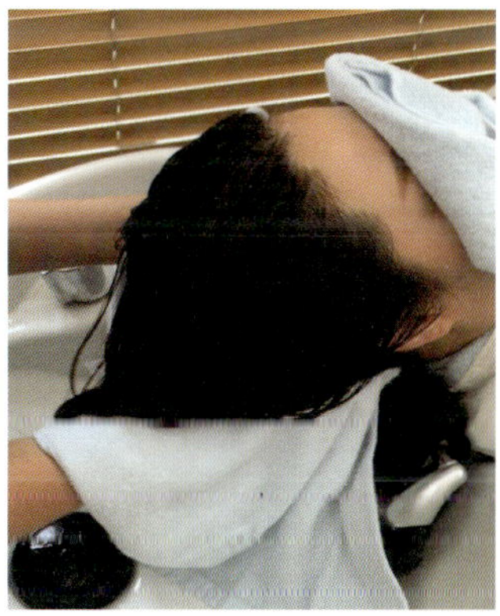

③ 이때 나머지 손은 목덜미를 받쳐 타월이 후두부 쪽으로 들어가도록 돕는다.

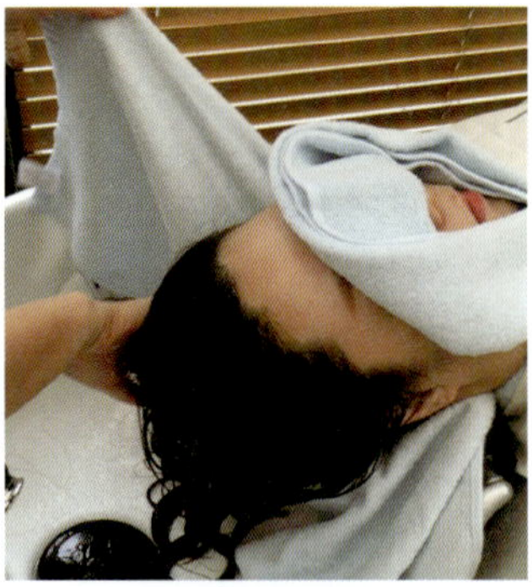

④ 네이프 라인에 놓여진 타월을 적당한 텐션을 주며 한 쪽씩 페이스 라인을 감싸고 이때 페이스 라인 쪽의 수건을 3cm 정도 접어 준다.

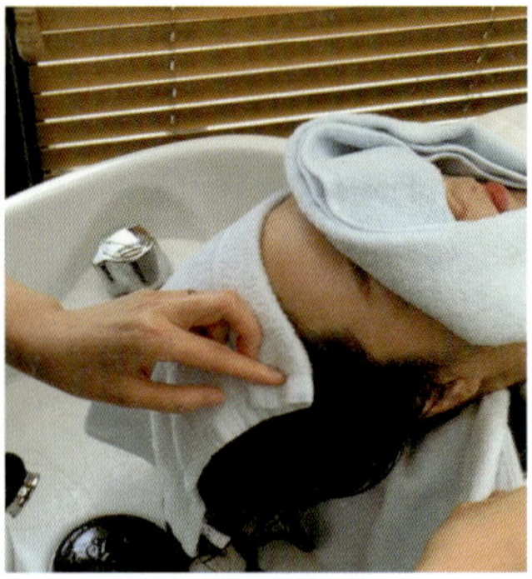

⑤ 반대쪽의 타월을 적당한 텐션을 주며 페이스 라인을 감싼다.

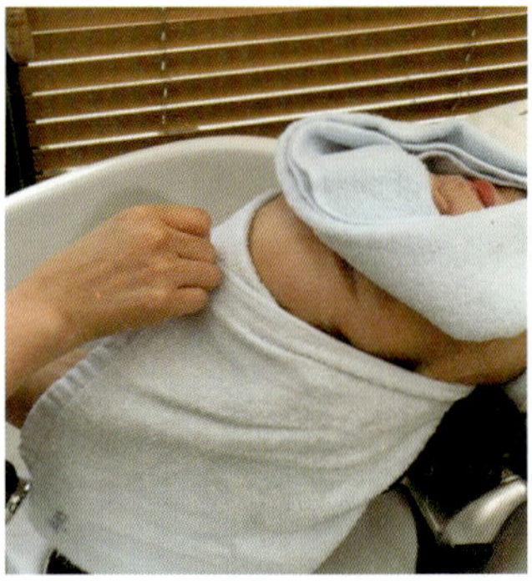

⑥ 접힌 부분에 타월의 모서리 부분을 넣어 수건을 고정시킨다.

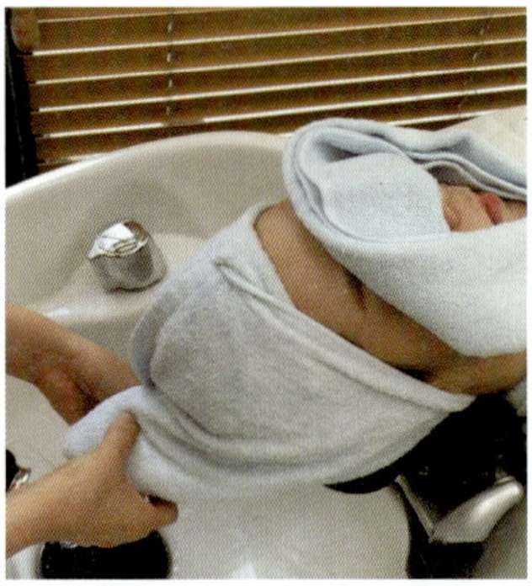

⑦ 타월의 끝을 오므려 모발이 나오지 않도록 하며 타월이 느슨해지지 않도록 한다.

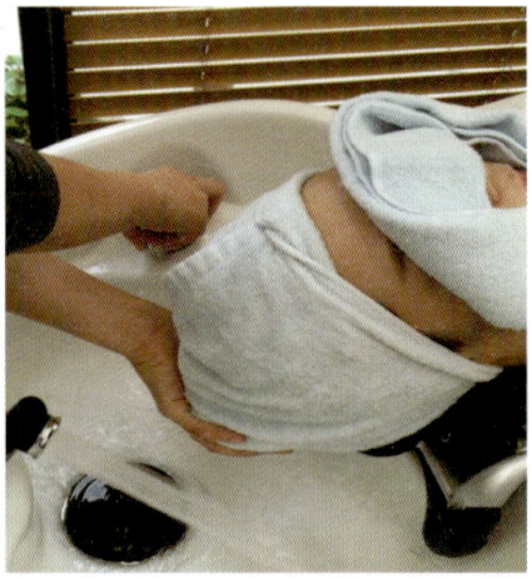

⑧ 타월을 잘 여며 풀어지지 않도록 고정한다.

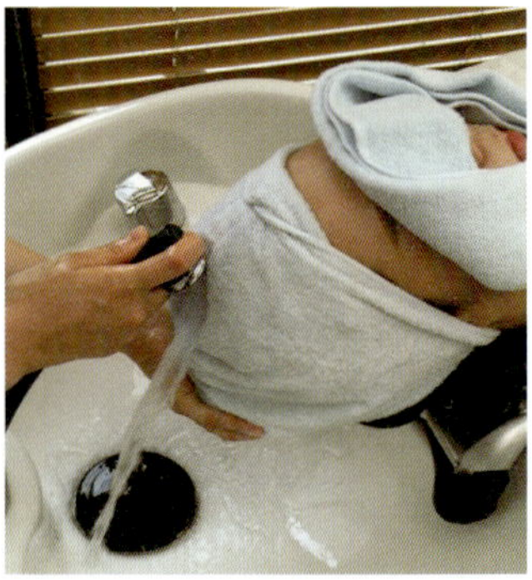

⑨ 감싼 타월에 온수를 도포한다.

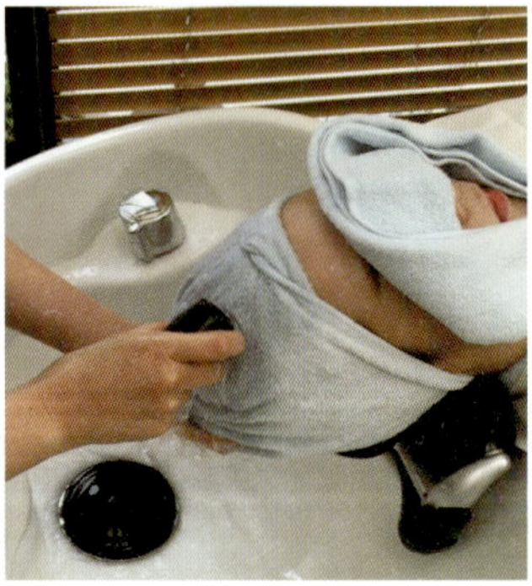

⑩ 온수는 정수리 부분부터 충분하게 도포한다.

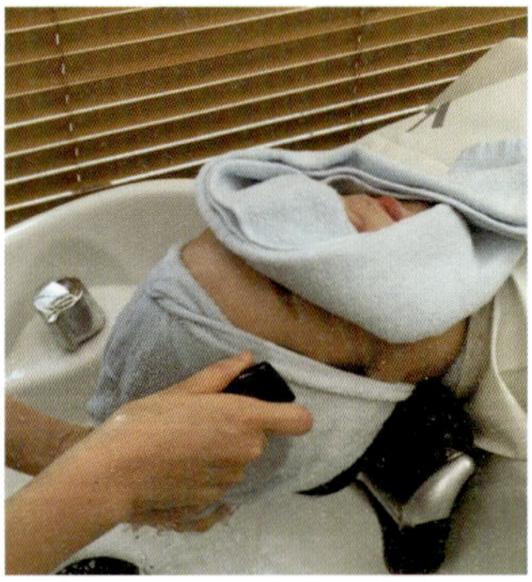

⑪ 측두부위에 온수를 도포할 경우 소리에 의해 청량감을 줄 수 있다.

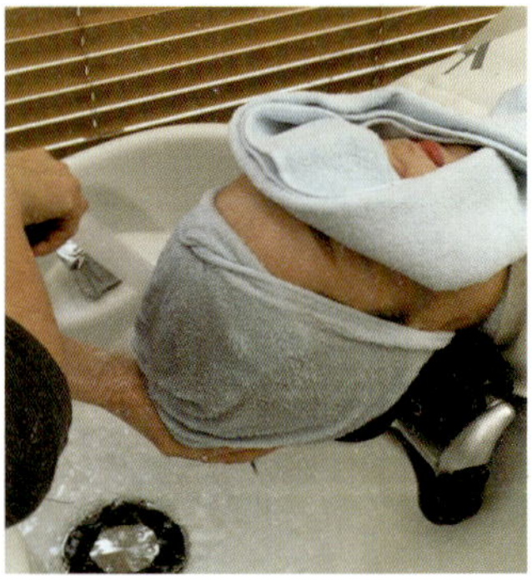

⑫ 반대편의 측두부 쪽에도 충분하게 온수를 도포한다.

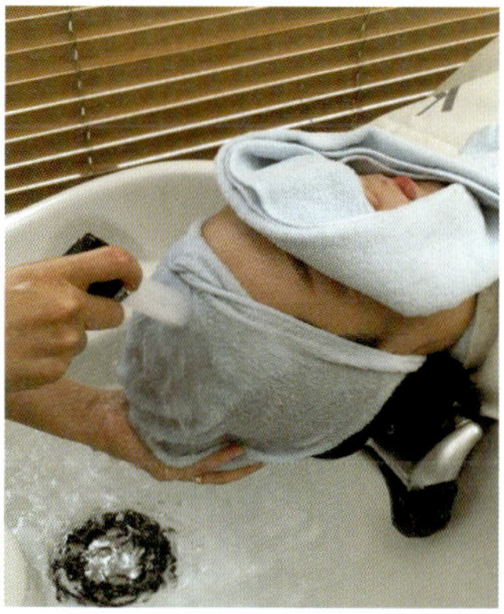

⑬ 백회 부위는 온도가 낮아질 수 있으므로 다시 한 번 온수를 같은 방법으로 도포한다.

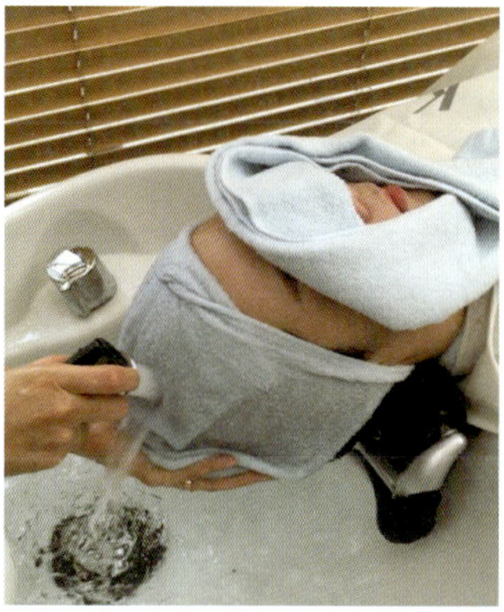

⑭ 샴푸볼을 막아 물이 흘러내려 가지 못하게 한 후 두상 전체에 다시 한 번 온수를 도포하여 고객으로 하여금 맑은 물소리를 느끼게 한다.

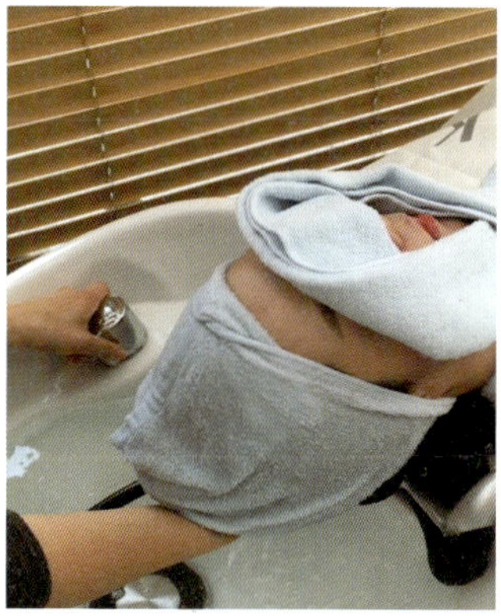

⑮ 온수는 모발과 두피를 충분하게 적실 정도로 도포하여야 한다

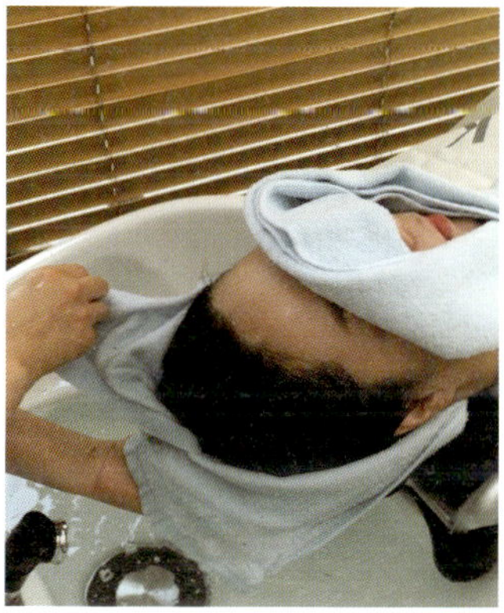

⑯ 물을 잠근 상태에서 타월을 천천히 한 쪽씩 풀어 내린다.

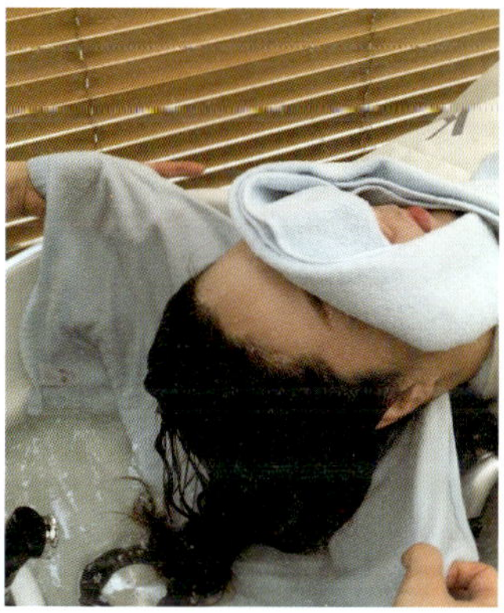

⑰ 타월을 샴푸대의 목받침에 걸쳐 둔다.

⑱ 받아놓은 물을 양 손을 이용하여 두피 쪽까지 스치도록 10회 정도 반복하여 끼얹어 준다.

(19) 두상 튕기기(고타법)

① 두피 머니퓰레이션의 마무리 인사 단계에 사용한다.

② 타월을 이용하여 두피에 남은 물을 제거하며, 리드미컬하게 두피의 모든 혈점을 자극하여 쉬고 있던 세포를 깨워 주는 역할을 한다.

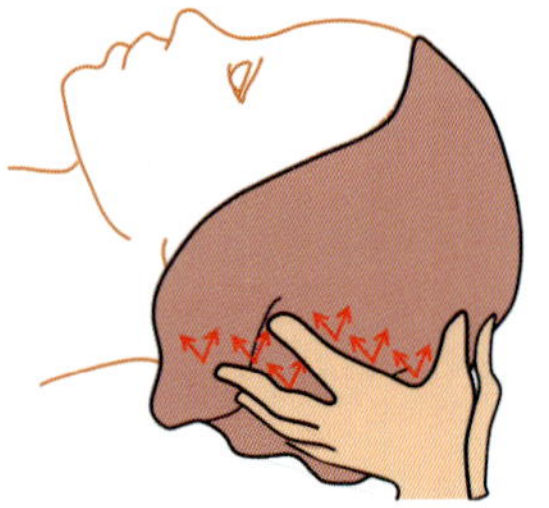

농구공 튕기듯이 고타법

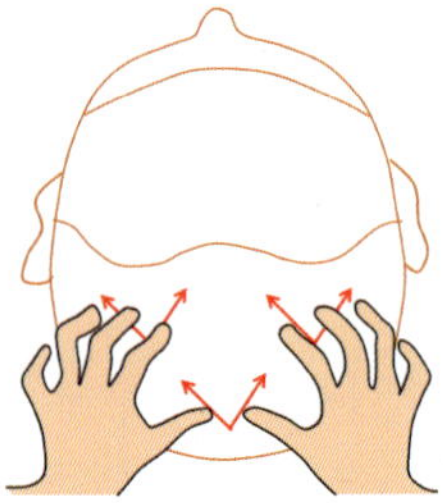

3~5회 진행

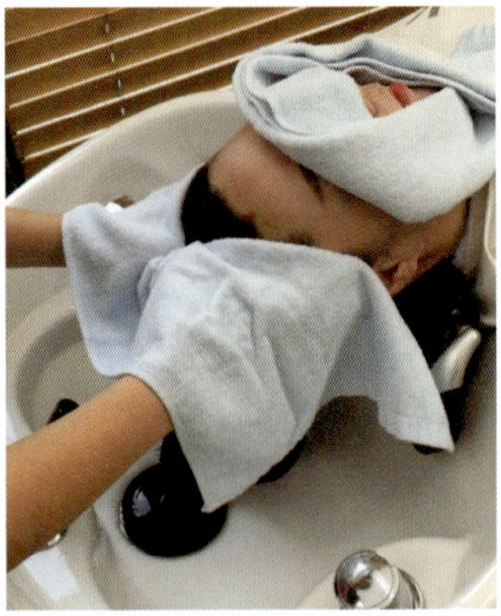

① 양 손가락을 벌린 상태의 손 위에 타월을 얹는다. 양 손가락의 모든 지문을 두피에 밀착하여 농구공을 튕기듯이 한다. (너무 세게 할 경우 모발이 당겨질 수 있으니 주의 한다.)

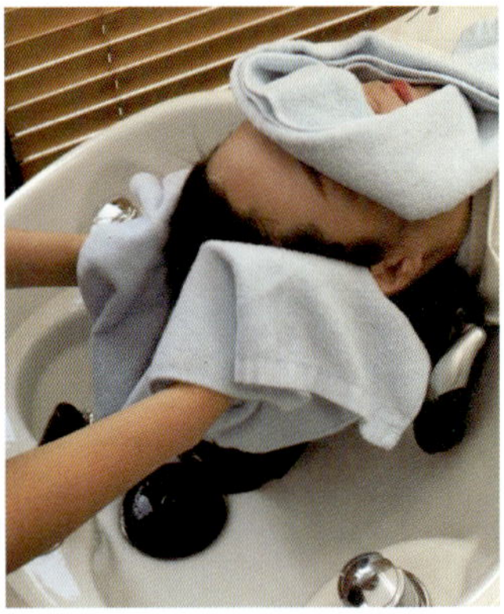

② ①번과 같은 방법으로 두상 전체를 고타한다. (1선은 모발이 당겨질 수 있으므로 피하는 것이 좋다.)

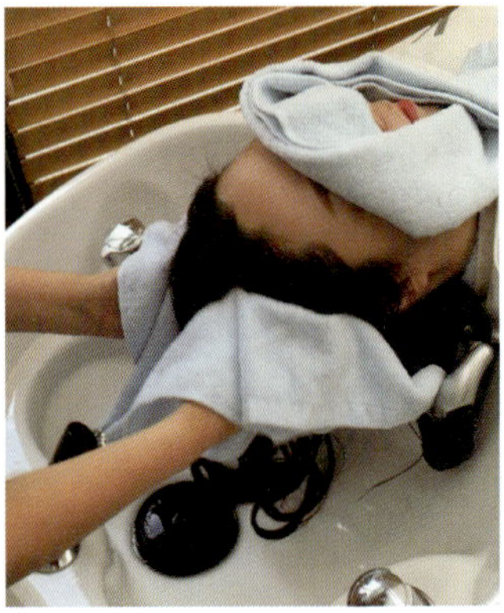

③ 같은 방법으로 3~5회 진행하며 정수리 부분에서 마무리한다.

[학습 요점정리]

① 호호바 오일은 피부의 보호막을 형성하며, 과산화지질과 같은 오염물을 제거한다.

② 경찰법은 두피 머니퓰레이션을 시작하면서 두피가 적응할 수 있도록 하는 인사 단계이다.

③ 먼저 물의 온도를 체크하는 것이 중요한데 적정 온도는 38℃이다.

④ 샤워헤드는 두상으로부터 90°(수직)이어야 한다.

⑤ 샴푸 거품을 풍부하게 내기 위해서는 적당량의 샴푸제가 도포되어야 하며 모발과 두피에 물이 충분히 적셔지고, 공기가 잘 섞여야만 충분한 거품을 일으킬 수 있다.

⑥ 지압법은 경락 혈점을 자극하는 방법으로 강약을 조절하여야 하며 리듬을 맞추는 것이 고객을 릴랙제이션으로 이끌 수 있다.

⑦ 지압의 효과를 높이기 위해서는 스파니스트의 체간(등에 위치한 근육)의 힘을 이용하여야 하며 이는 스파니스트의 손목을 보호하기 위한 방법이기도 하다.

⑧ 후두부 유념법은 후두부의 아문혈점을 주무르듯이 자극하여 노폐물을 밀어내는 방법이다.

⑨ 림프의 흐름과 혈행 촉진을 위하여 작은 원을 그리면서 페이스 라인을 지나 귀 주변으로 진행한다.

⑩ 리프트업, 피로감소, 림프의 흐름을 촉진시키는데 도움이 되며 뭉치기 쉬운 페이스 라인을 주무르듯이 유념법으로 풀어준다.

⑪ 리프트업 동작은 강약을 조절하여 진행한다.

⑫ 타월 싸기 방법은 헤드스파의 마무리 단계와 고객을 일으키는 단계에서 사용된다.

⑬ 모발 리페어링에서는 트리트먼트제의 성분에 실리콘 등 두피에 부적합한 성분이 포함되어 있으므로 두피에 직접 닿지 않도록 주의한다.

⑭ 타월 스파 시간은 물의 소리를 이용하여 청량감을 주며 심신이 안정을 유지시키는데 도움이 된다.

⑮ 압박법은 근육이나 신경의 흥분을 가라앉혀 줄 수 있다.

⑯ 압박법은 페이스 라인쪽의 리프팅 효과를 볼 수 있다.

⑰ 고타법은 두피 머니퓰레이션의 마무리 인사 단계에 사용한다.

⑱ 고타법은 타월을 이용하여 두피에 남은 물을 제거하며, 리드미컬하게 두피의 모든 혈점을 자극하여, 쉬고 있던 세포를 깨워 준다.

학습평가 문제

001 헤드스파 시술 순서로 옳은 것은?

① 호호바 오일 도포 → 물로 씻어내기 → 샴푸 머니퓰레이션 → 타월스파하기
② 물로 씻어내기 → 거품내기 → 호호바 오일 도포 → 고타법 마무리하기
③ 모발에 리페어링하기 → 호호바 오일 도포 → 타월스파하기
④ 물로 씻어내기 → 샴푸 머니퓰레이션 → 두피를 유념하기(유념법 설명) → 타월스파하기 → 호호바 오일 도포

002 헤드스파 시 시술 준비단계에 속하지 **않는** 것은?

① 진단 카드 작성
② 카운슬링
③ 충분한 거품생성
④ 헤드스파 전 유의사항 전달

003 헤드스파 시 시술단계에 속하는 것은?

① 충분한 거품생성
② 빠른 템포로 어깨와 팔을 가볍게 풀어주기
③ 자리에 눕히기
④ 헤드스파 시술 후 주의사항 전달

마무리 학습 체크

1. 헤드스파 순서를 나열하시오.

2. 헤드스파 시술 후 스파 룸을 정돈해야 하는 이유를 설명하시오.

평가항목의 성취지표 수준

학습내용	평가항목	성취지표				
		1	2	3	4	5
헤드스파 시술전	스파니스트의 준비사항을 체크하였는가?					
	헤드스파 룸의 준비사항을 체크하였는가?					
	시술 전 고객의 준비사항을 체크하였는가?					
헤드스파 시술	헤드스파 시술 순서를 숙지하였는가?					
	헤드스파 시술에 필요한 기기를 작동할 수 있는가?					
헤드스파 시술 단계	두피와 모발에 충분한 수분이 도포되었는가?					
	클렌징제를 알맞게 선별하였는가?					
	샴푸 머니퓰레이션(2회 시술)을 할 수 있는가?					
	두상을 감싸 타월 스파(좀 따뜻한 물) 아로마테라피를 할 수 있는가?					
두피 머니퓰레이션의 효과	머니퓰레이션의 두피의 개선 증진 효과를 이해하였는가?					
	머니퓰레이션의 종류를 이해할 수 있는가?					
	고객에게 편안함과 안락함을 주었는가?					

평가항목의 성취수준 피드백

학습내용	평가항목	성취수준				
		매우 미흡	미흡	보통	우수	매우 우수
		①	②	③	④	⑤
헤드스파 시술전	스파니스트의 준비사항을 체크할 수 있는 능력					
	헤드스파 룸의 준비사항을 체크할 수 있는 능력					
	시술전 고객의 준비사항을 체크할 수 있는 능력					
타월 드라이	헤드스파 시술 순서를 숙지할 수 있는 능력					
	헤드스파 시술에 필요한 기기를 작동할 수 있는 능력					
블로우 드라이	두피와 모발에 충분한 수분을 도포할 수 있는 능력					
	클렌징제를 알맞게 선별할 수 있는 능력					
	샴푸 머니퓰레이션(2회 시술)을 할 수 있는 능력					
	두상을 감싸 타월 스파(좀 따뜻한 물) 아로마 테라피를 할 수 있는 능력					
두피 머니퓰레이션의 효과	머니퓰레이션의 두피의 개선 증진 효과를 이해할 수 있는 능력					
	머니퓰레이션의 종류를 이해할 수 있는 능력					
	고객에게 편안함과 안락함을 줄 수 있는 능력					

참고 문헌

권태일 외, "네일아트–이론 및 실습", 지구문화사, 2013.

서윤경 외, "Basic Hair Science", 예림, 2015.

심화진, "두피도감", 성신여자대학교 출판부, 2005.

이경숙, "모발과 두피관리", 구민사, 2013.

임은진 외, "두피 · 모발관리학", 메디시언, 2015.

조정혜 외, "Hair & Hair Care", 훈민사, 2003.

최에스터 외, "최신 모발과학", 수문사, 2014.

대한미용교수협의회, "New Trichology : scalp & hair care", 청구문화사, 2012.

찾아보기

학습평가문제 정답

Chapter 1. 모발의 생리 및 두피 타입

1.~3. 모발의 생리, 두피 타입, 모발의 손상

[학습평가문제 정답] 본문 p.23

01 모발이란 머리카락과 그의 신체에 나 있는 모든 털을 포함하며 즉, 사람의 털을 총칭하여 말한다.
02 ③ 03 ③ 04 입모근, 피지선 05 ② 06 약 0.8~1.2cm 07 ②
08 모발의 1가닥에 힘을 주어 일정한 힘을 가했을 때 늘어났다가 다시 제자리로 돌아가려는 성질
09 수분으로 인하여 모발이 직경 방향으로 늘어나는 성질
10 ④ 11 ①

Chapter 2. 샴푸와 린스, 트리트먼트

1. 샴푸와 린스

[학습평가문제 정답] 본문 p.39~40

01 ① 샴푸제는 두피나 모발의 이물질을 제거하기 위한 제품이다.
02 ① 손가락을 이용하여 두피를 지그재그로 긁어주듯 움직이는 동작이다.
03 ② 손가락을 이용하여 두피를 둥글게 비벼주듯 움직이는 동작이다.
04 ③ 두 손을 번갈아 교차하면서 손가락을 이용하여 두피를 긁어주듯 움직이는 동작이다.
05 ④ 손가락을 이용하여 두피를 집어주듯 튕기는 동작이다.
06 ④ 손상된 두피와 모발을 원래의 상태로 회복시키고 영양을 공급하여 탄력 있고 건강한 모발로 만들어 준다.

2. 샴푸 전 준비단계

[학습평가문제 정답] 본문 p.56~57

01 ② 항상 사용하는 기자재이므로 매일 정결하게 관리해야 한다.
02 ② 작업 보조대는 불편함이 없도록 정리되어야 한다.
03 ② 가운 착용 시 가운을 살짝 기울여 고객이 착용하기 용이하도록 도와준다.
04 ④ 두피의 피지를 모발에 적절하게 도포할 수 있다.
05 ③ 브러시의 빗살이 이마를 마사지 하며 빗어 올려야 한다.
06 ① 두피 스케일링 시술 시 두상의 곡면을 따라 면봉이 닿도록 한다.

3. 샴푸·린스·트리트먼트의 실전

[학습평가문제 정답] 본문 p.81~82

01 ② 의자에 앉힌 후 고객이 알아서 누우면 된다.
02 ③ 샴푸 후 린스하고 다시 헹구므로 샴푸 거품을 깨끗하게 헹굴 필요는 없다.
03 ④ 옷깃이 젖더라도 물의 도포가 충분하게 이루어져야 한다.
04 ③ 거품의 생성이 잘 되지 않을 경우 물을 한 번 더 적셔 주면 도움이 된다.
05 ④ 고객이 목에 힘을 주고 있을 경우 "목에 힘을 빼고 편안히 계셔도 됩니다"라고 이야기하는 것이 좋다.
06 ④ 헹굼이 끝난 후 파마 시술에 들어갈 고객은 린스 사용 후 타월로 마무리한다.

4.~7. 린스의 실제, 드라이의 실제, 타입에 따른 샴푸 및 트리트먼트(모발관리 테크닉)의 실제

[학습평가문제 정답] 본문 p.91~92

01 ③ 물을 짜지 않은 상태에서 도포하는 것이 린스제의 흡수에 용이하다.
02 ④ 지압 시 지문 부위가 아닌 손톱을 이용하여 두피를 긁듯이 지압한다.
03 ① 헤어라인 부위는 화장이 지워지더라도 세게 비벼 물기를 제거한다.
04 ② 파마 시작 전 두피에 자극이 가지 않도록 가볍게 샴푸하며 펌제에 따라 린스를 사용하지 않는다.
05 ② 두피를 건조시키는 것이 중요하다.
06 ① 광택과 보습을 위하여 헤어에센스는 상황에 맞도록 도포한다.

Chapter 3. 스페셜케어 헤드스파

1. 헤드스파

[학습평가문제 정답] 본문 p.103

01 ② 02 ④ 03 ④ 04 ②

2. 헤드스파에 필요한 주요 주변기기

[학습평가문제 정답] 본문 p.115

01 ③ 02 ④ 03 ④ 04 ③ 05 ①

3. 헤드스파 룸

[학습평가문제 정답] 본문 p.133~134

01 ② 02 ③ 03 ④ 04 ④ 05 ④ 06 ③

4. 헤드스파의 순서

[학습평가문제 정답] 본문 p.184

01 ① 002 ③ 03 ①

친절한

수정판

샴푸&헤드스파 테크닉

Sampoo & Head Spa

2017년 3월 20일 초판 발행
2018년 3월 10일 개정판 발행

저 자 김옥연 / 김효림 / 이상화
김미정 / 이효숙 / 함미영

발행인 주 병 오

발행처 메디시안

주 소 경기도 파주시 회동길 209
파주출판문화도시

영업팀 (031)955－7566 · 7577

편집디자인팀 (031)955－7731

F A X (031)955－7730

홈페이지 www.ji-gu.co.kr

전자우편 jigupub@hanmail.net

등록번호 2005년 2월 16일 제 406－2005－000045호

ISBN 979-11-86739-36-6 값 18,000원